KB248351

영화 속에 과학이 쏙쏙!!

최원석

《영화 속에 과학이 쏙쏙!!》은 (주)도서출판 북스힐에서 11쇄까지 출판하였
으나, '쏙쏙 시리즈'를 기획하여 엮으면서 도서출판 이치 (북스힐 자회사)
의 이름으로 펴내게 되었습니다.

머리말

현장에서 과학을 가르쳐 본 경험이 있는 교사라면 누구나 한번쯤은 과학 수업에 대해 학생들이 흥미가 부족하다는 것을 느꼈을 것이다. 고학년으로 갈수록 이러한 추세는 더욱더 심화되어 이공계 진학 기피 현상이라는 심각한 사회문제까지 발생했다.

영화(특히 SF)를 활용한 수업은 과학 수업에 대한 학생의 흥미유발과 수업에 대한 집중력 향상이 가능하며, 학교의 멀티미디어 수업환경을 활용하기에 적당한 방법이다. 또한 영화는 과학-기술-사회에 대한 다양하고 유용한 정보를 제공하는 등의 장점이 있다. 그러나 현재까지 영화를 활용한 수업이 널리 시행되지는 않았다. 수업 준비에 많은 시간이 소요되며, 전문 지식이 요구되는 부분이 있고, 학생들 수준에 맞추기가 쉽지 않다는 등의 어려움이 있기 때문일 것이다. 이러한 어려움을 해결하기 위해 '멀티미디어 CD'(송진웅 & 최원석, 2001)를 개발하여 고등학생들에게 적용해 본 결과 좋은 반응을 얻을 수 있었다.

본인이 영화를 활용한 수업에 대한 연구를 시작했을 당시에 비해 지금은 '영화 속 과학'이라는 주제의 책이나 인터넷 자료들이 상당히 많은 편이다. 하지만 어떠한 책이나 자료도 교사나 학생의 입장에서 쓰여지거나 제작된 것이 아니기에 수업에 직접 활용하기 어려운 것이 현실이다. 이는 본인이 연구수업을 하거나 강사로 나갔을 때 참관 교사들의 한결같은 지적이었고, 현장에 있는 나 자신이 가장 아쉬웠던 부분이기도 했다. 이에 따라 영화 속에 있는 과학 자료들을 교과서에 맞춰서 다시 편성할 필요성을 느꼈다.

2002년 한국과학문화재단의 지원으로 그 동안 논문 발표와 홈페이지 운영, 과학 자문, 신문 기고 등을 통해 꾸준히 모아왔던 자료들을 정리하여 교사용 수업 자료를 만들 수 있는 기회를 얻었다. 그리고 이렇게 만들어진 수업 자료를 교사뿐만 아니라 학생이나 일반인들도 읽을 수 있도록 수정 보완하였다.

혹시 이 책의 내용을 어디선가 본 적이 있다고 느끼는 독자는 영화 속 과학에 대해 관심이 많은 사람일 것이다. 솔직히 말하자면 이 책의 많은 내용은, 본인이 이미 인터넷이나 신문, 방송을 통해서 제공한 내용들이다. 다만 여러 곳에 흩어져 있는 자료들을 교사나 학생들에게 도움을 주기 위해 순서대로 한 곳에 모아 놓은 것이다(물론 이 책의 가치가 여기에 있다고 생각한다). 많은 책과 인터넷을 참고로 하여 내용의 정확성을 기하려고 노력하였지만, 실수한 곳이 있다면 독자들의 지적을 바란다.

이 책이 나오는데 너무나 많은 사람들의 도움을 받았다. 사실 책을 낼 기회를 가질 수 있게 된 것은 학회에 논문을 발표할 수 있게 도와주신 서울대학교 송진웅 교수님의 지도 덕분이다. 아이디어와 열정밖에 없었던 제자를 체계적으로 지도해 주셨으며, 많은 분들을 소개해 주셔서 좋은 경험을 할 수 있었다. 중학교 때 담임이셨던 김병화 선생님은 재미있는 과학 수업이 얼마나 중요한지 보여주신 분이다. 없는 시간을 쪼개어 원고를 읽어보고 조언을 해준 이종선 선생님, 몇 번에 걸쳐서 원고를 꼼꼼히 읽어 보고 교정을 도와준 예진희 선생님에게도 감사를 전한다. 대구대학교 물리교육과의 여러 교수님과 선후배님들, 양덕환 선생님, 송도섭 선생님을 비롯한 많은 분들의 도움이 큰 힘이 되었다. 또한 본인의 책에 관심을 가져주고 도움을 준 동현이, 민재, 경태, 용환이 그리고 영화를 활용한 수업을 재미있게 들어준 진평중학교 제자들에게도 고마움을 전하고 싶다.

비슷한 종류의 책이 있음에도 선뜻 출판의사를 밝혀주신 북스힐(이치)의 조승식 사장님과 직원들에게도 지면을 빌어 감사의 말을 전해야 할 것 같다.

마지막으로 본인의 손발이 되어 자료의 수집과 정리, 번역 등 온갖 일을 맡아서 도와 준 아내와 항상 힘이 되어 준 아들 규민이에게 사랑한다는 말을 전하고 싶다.

2006년 1월 구미에서

최 원 석

nettrek@chol.com

추천의 글

　과학의 핵심은 상상력이다. 1.5kg이 채 되지 않는 인간의 뇌에서 만유인력의 법칙이나 상대성 이론과 같은 전 우주를 관통하는 거대 이론이 만들어질 수 있는 것은 바로 이 상상력 때문이다. 과학에서는 논리성과 객관성도 중요하지만 그것의 창조성은 전적으로 상상력에 의존한다. 그래서 우리가 과학을 배우고 가르칠 때 무엇보다도 소중하게 생각해야 하는 문제는 학생의 상상력을 꺾지 않도록 하는 일이다. 상상이 필요 없는 과학 공부는 그 자체로 고통이 되기 때문이다.

　그런데 아쉽게도 우리의 학교 교육에서는 학생들이 상상력을 발휘할 공간이 거의 없다. 이해하기 어려운 난해한 공식과 그래프들, 복잡한 실험기구들만 가득하다. 미지의 세계에 대한 동경과 모험, 좌절과 환호가 있는 '스토리 라인'이 빠져 있는 것이다. 그런데 우리는 이러한 것들이 풍부하게 담겨 있는 영화라는 대안을 알고 있다.

　본인의 지도학생으로 대학원 과정을 밟고 있을 때부터 최원석 선생은 과학과 영화에 푹 빠져 있었다. "SF와 물리"라는 멀티미디어 자료를 만들기 위해 얼마나 많은 날 밤을 새웠는지 모른다. 그리고 그것이 석사학위 논문으로 이어졌다. 그로부터 여러 해를 지나는 동안 여전히 최 선생은 '영화를 이용한 과학교육'이라는 주제에 온갖 열정을 쏟아 붓고 있었으며, 드디어 그 열정의 산물로 이 책이 나오게 된 것으로 안다

　이제 영화와 과학을 사랑하는 한 과학 교사의 열정을 통해서 학생들의 거침없는 상상력이 펼쳐질 수 있는 공간이 과학교육의 울타리 안에 마련될 수 있을 것이다.

2003년 8월 송진웅

(서울대학교 물리교육과 교수)

CONTENTS

# C O N T E N T S

지구의 구조

<아폴로 13>에서 아폴로 13호는
11호가 달 착륙에 성공하고 난 후
우주 개발에 다소 무관심해지기 시작하던 때에 발사가 된다.
그래서인지 아폴로 13호는 로켓의 폭발 사고로
달에 착륙하지 못하고 지구로 귀환하게 된다.
지구로 돌아오는 우주선이
대기권으로 들어오면서
뜨겁게 달아오르는데,
만약 대기가 없다면 어떻게 될까?

1 대기권

아마겟돈 운석이 떨어지기 직전의 파리 하늘

아폴로 13 달에서 바라 본 지구의 모습

〈아마겟돈〉에서 운석이 떨어지기 전의 파리 하늘은 너무나 푸르다. 그런데 〈아폴로 13〉에서 우주인들이 감상하고 있는 달의 하늘은 검은색이다. 이렇게 지구에서 바라 본 하늘색과 달에서 본 하늘색은 왜 다를까?

지구에 살고 있는 우리는 하늘이 푸르다는 것이 너무나 당연하게 느껴진다. 하지만 태양계 내의 다른 행성과, 어떤 천체도 푸른 하늘을 가지고 있지는 않다. 이렇게 독특한 지구의 환경은 지구에 사는 모든 생명체들이 살아가기 위해 필수적인 것이다(물론 지구의 환경이 특이하다고 해서 지구이외에는 생명체가 존재할 수 없다는 뜻은 아니다). 달에서 본 지구는 푸른 구슬과 같이 보이지만, 사진에서 알 수 있듯이 달의 하늘은 매우 검다. 달은 지구와 달리 공기가 없어 빛을 산란시키지 못하기 때문에 하늘이 검게 보이는 것이다. 즉, 지구의 하늘이 푸른 이유는 태양광선 중 파장이 짧은 푸른 색 계열의 빛이 산란이 잘 일어나, 다른 색깔의 광선보다 우리 눈에 많이 들어오기 때문에 푸르게 보이는 것이다.(참고 : 빛의 분산과 합성 p.38)

만약 지구에 대기가 없다면 우리는 낮에도 반짝이는 별을 볼 수 있고, 해가 질 때 서서히 어두워지는 것이 아니라, 바로 캄캄해져 버리는 현상을 관찰할 수 있을 것이다. 이러한 상황이 머릿속에 잘 그려지지 않는 것은, 우리들이 대기가 있는 환경에 너무 익숙하기 때문이다.

〈딥 임팩트〉에서 우주인들은 지구를 향해 돌진하고 있는 혜성으로부터 지구를 구하기 위해, 혜성에 핵폭탄을 장치하고 있다. 핵폭탄 장치 작업은 매우 급하게 이루어져야 한다. 해가 뜨게 되면 혜성의 표면 온도는 순식간에 영하에서 수 백도까지 올라가기 때문이다(영화에서는 350°F라고 이야기한다). 그러나 안타깝게도 우주인들은 일출 전에 작업을 마치지 못하였다. 그래서 황급히 우주복 헬멧에 부착된 바이저를 내리려고 하지만, 늦게 내린 우주인 한 명이 눈과 얼굴에 화상을 입게 된다. 왜 그렇게 될까?

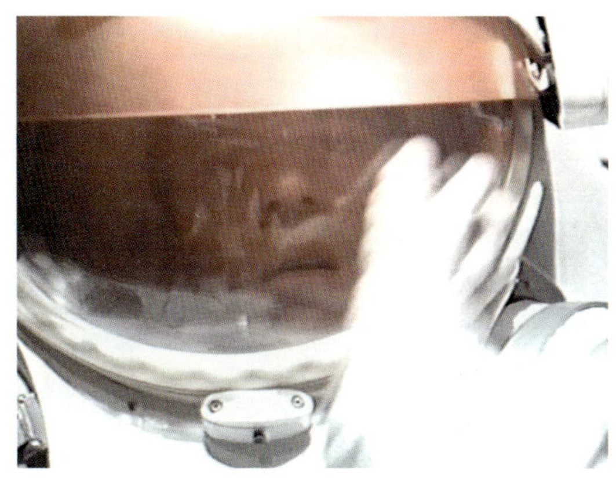

딥 임팩트 헬멧에 부착된 바이저를 내리는 우주인

새해가 되면 동해에서 떠오르는 첫 태양을 보기 위해 많은 사람들이 고생을 마다하지 않고 동해안으로 모인다. 하지만, 이들 중에 아직 맨눈으로 태양을 봤다고 해서 영화에서와 같이 눈에 상처를 입었다거나 얼굴에 화상을 입은 사람은 없다(물론 태양을 맨눈으로 직접 바라보는 것은 좋지 않다). 또한 태양이 떠오른다고

미션 투 마스 우주복의 헬멧을 벗은 우디

해서 동해안의 온도가 순식간에 백도 이상 올라가지도 않는다. 왜 그럴까? 그것은 영화 속 혜성과 달리 지구에는 대기가 있기 때문이다. 우주공간에서 빛을 받는 우주복의 앞의 온도는 120℃, 뒷면은 −90℃ 가량 된다. 한 몸의 앞뒤에 엄청난 온도차가 나는 셈이다. 또한 우주 공간에서는 우주복을 입지 않으면 몸의 안과 밖의 압력차에 의해서 피가 끓어 오르게 된다(참고 : 물질의 특성 p.117). 사람은 우주에서 우주복이 없이는 잠시도 견딜 수 없는 것이다. 이와 같이 우주복은 우주에서 우주인의 생명을 지켜주는 방패인 셈이다. 하지만 지구에 사는 우리는 우주복이 필요없다. 바로 우주복의 역할을 해 주는 **대기권**이 있기 때문이다. 이렇게 대기권은 태양으로부터 유해한 자외선을 막아주고 지구를 보호해 주는 역할을 한다.

우주복의 바이저에는 금도금이 되어 있어 유해한 태양광선으로부터 우주인의 얼굴을 보호한다. 과학책에서 흔히 볼 수 있는 우주인의 얼굴이 보이지 않는 것이 바로 금도금 된 바이저 때문이다. 빛이 반사되어 얼굴이 나타나는 사진이 없는 것이다. 대기권 내에 있는 우리는 금도금 바이저를 가지고 태어나는 셈이다.

아폴로 13 우주 비행 직전의 인터뷰를 하는 러벨

〈아폴로 13〉에서 우주인들이 우주로 향하기 전에 인터뷰를 한다. 여기서 짐 러벨(톰 행크스)은 "달 표면에서 양지와 음지의 온도가 200℃ 넘게 차이 난다."고 말한다 (밤에는 −170℃, 낮에는 120℃이니까 실제로는 300℃ 가량 차이 난다). 이것 또한 지구에는 대기와 물이 있고 달에는 대기와 물이 없어, 온도를 조절할 수 없기 때문이다. 태양 가까이에 있는 수성은 밤낮의 기온차가 무려 −600℃나 된다.

〈아폴로 13〉에서 달 표면에 찍힌 우주인의 발자국을 보자. 밀가루와 같이 부드러운 먼지 위에 찍힌 것을 볼 수 있다. 달은 대기와 물이 없기 때문에 매우 부드럽고 미세한 먼지가 쌓이게 된다. 그래서 한 번 발자국이 찍히면 단시간 내에 지워지는 일이 없다. 이와 달리 지구에는 달처럼 부드러운 먼지가 쌓인 지형도 없을 뿐더러, 발자국이 찍히면 풍화작용에 의해 금방 사라져 버린다.

아폴로 13 달에 찍힌 우주인 발자국

달은 운석 충돌에 의해 곰보 같은 지형이 되었다. 그러나 달보다 큰 지구에 이러한 충돌의 흔적이 많지 않은 것은 지구가 운이 좋아서가 아니다. 사실 덩치가 큰 행성일수록 중력과 표면적이 크기 때문에 운석이나 혜성과의 충돌은 더 많이 일어난다. 지구에 충돌의 흔적이 적은 것은 대기와의 마찰에 의해 사라졌기 때문이다.

〈슈퍼맨〉에서 데일리 플래닛의 기자 로이스(마고 키더)가 슈퍼맨(크리스토퍼 리브)과 인터뷰를 한다. 그녀는 슈퍼맨에게 어디서 왔고, 어떤 색을 좋아하냐는 등의 질문을 하다가 얼마나 빨리 날 수 있냐고 묻는다. 그러자 슈퍼맨은 아직 측정해 본 적이 없으니 한 번 날아보자는 제의를 한다. 이때 로이스가 추울텐데 스웨터를 입지 않아도 되냐고 되묻는데, 그녀는 왜 추울 것이라고 생각했을까?

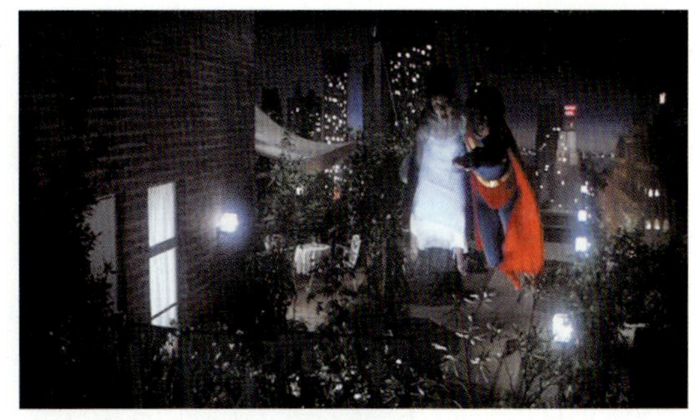

슈퍼맨 슈퍼맨과 날고 있는 로이스

아프리카의 들판에는 풀들이 우거져 있는데 비해 킬리만자로 산꼭대기에는 눈이 덮여 있다. 낮은 산은 겨울에 쌓인 눈이 봄이 지나면 모두 녹지만, 킬리만자로와 같이 높은 산은 여름에도 눈이 녹지 않는다. 이것은 고도가 높아질수록 기온이 낮아지기 때문인데, 100m마다 0.65℃씩 낮아진다. 따라서 5,000m 이상 올라가게 되면 지상보다 30℃ 이상 기온이 낮아진다. 이런 현상이 일어나는 구간이 **대류권**이며, 고도에 따라 기온이 내려가서 대류 현상이 일어난다. 대류 현상 때문에 비가 오고 눈이 오는 등의 날씨 변화가 일어나는 것이다.(참고 : 물의 순환과 날씨 변화 p.183)

산을 오를 때 우리들은 두꺼운 등산복을 가지고 등산을 한다. 정상에서 추울 것을 대비하기 위해서인데 〈슈퍼맨〉의 로이스는 그보다 더 높은 하늘을 날면서도 얇은 옷을 입고 있다. 슈퍼맨이야 말 그대로 슈퍼맨이니까 그렇다 치고, 평범한 인간인 로이스가 얇은 옷만 입고 날기에는 대류권 상층부의 온도가 너무 낮다. 뿐만 아니라 슈퍼맨과 함께 나는 동안 불어오는 바람에 의해 체감온도는 더욱더 내려갈 것이다. 아마 로이스는 슈퍼맨과의 비행으로 한동안 몸살을 겪었을 지 모른다.

〈플러버〉에서 필립 교수(로빈 윌리암스)는 우여곡절 끝에 결혼에 성공을 하고, 그의 발명품인 차를 타고 신혼여행을 가고 있다. 영화에서 보듯이 이 차는 구름 위를 날고 있다.
구름이 더 올라가고 싶어도 그럴 수 없는 이 구간은 어디일까?

플러버 구름 위를 날고 있는 자동차

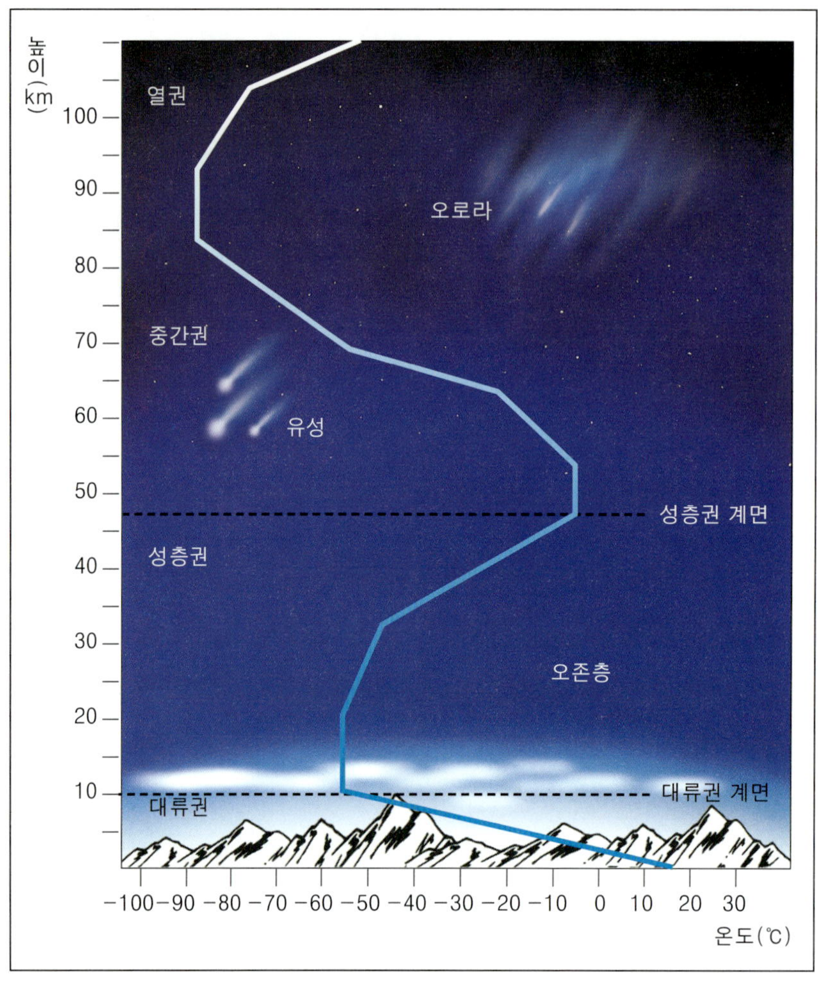

〈온도에 따른 대기권의 구분〉

대류권 계면

물리와 화학에서 물질의 특성을 이야기할 때 물질의 표면은 대단히 중요하다. 물질의 표면은 부분별로 다른 특징을 나타내는 경우가 많고, 물질끼리의 반응은 모두 물질 간의 계면(경계면)에서 일어나기 때문이다. 대기에서도 대기권을 온도의 수직 분포에 따라 크게 네 부분으로 구분하며 각 부분간의 계면이 존재한다. 대류권 계면은 바로 대류권과 성층권 사이에서 온도가 불연속적인 구간을 말하는데, 이것은 계면을 기준으로 기온이 일정하게 되는 성층권을 접하기 때문이다.

지상에서부터 고도 6~18km 사이의 구간인 대류권에서는 고도가 높아질수록 공기의 온도가 내려가지만, 고도가 더 높아지면 기온이 다시 올라가는 구간이 있다. 고도가 높아질수록 온도도 높아지기 때문에 대기는 매우 안정된 상태를 이룬다(더운 공기는 위로 올라가려고 하기 때문). 이렇게 대기가 매우 안정된 상태를 취하기 때문에 비행기의 항로로 많이 이용하는 곳이 **성층권**이다. 좀 더 정확하게 이야기를 하면, 성층권의 하부에서는 온도가 거의 일정하며 대류현상이 없어 날씨가 좋다. 공기의 밀도도 낮아 비행하기 좋은 조건을 갖추고 있으므로 이곳이 장거리 비행기의 순항고도(1만 2000m 부근)가 된다. 또한 성층권에는 **오존층**이 존재하여 태양으로부터의 유해한 자외선을 막아 지상의 생물들이 살아갈 수 있게 해준다. 성층권이 고도에 따라 온도가 상승하는 것도 바로 오존층 때문이다. 다시 영화로 돌아와서 필립의 차의 문제점을 살펴보자. 신혼여행을 간다고 두 사람 모두 웃고 있지만, 저 상황이 실제라면 절대 웃을 수 없다. 성층권은 −50℃에 가깝고 공기는 희박하다. 그러므로 숨쉬기조차 곤란하여 얼마가지 않아 정신을 잃게 될 것이다. 그리고 지상에서보다 훨씬 해로운 자외선에 노출되어 피부도 손상된다. 독자 여러분은 이런 상황이라면 웃을 수 있겠는가?

대류

대류는 열의 전달 방법(전도, 대류, 복사)의 하나로 액체나 기체의 이동에 의해 열이 전달되는 현상을 말한다. 액체나 기체에 열을 가하면 팽창되어 밀도가 낮아지게 되고, 밀도가 낮아지면 부력을 받아 위로 올라가게 된다. 즉, 더운 공기는 차가운 공기에 비해 밀도가 낮기 때문에 상승하려고 하며, 차가운 공기는 밀도가 높아 아래로 내려오게 된다. 방바닥이 따뜻한 경우에는 데워진 공기가 상승하기 때문에 방 공기 전체가 따뜻해진다. 하지만 천장에 열선이 있다면 천장의 공기만 따뜻해질 뿐 방 아래의 공기는 데워지지 않기 때문에 바닥을 가열하거나 아래쪽에 히터를 설치해야 한다. 성층권과 같이 위로 올라갈수록 공기의 온도도 올라가는 경우에는 대류가 일어나지 않는다.

〈아마겟돈〉은 '글로벌 킬러'라는 거대한 소행성이 지구에 다가오면서 이것을 막기 위한 영웅들의 이야기로 헐리우드적 설정과 이야기 진행으로 많은 지적을 받았으나 여러 가지 볼거리를 많이 제공하는 영화이다. 영화는 6천 5백만 년 전의 운석 충돌 사건을 시작으로 현재에 또다시 과거의 비극이 되돌아올

오존

오존(O₃)은 특유의 냄새가 나며, 상온에서 옅은 청색을 띤다. 오존은 오존층을 형성하여 생물을 보호하고, 살균작용으로 사람에게 유익하지만, 공기 중에 많은 양이 존재하면 독성을 나타낸다. 그래서 9월 16일을 '세계 오존층 보호의 날'로 지정하여 보호 운동을 벌이는 반면, 지상에 오존의 농도가 얼마인가에 따라 오존 주의보를 발령하기도 하는 것이다.

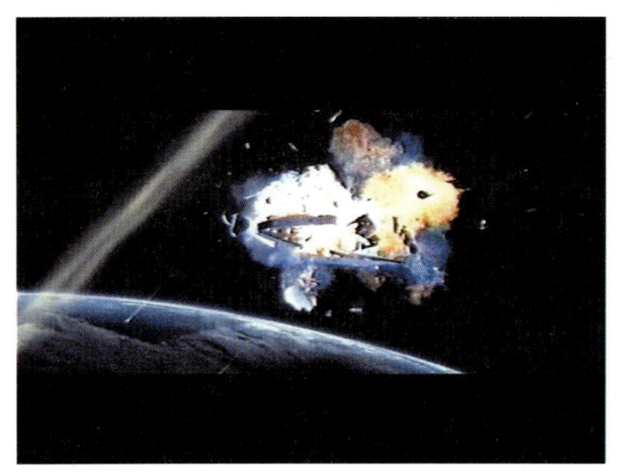

아마겟돈 유성에 피격 당하는 스페이스셔틀

지 모른다는 긴장감을 조성하며 시작된다. 나사의 우주 비행사는 고장난 인공위성을 수리하다가 소행성에서 떨어져 나온 운석 조각에 맞아 추락하고 만다.

인공위성이 있는 이 고도에서 유성이 생길 수 있을까?

지구에 날아들어 온 물체들이 대기와의 마찰로 타면서 나타나는 것을 **별똥별** 또는 **유성**이라고 한다. 하루에도 셀 수 없이 많은 유성이 날아와 지구 대기와의 마찰로 타서 없어지거나 땅에 떨어진다. 보통 100~130km 부근부터 보이기 시작하는데, 대부분은 20~90km 부근에서 타서 없어지고, 일부만 땅에 떨어져 운석이 된다. 성층권에서는 고도가 높아짐에 따라 온도가 올라가지만, 성층권계면 이후 고도에 따라 온도가 내려가는 고도 50~80km까지를 **중간권**이라고 한다. 중간권은 대류권과 같이 고도에 따라 온도가 내려가지만, 기상현상은 발생하지 않는다. 중간권에는 기상현상을 일으킬 만큼의 수증기가 없고, 대기가 희박하기 때문이다. 중간권은 대기권 중에서 가장 기온이 낮아 −100℃까지 기온이 내려가기도 하며, 전리층(50~400km)이 있어 장거리 무선통신을 가능하게 해준다.

〈딥 임팩트〉에서 혜성이 폭파되고 난 뒤 지구에 떨어지면서 유성우를 만들어내는 장관이 연출된다. 다음 사진에서 보면 유성들이 한 점에서 뻗어 나온 것 같이 보이는데, 이 지점을 복사점이라고 한다. 복사점이 생기는 이유는 기차선로를 생각해 보면 알 수 있다. 멀리 있는 기차선로는 두 선로가 서로 닿아서 한 점에서 출발한 것 같이 보이지만, 가까이 올수록 벌어지는 것 같이 보인다. 유성우의 복사점도 이 때문에 생기는 것이다.

인공위성은 공기의 저항을 받게 되면 자신의 궤도를 유지하기 어려워진다. 따라서 저궤도 인공위성의 경우, 로켓을 분사해서 고도를 맞춰줘야 한다. 그러므로 군사 위성과 같이 특수한 일부 위성을 제외하고, 그 궤도가 대기권 밖에 있다. 대부분 인공위성의 고도는 500 km 이상이기

딥 임팩트 폭파된 혜성조각에 의한 유성우

때문에 중간권은 물론 열권 상층부 밖에 있다. 이곳은 운석이 마찰을 일으킬 만큼의 공기가 없기 때문에 유성이 생기지 않는다. 만약 인공위성도 유성과 같이 공기의 저항을 많이 받는다면 화려한 불꽃을 발해 좋은 구경거리가 될 것이다.

일부 교과서나 문제집에 유성이 어느 곳에서 생성되는가를 묻는 문제가 나온다. 유성은 열권 하층부부터 중간권 상층부에 걸쳐 발생하기 때문에 어떤 책은 유성이 열권에서 생긴다고 하고, 또 어떤 책은 중간권에서 나타난다고 한다. 이렇게 단편적인 지식을 묻는 교과서가 있다니 한심할 따름이다.

〈스노우 독스〉에서 개 썰매 경주가 벌어지고 있는 알래스카의 벌판 뒤로, 오로라가 너무나 아름답게 펼쳐져 있다.
오로라는 대기권 중 어디에서 발생하며, 그 정체는 무엇일까?

중간권 이후 다시 기온이 올라가는 고도 80~500 km의 구간을 **열권**이라고 한다. 이름처럼 열권에서 가장 온도가 높은 곳은 200℃가 넘는다. **오로라**(aurora)는

스노우 독스 하늘을 아름답게 수놓은 오로라

이 열권에서 나타나는 현상이며, 그리스 신화의 새벽의 여신인 아우로라(Aurora)에서

붙여진 말이다. 태양 표면의 폭발 때 지구로 날아온 하전입자는 지구 자기장에 이끌려 양쪽 극지방으로 끌려가 가속된다. 이때 하전입자가 질소나 산소 분자와 충돌해 들뜨게 하고, 이들 분자가 스펙트럼을 방출하는데, 이것이 오로라이다.

2 지구의 내부

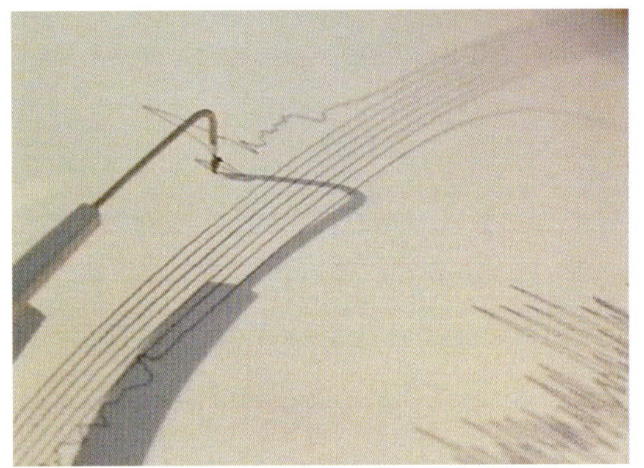

불가사리 지하의 괴물에 의해 진동하는 지진계

〈불가사리〉는 지하에 사는 괴물에 의해 작은 시골 마을이 공포에 휩싸이고, 괴물에 대항해 싸우는 마을 사람들의 활약을 그린 영화이다. 사람들은 의문의 죽음을 당하지만 원인을 찾지 못하다가, 지하에 사는 괴물 때문이라는 것을 알게 된다. 사람들을 죽인 괴물을 처치했다고 좋아하려던 찰나 급하게 요동을 치는 지진계.
지진계의 이러한 흔들림은 무엇을 말하는 것일까?

브로큰 애로우 지하 핵폭발에 의한 인공지진

산부인과에서 뱃속 태아의 상태를 알아보기 위해 초음파를 사용하거나, 뼈의 상태를 진단하기 위해 X-선을 사용하듯이 지구의 내부를 알기 위해서는 지진파를 사용한다. 지구의 내부를 알기 위한 가장 확실한 방법은 땅을 파 보는 것이겠지만, 기술상 어려움이 많아 지구 반지름 6400 km 중 10 km 정도 밖에 파지를 못했다. 사과에 비유한다면 사과 껍질도 뚫지 못한 정도이므로 우리는 도저히 그 속을 알 수가 없다. 수박을 쪼개지 않고 내부를 알아보기 위해 두드려 보듯이, 지구도 두드리는 방법을 통해 내부를 확인할 수 있다.

물론 손으로 두드리지는 않는다.

　자연에서 지진이 발생하면 지진파가 발생하기 때문에 이를 이용하여 내부를 알 수 있다. 마찬가지로 영화에서도, 땅 속의 괴물을 보지는 못했지만 괴물이 움직일 때 발생하는 땅의 움직임을 지진계가 감지하여 땅 속 사정을 조금은 알게 되는 것이다.

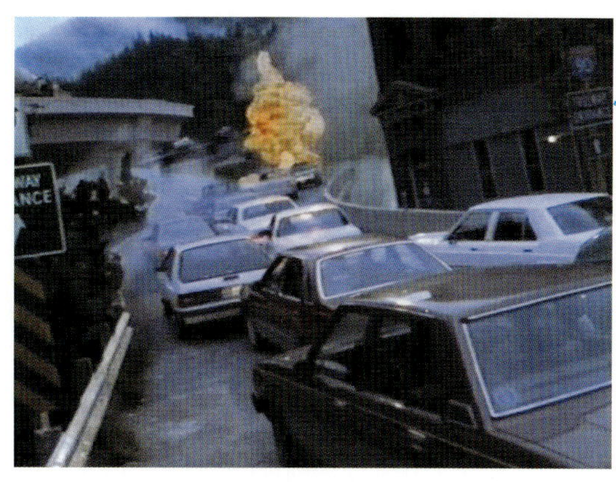

단테스피크　화산폭발에 의한 지진으로 끊어지는 도로

　지진은 지구의 내부에서 어떤 원인에 의해 에너지가 방출될 때 생긴다. 지구 내부는 탄성체이기 때문에 두드리면 진동하는데, 단층면에서 지층이 끊어질 때 이러한 일이 발생한다. 지진이 이렇게 발생한다는 이론을 **탄성반발이론**이라고 한다. 물론 모든 지진이 이렇게 발생하는 것은 아니다. 화산 활동에 의해서 발생하기도 하며, 핵폭발에 의한 인공지진도 있다.

　지진파는 실체파(중심파라고도 함)인 **P파**와 **S파**, 표면파인 **L파**가 있다. P파는 전파 속도가 가장 빠르기 때문에 제일 먼저 도달하는 지진파로, 음파와 같은 종파이다(참고 : 소리 p.82). S파는 P파 다음에 도달하는 파로 진동면과 진행방향이 수직인 횡파이다. P파와 S파의 도달 시간차이(**PS시**)를 구해서 진앙의 위치를 구할 수 있다. 파의 도달 위치를 관측함으로써 지구의 내부가 어떤 구조로 되어 있는지 판단할 수 있는 것이다. 즉, 진앙으로부터 $142°\sim180°$ 사이에 S파가 거의 도달하지 못하는 것으로 외핵이 액체 상태인 것을 추정할 수 있다. 왜냐하면 S파는 기체나 액체 상태의 매질에는 전파되지 않기 때문이다.

〈단테스피크〉에서 해리(피어스 브로스넌)의 상사는 단테스피크에 화산 활동의 조짐이 보인다며, 휴가 중인 그를 부른다. 지진 기상(지진파가 기록된 모양)을 보여 주며 그에게 화산 폭발 가능성을 묻는다. 해리는 1만 분의 1쯤이라고 하며, 진원의 깊이

단테스피크　지진파를 분석하는 해리

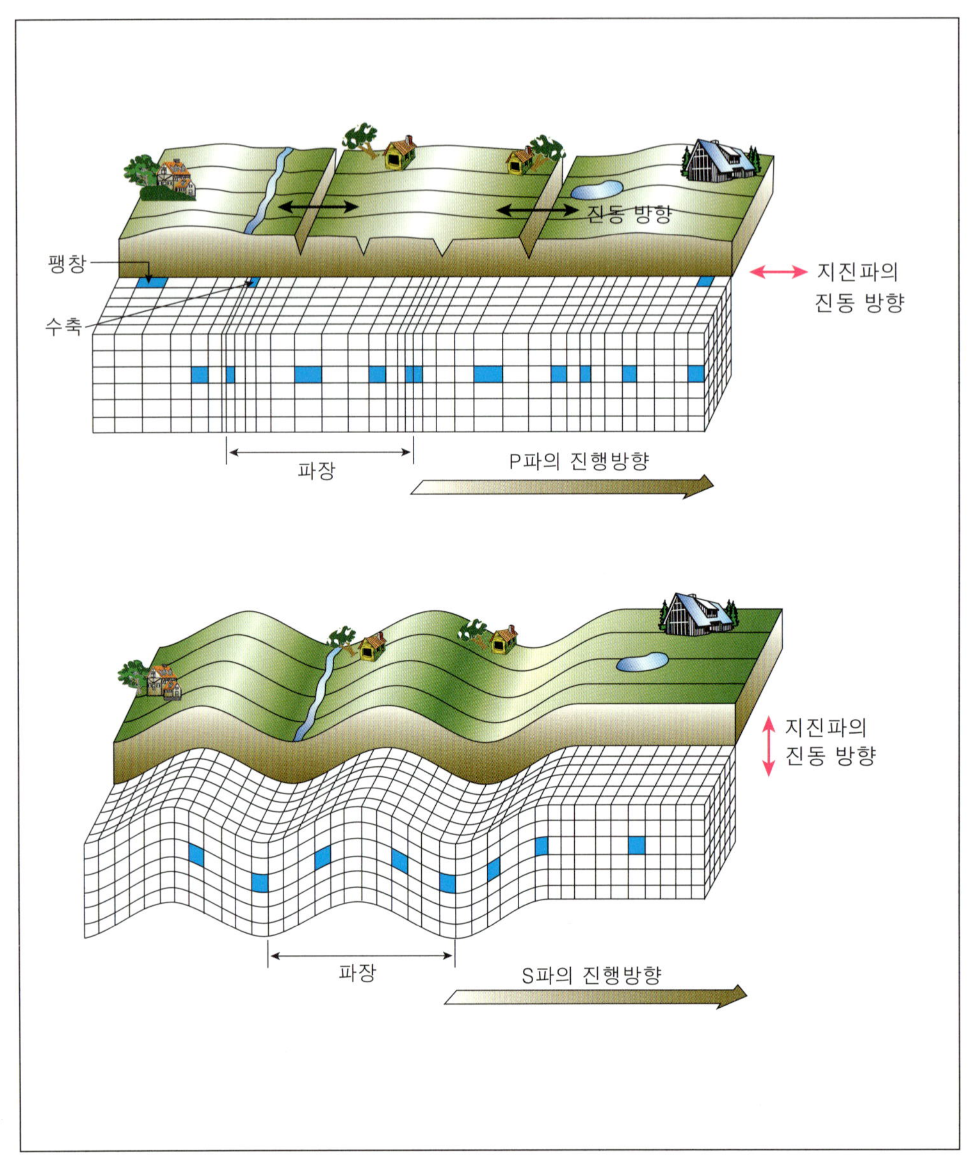

〈P파와 S파〉

를 묻는데, '진원'이 뭘까? 그의 상사는 진원의 깊이를 10~20km 쯤이라고 대답하는데, 이 정도 깊이의 지진을 무엇이라고 할까?

　지진은 지구 내부의 변화 즉, 판의 운동이나 화산 활동에 의한 지각의 움직임이다.

지진이 발생하면 지진파의 형태로 전달이 되어 퍼져 나간다. 따라서 영화에서와 같이 지진파의 조사는 화산 활동을 짐작해 볼 수 있는 하나의 지침이 될 수 있다. 지구 내부에서 지진이 발생한 지점을 **진원**, 진원 바로 위의 지표상의 지점을 **진앙**이라고 한다. 진원이나 진앙이 넓은 지역일 때도 있기 때문에, '진원역'이나 '진앙지'라는 말을 사용하기도 한다. 진원의 깊이에 따라 100 km 이내의 지진을 '천발지진', 100 km 이상의 깊이에서 발생하는 지진을 '심발지진'이라고 부른다. 50~60 km 부근은 맨틀의 최상부로 지진이 가장 많이 발생하는 지점이다. 영화에서 해리가 보고 있는 그래프는 '지진 기상'이라고 부르며, 지진계에 기록된 P파, S파, L파의 진동 기록을 나타낸다. 이 지진 기상에서 PS시를 측정하여 진원 거리를 구할 수 있다.

〈단테스피크〉에서 해리는 아황산가스의 양을 측정하러 산에 갔다가 산이 흔들리는 것을 느낀다. 빨리 사람들을 대피시키라고 상사에게 말하지만 상사 폴은 진도가 겨우 2.9였다면서 그럴 수 없다고 한다. 진도 2.9면 어느 정도의 지진일까?

단테스피크 지진의 크기에 대해 이야기하는 해리

지진의 세기는 사람이 느끼지 못하는 작은 것부터, 사람과 건물에 막대한 피해를 주는 것까지 매우 다양하다. 이렇게 땅의 흔들림과 재산상의 피해는 예로부터 사람들의 관심사였기 때문에 지진의 세기를 등급으로 나누어 표시하게 되었다. 이것을 **진도**라고 한다. 미국의 MM 진도 계급(Modified Mercalli Scale)은 12등급으로, 일본의 JMA 진도 계급(Japanese Meteological Agency Scale)은 8등급으로 구분되어 있으며, 이 두 가지가 널리 사용되고 있다. 하지만 빛이 광원에서 멀어질수록 어두워지는 것처럼, 진원에서 멀어지면 같은 지진이라도 다르게 측정이 되기 때문에 연구에 어려움이 있다. 같은 지진이라도 관측지에 따라서 진도가 달라지기 때문에 실제 지진의 크기를 정확하게 나타내는 수단은 되지 못하는 것이다. 이에 1935년 미국의 지진학자 리히터(Charles F. Richter)는 **리히터 규모 척도**(Richter magnitude scale)를 만들었다. 진앙에서 100 km 떨어진 지점에서 관측된 P파와 S파의 최대 진폭을 측정하여 지진의 강도를 1에서 9 이하(물론 9 이상도 표시 가능하지만 그러한 지진이 발생할 가능성은 거의 없다)의 숫자로 나타낸 지진에너지의 정량적인 표현이다. 리히터 척도 1의 강도는 TNT 60t의 힘에 해당하며, 리히터 척도 1이 늘 때마다 30배의 강도가 증가한 것이다. 따라서 리히터 척도 3의 지진은 1의 지진보다 약 900배 강도가 센 지진이다. '규모'는 소수 단위의 아라비아 숫자로 표기하고 '진도'는 정수단위의 로마 숫자로 표기하는 것이 관례이기 때문에, 영화에 등장하는 '2.9'는 진도가 아니라 규모 2.9의 지진을 의미한다. 이 정도 지진은 보통 사람이면 거의 느낄 수 없지만, 해리는 경험 많고 뛰어난 화산학자이기에 이것을 느끼고 있다.

빛

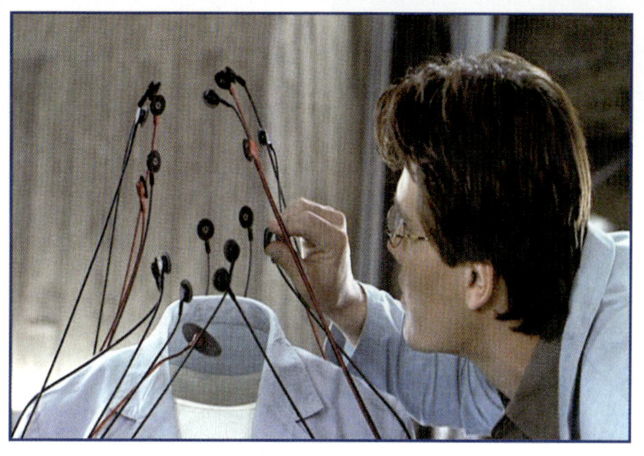

<할로우맨>에서 케인과 그의 연구원들은
인간을 투명하게 만드는 약을 개발하고 있다.
이 영화에서 고릴라와 케인이 투명해지는 장면은
매우 인상적이다.
생물이 자연에서 보호색을 띠는 것은 포식자나 피식자의
눈을 피해 더 많은 이익(혹은 먹이)을 얻기 위해서인데,
인간이 투명해지고 싶은 욕망도 비슷한 것이 아닐까?
유리나 물과 같이 투명한 물질도 있지만
많은 사물들이 대부분 눈에 보인다.
우리 눈은 어떻게 물체를 볼 수 있을까?

1 빛의 반사와 굴절

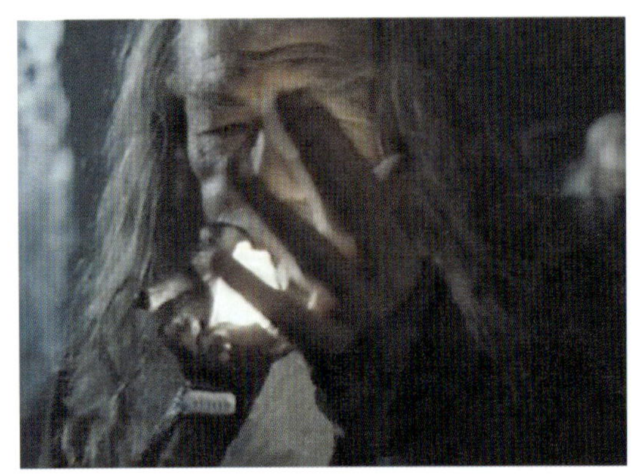

반지의 제왕 지팡이를 밝히는 건달프

〈반지의 제왕〉에서 반지 원정대는 절대 반지를 불의 산으로 가져가야 한다. 그 과정에서 난쟁이들의 광산을 지나가고 있다. 동굴 속에 들어가자 마법사 건달프가 지팡이를 밝게 빛나게 하는데, 물체를 보기 위해서 필요한 것은 무엇일까?

우리는 흔히 물체를 '본다'라고 하기 때문에 빛의 성질에 관해 오해하기도 한다. 이렇게 눈에서 무엇인가 나와 물체를 본다는 관점은 소크라테스 때로 거슬러 올라갈 만큼 오래된 생각이다. 하지만 우리는 이와 같이 물체를 인지하지는 않는다. 물체가 직접 빛을 내거나 물체에서 반사된 빛이 우리 눈으로 들어와야만 사물을 볼 수 있는 것이다. 우리가 무엇을 쳐다본다고 우리 눈에서 빛이 나가는 것은 절대 아니다. 만약 눈에서 빛이 나와 물체를 본다면, 어두운 동굴 안에서 램프나 횃불이 필요하지는 않을 것이다.

어두운 곳에서 물체를 보기 위해서는 빛이 있어야 하며, 빛을 내는 물체를 광원이라고 한다. 당연한 이야기를 하냐고 말할 지 모르지만, 의외로 많은 사람들이 이를 정확하게 이해하지 못한 예를 쉽게 찾을 수 있다.

〈슈퍼맨〉에서 슈퍼맨은 많은 사물을 투사하면서, 납으로 된 것은 투시할 수 없다고 말한다. 물론 슈퍼맨은 인간과 다르기 때문에 눈에서 물체를 투시할 수 있는 X선과 같은 광선이 나온다고 주장할 수 있을 것이다. 하지만 슈퍼맨 눈에서 물체를 투시할 광선이 나왔다고 하더라도, 그 광선이 다시 슈퍼맨 눈으로 들어가지 않는다면 슈퍼맨도 우리와 똑같이 투시 능력이 없는 것이다. 아직도 이해가 가지 않는다면, X선 사진을 찍을 때 필름이 항상 우리 뒤에 있다는 것을 생각해 보자. 이처럼 '본다'는 것은 빛이 우리 눈으로 다양한 정보를 갖고 들어오는 것을 말한다.

빛

일반적으로 '빛'은 눈에 보이는 가시광선을 이야기 하며, 넓은 의미로는 눈에 보이지 않는 적외선이나 가시광선을 포함하기도 한다. 이슬람의 위대한 물리학자 알 하이삼(al-Haytham)은 실험을 통해 빛의 성질에 관한 연구를 하여, 중세의 서양 학자들에게 많은 영향을 주었다. 알 하이삼은 빛이 광원으로 부터 나오며, 직진하는 것을 실험으로 확인하고, 빛을 직진하는 선이라는 뜻의 '광선'이라는 개념을 처음으로 생각해 낸 사람이다. 또한 그는 빛의 입사와 반사의 관계를 알고 있었으며, 매질에 따라 빛의 속력이 달라진다는 생각까지 가지고 있었던, 시대를 앞서간 물리학자였다. 하지만 서양의 과학을 위주로 공부하는 우리에게 는 별로 알려진 것이 없다.

〈할로우맨〉에서 케인(케빈 베이컨)이 투명해지자 동료들은 그에 대해 불안해 하며, 회의를 하고 있다. 케인은 이 장면을 뒤에 숨어서 엿듣고 있다가 적외선 안경을 착용한 동료에게 발견된다. 눈으로 보이지 않는 것이 어떻게 적외선 안경을 쓰면 보이는 것일까?

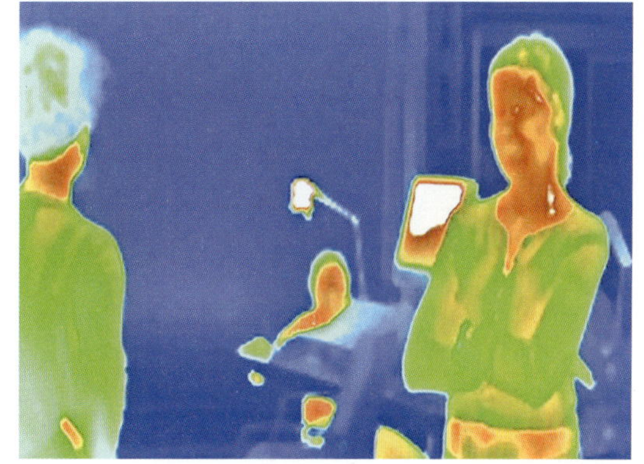

할로우맨 적외선 안경에 보이는 케인

적외선은 가시광선보다 파장이 긴 7천 500~10만Å 범위의 파장을 가진 전자기파를 말한다. **적외선**은 물체에 흡수가 잘 되며, 물체의 온도를 올리는 열작용을 하기 때문에 흔히 열선이라고도 한다. 적외선은 파장에 따라 근적외선과 적외선, 원적외선으로 나뉜다. 각종 의료기나 사우나실에서 원적외선을 방출한다는 이야기는 파장이 긴 적외선을 방출한다는 이야기다. 적외선은 항공사진, 야간촬영, 각종 적외선 센서 및 의료용으로 이용되면서 사람들과 친숙해졌다. 우리는 근육이나 관절을 치료할 때 빨간 등을 비추는 것을 본 적이 있다. 이 붉은 등에서 적외선이 방출되는 것이다. 그런데 붉은 등에서 나오는 붉은 빛은 적외선이 아니라 가시광선이다. 적외선은 절대로 눈에 보이지 않는다. 적외선을 보기 위해서는 사진건판, 광전지, 광전관이나 열전기쌍과 볼로미터(bolometer) 등을 이용한다. 우리가 자주 보는 영화는 열전기쌍을 이용한 것으로 온도에 따라 다른 기전력을 나타내는 것을 이용해 화면으로 보이게 출력을 한다. 〈할로우맨〉에서 연구원들은 케인을 보지 못

스타워즈 : (에피소드 I)   레이저 광선을 쏘는 기갑 로봇

형사 가제트   스콜렉스의 연구실에 침투한 가제트

허드슨 호크   레오나르도 다빈치의 금을 만드는 기계

하고 그에게 공격을 당하는데, 이것도 같은 원리 때문이다. 적외선 안경을 쓰면 사물의 온도에 따라 색이 달라져 구분을 하는 것이다. 케인은 이 점을 이용하여 사람의 체온과 비슷한 온도의 파이프 주변에 있었던 것이다. 이와는 달리 양들의 침묵에서는 온도에 따른 적외선의 모양을 관측한 것이 아니라 광증폭기를 통해 말 그대로 빛을 증폭해서 볼 수 있도록 하는 장치가 등장한다.

옆에 제시된 영화의 장면들을 보면, 모두 화려하게 진행되는 빛들을 볼 수 있다. 기갑로봇이 발사하는 레이저 광선, 레이저 감지기에서 발사되는 레이저 광선, 금을 만드는 기계에서 반사되는 빛 등 영화에서는 모두 빛이 진행되는 경로를 볼 수 있다.

실제로도 이렇게 빛의 경로를 볼 수 있을까?

〈스타워즈〉 시리즈에서 우주선 전투 장면이나 제다이 기사들과 로봇의 전투 장면을 보면, 광선검과 화면을 가로 지르는 레이저 광선들이 영화를 더욱 화려하고 재미있게 만든다. 〈형사 가제트〉나 〈미션 임파서블〉에서는 주인공이 어떻게 레이저 경보기를 피해 가는지를 보여주기 위해 레이저 광선이 눈에 보인다. 또한 〈허드슨 호크〉나 〈미이라〉, 〈툼 레이더〉와 같은 영화를 보면 빛에 의해서 무엇인가 초자연적인 현상이 일어남을 보여주기 위해 빛이 진행되는 것을 보여 준다. 하지만, 〈2009 로스트 메모리즈〉에서는 범인이 레이저 조준경에 의해 조준당했을 경우, 레이저 광선의 경로는 보이지 않고 오로지 범인의 몸에 빨간 점만 가득 찍히는 인상적인 장면이 있다. 과연 어느 장면이 옳게 묘사한 것일까? 우리가 전등을 들고 앞을 비추면 '빛이 나가는 것을 본다'고 생각할지 모른다. 하지만 사실은 전등에서 나간 빛이 물체에 반사된 것을 보는 것이다. 물론 안개 낀 곳이나 연기가 많은 곳에서는 전등 빛이 나가는 것이 보이는데, 이 경우에도 중간에 물방울이나 먼지와 같은 것에 의해 빛이 흩어지기 때문에 우리 눈에 보이는 것이다. 다시 한번 말하지만 빛의 경로는 절대 보이지 않는다.

〈스파이 게임〉에서 뮤어 반장(로버트 레드포드)은 부하인 비숍(브래드 피트)이 중국 감옥에서 사랑하는 여인을 구출해 나오다가 체포된 소식을 접하고 그를 구하려고 한다. 그러나 이 사건 때문에 상부의 조사를 받게 되는데, 그는 이 와중에도 비숍을 구할 정보를 빼내기 위해 위험을 무릅쓴다. 그는 거울에 비친 글자를 재빨리 보고는 어느 작전에 대해 아는 척 넘겨 짚어 질문을 하는 재치를 보인다.
거울을 통해서 물체를 볼 수 있는 이유는 무엇일까? 이때 물체의 모양은 원래의 모양과 어떤 차이가 있을까?

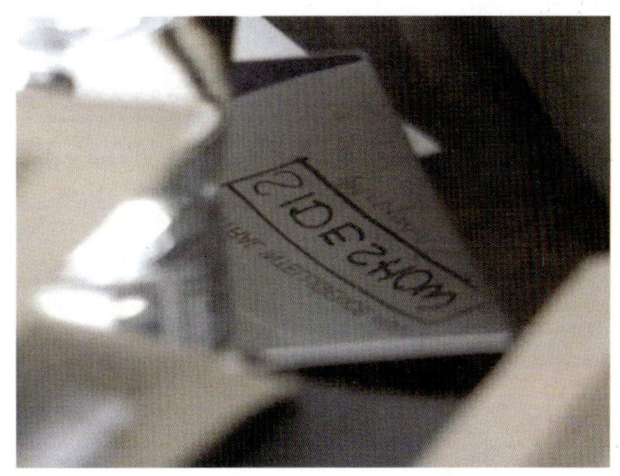

스파이 게임 거울에 비친 책상 아래의 서류

빛은 물체에 닿지 않는 한 계속 직진한다. 그러다가 어떤 물질을 만나면, 흡수되거나 반사, 혹은 굴절된다. 거울과 같이 매끄러운 표면에서는 빛이 잘 반사되기 때문에 거울에 비친 물체의 모습을 볼 수 있다. 거울에 비친 상은 좌우가 바뀌기 때문에 위 장면에서의 서류 글씨는 'SIDE SHOW'라고 읽어야 한다. 이렇게 빛의 반사를 이용한 기구를 우리 주변에서 많이 볼 수 있다.

〈U-571〉에서는 잠수함에서 구축함을 피해 잠망경을 통해 적을 보고 있다. 잠망경은 거울을 통해 빛을 반사시켜 물 속에서 물 밖을 관찰 할 수 있게 한 장치이다. 잠망

U-571 잠망경을 통해 수면을 살피는 U보트 함장

6번째 날 조종석 유리에 비친 아담과 복제인간의 모습

경을 통해 본 물체는 거울을 볼 때와는 달리 좌우가 바뀌지 않고 그대로 보인다. 이것은 잠망경 속에 거울이 두 개가 있어 두 번 반사를 하기 때문이다. 좌우가 두 번 바뀌므로 정상으로 보이는 것이다. 잠수함 속이 붉은 빛인 이유는 붉은 빛이 적은 에너지를 가지면서도 물체를 식별할 수 있는 빛이며, 눈이 암순응을 하는데 좋기 때문이다.

〈6번째 날〉에서 잡혀 있는 가족들을 구하기 위해 아담(아놀드 슈왈제네거)은 그의 복제 인간과 함께 악당들의 건물로 헬기를 타고 날아간다. 왼쪽 장면은 이때 헬기 조종석 유리창에 비친 모습을 나타낸 그림이다. 평범하게 보이는 장면이지만, 실제로 이러한 것은 불가능하다. 헬기나 자동차의 유리는 공기의 저항을 적게 받기 위해 기울어져 있다. 즉, 조종석에서 보면 자신의 모습이 유리창에 비치는 것을 볼 수는 없다. 자동차의 대시보드나 영화 속 헬기의 계기판이 비쳐 보일 수는 있으나 자신의 얼굴 빛은 유리창에 반사된 후 계기판 쪽으로 진행하기 때문에 자신에게는 보이지 않는 것이다. 이 원리는 야간에 운전을 할 때, 매우 중요하게 작용하는데, 만약 계기판의 불빛이 앞 유리창에 비치게 되면 운전을 하는데 큰 방해가 된다.

우리는 보통 거울을 볼 때, 상이 한 개 생기는 것으로 착각한다. 그런데 사실 볼 수 있는 상은 두 개이다. 거울 뒷면의 은색 코팅에서 반사된 빛에 의한 상이 우리가 일반적으로 보는 거울상이고, 거울 표면의 유리에서 반사되는 상도 생기는데 이것은 어둡기 때문에 자세히 봐야만 관찰할 수 있다. 목욕탕 유리에서 입을 벌리고 입 끝을 자세히 보면 확인할 수 있는데, 밝은 것이 거울 뒷면의 상이고 어두운 것은 거울 표면에서

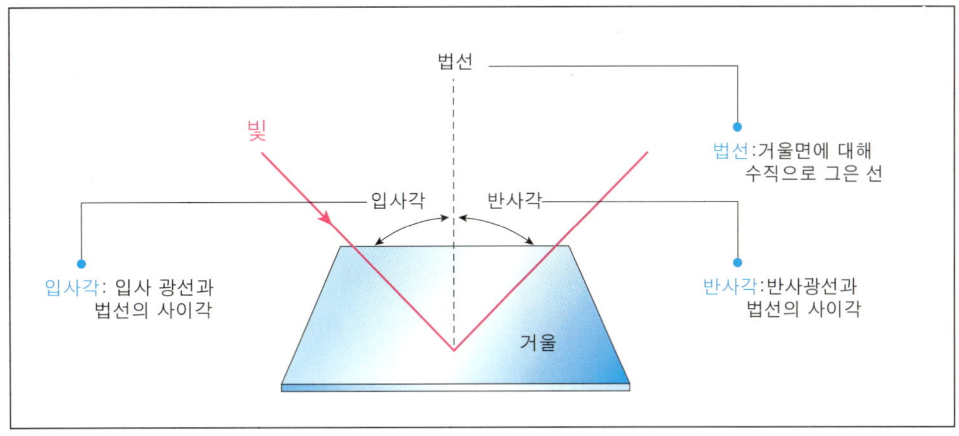

〈빛의 반사〉

반사된 상이다.

〈뮬란〉에서 뮬란은 조상의 묘비가 가득한 곳에서 자신의 신세를 푸념하는 노래를 부른다. 이 장면에서 묘비에 반사된 뮬란의 모습을 보고 뮤지컬의 분위기를 느낄 수 있기도 한데, 여기에는 과학적인 오류가 숨어 있다. 묘비는 뮬란을 중심으로 둥글게 배치되어 있다. 이러한 위치에서 똑같은 뮬란의 모습이 동시에 여러 묘비에 비칠 수 없다. 빛은 입사각과 반사각이 같

뮬란 묘비에 비친 뮬란

은 크기로 반사가 된다. 즉, 뮬란의 위치에서 관찰자(또는 관객)에게 뮬란의 모습이 비치는 묘비는 여러 개가 될 수 없다는 뜻이다. 손거울을 들고 간단한 실험을 해 보면 영화의 장면이 잘못되었다는 것을 알 수 있다. 손거울로 자신의 모습을 볼 수 있는 위치는 한 군데 뿐이며 다른 위치로 옮기면 자신의 얼굴이 보이지 않는다.

〈쥬라기 공원〉에서 아이들은 공룡을 피해 식당으로 숨는다. 식당 조리대 아래의 공간에 숨으려고 하는 순간 공룡과 마주치게 된다. 공룡이 맹렬한 기세로 달려와서 잡으려고 하는 순간 공룡은 조리대에 부딪히고 만다. 공룡은 조리대에 비친 아이의 모습을 진짜로 착각하였으며, 아이는 조리대에 비친 공룡의 모습을 진짜로 생각하고 놀랐던

쥬라기 공원 아이들을 찾는 공룡

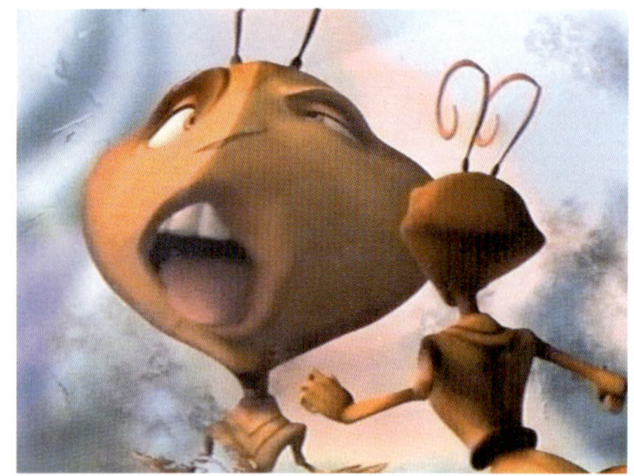

개미 자신의 얼굴을 비춰보는 Z

매트릭스 숟가락을 구부리는 네오

것이다. 하지만, 이 장면에서 아이와 공룡 사이에 서로를 보는 것은 가능하지만, 관객(카메라의 위치)의 입장에서는 조리대에 비친 공룡의 모습을 볼 수 없거나 한 쪽으로 치우친 상을 봐야한다. 즉, 아이와 관객이 동시에 똑같은 공룡의 모습을 볼 수는 없다. 하지만 공룡이 아이를 향해 달려간다는 것을 나타내기 위해 어쩔 수 없이 이렇게 표현했을 것이다. 이와 같이 애니메이션이나 특수효과를 사용하는 영화에서 반사와 관련된 실수를 하는 경우를 어렵지 않게 찾을 수 있다. 이러한 것을 찾아 보는 것도 영화를 좀 더 재밌게 보는 방법의 하나일 것이다.

〈개미〉에서 Z가 일그러진 거울에 자신의 모습을 비춰 보는 장면이 있다. 얼굴은 거대하게 보이고, 몸은 길어지며, 굽어보인다. 얼굴이 퍼져 보이는 것으로 봐서 얼굴 쪽으로 볼록하게 굽은 거울이라는 것을 알 수 있다. 하지만 볼록거울은 항상 축소된 상을 만들기 때문에 영화 속에서와 같이 실물 보다 크게 그려 놓은 것은 영화상의 과장이라 할 수 있다.

〈매트릭스〉에서 네오가 숟가락을 구부리는 장면에서는 구부러진 숟가락에 네오의 얼굴이 비춰진다. 숟가락의 오목한 쪽으로 보면 뒤집혀진 얼굴이 보이고, 볼록한 쪽으로 보면 퍼진 얼굴 형태가 보인다.

다음 〈토이스토리 2〉의 장면은 쥬라기 공원의 한 장면을 패러디 한 것으로 사이드

미러를 통해 공룡에게 쫓기는 긴박함을 나타내고자 했다. 자동차의 오른쪽 사이드 미러에는 '사물이 실제보다는 가까이 있음'이라는 경고 문구가 있다. 실제로 사물이 멀리 있는 것 같이 보이기 때문이다. 이와 같이 볼록거울을 통해 물체를 보면 물체는 실제보다 멀리 있는 것 같이 보여 더 넓은 시야를 확보할 수 있기 때문에 교차로와 같은 곳에 설치하여 운전에 도움을 준다.

토이스토리 2　자동차를 쫓아오는 장난감 공룡 렉스

〈스노우 독스〉에서 테드(쿠바 구딩 쥬니어)의 직업은 치과 의사이다. 옆 장면은 어린 시절의 테드가 진료실에서 아버지의 진료하는 모습을 지켜보고 있는 모습이다. 그의 머리에 있는 치과 의사용 반사경은 환자를 진료할 때 입 안을 좀 더 밝게 관찰할 수 있게 해주는 도구이다. 이 반사경은 오목거울로 되어 있으며, 볼록렌즈와 마찬가지로 빛을 모으는 역할을 한다. 볼록렌즈와 오목거울 둘 다 빛을 모으는 역할을 하기 때문에 망원경에 사용된다. 볼록렌즈를 사용한 것을 굴절망원경이라고 하고, 오목거울을 사용한 것을 반사망원경이라고 한다.

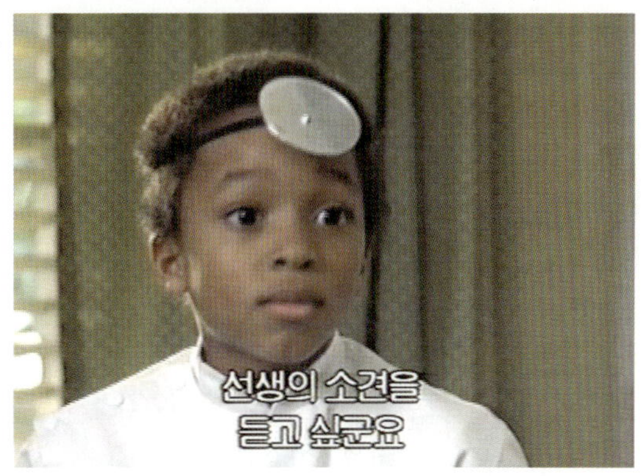

스노우 독스　아버지의 진료 장면을 보는 테드

〈더 록〉에서 독가스(VX)를 미사일에 장착한 후 알카트래즈 섬을 점령한 하멜 장군과 그의 부하들은 관광객을 인질로 잡고 정부와 협상을 한다. 동시에 이들을 진압하기 위한 진압부대가 하수구를 통해 올라

더 록　반사경을 통해 레이저를 반사시키는 장면

오기 위하여 주변을 살펴보고 있다. 물론 직접 올라오지 않고, 작은 카메라를 이용한다. 흔히 병원에서 내시경으로 사용하는 이 카메라는 광섬유 내에서 빛이 계속적인 반사를 하여 전달되는 것을 이용한 것이다. 광섬유는 굴절률이 다른 두 유리 섬유로 구성이 되어있는데, 밖으로 빛이 빠져나가지 않게 전반사가 일어남으로 인해 멀리까지 빛(신호)이 전달된다.

뮬란 묘비에 비친 뮬란

〈뮬란〉의 주인공 뮬란은 조상의 묘소에서 자신의 신세에 대해 푸념하는 노래를 부른다. 이때 묘비에 비친 뮬란의 모습을 자세히 보면, 정반사와 난반사의 차이를 알 수 있다. 묘비에서 글자를 파낸 부분은 표면이 거칠기 때문에 난반사가 일어난다. 그러므로 뮬란의 얼굴이 일그러져 비치지만, 그 외의 부분은 표면이 매끄럽기 때문에 정반사가 일어나 얼굴을 잘 볼 수 있다. 그런데, 이 묘비의 반사는 한 가지 생각해야 할 점이 있다. 묘비와 같은 검은색 물체도 반사가 일어나는데, (뒤쪽에서 다시 언급을 하겠지만) 검은색은 모든 빛을 흡수하기 때문에 검게 보인다. 그렇다면, 이론적으로 묘비나 검은색 자동차와 같은 검은 물체에는 사물이 비칠 수 없어야 한다. 하지만, 검은 물체라 할지라도 표면이 매끄러우면 분명히 반사가 일어난다. 그래서 얼굴을 비춰볼 수 있는 것이다.

빛은 어떤 물체를 만나지 않으면 계속 직진하는 성질을 가지고 있으며, 빛이 물체에 닿으면 반사, 굴절 또는 흡수된다는 것을 앞에서 말한 바 있다. 축구공을 평평한 벽에 차는 경우와 울퉁불퉁한 벽에 차는 경우를 생각해 보자. 평평한 벽에 공을 찰 때는 공이 어디로 튀어갈지, 공이 벽에 맞는 것을 보면 추측할 수 있다. 하지만, 울퉁불퉁한 벽에 공을 찰 때는 공이 어디로 튀어갈지 알 수 없다. 빛의 경우에도 마찬가지여서 빛이 매끄러운 표면에 부딪힐 경우에는 일정한 방향으로 반사가 되지만, 거친 표면에 부딪힐 때는 사방으로 튀는 축구공과 같이 빛도 사방으로 반사되어 산란되어 버린다. 이렇게 일정한 방향으로 빛이 반사되는 경우를 **정반사**라고 하며, 사방으로 빛이 반사되

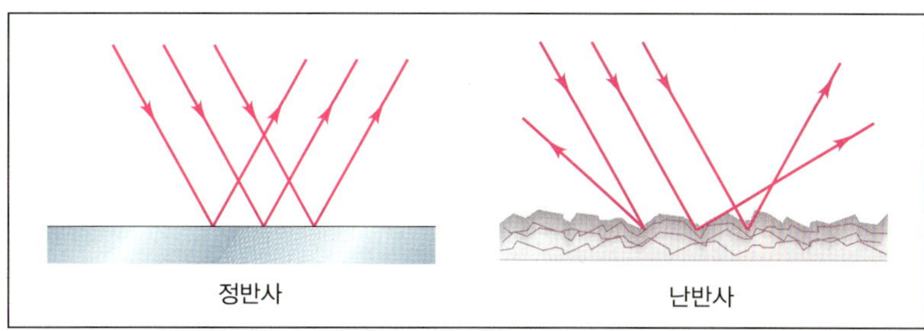

정반사 난반사

〈정반사와 난반사〉

는 경우를 **난반사**라고 한다. 난반사가 일어나면 물체에 반사된 상을 볼 수는 없지만 어느 곳에서나 그 물체를 볼 수 있다. 극장에서 관객이 어느 자리에 앉건 영화를 볼 수 있는 것은 스크린에서 난반사가 일어나 빛이 사방으로 흩어지기 때문이다. 만약 정반사가 일어난다면 특정 위치에서만 영화가 보이게 된다.

운전할 때 전조등을 켜면 빛이 노면에 부딪힌 후 운전자의 눈에 들어와 도로의 상태를 알 수 있다. 그런데 비오는 밤길에는 전조등을 켜도 도로 상태가 잘 보이지 않는다. 빗물에 의해 매끄러워진 도로에 전조등 빛이 흡수되거나 정반사를 일으키기 때문이다.

〈카멜롯의 전설〉에서 주인공 란슬롯(리차드 기어)은 이 마을 저 마을을 떠돌아다니며 검술로 돈을 버는 떠돌이 검사이다. 그가 숲 속에서 고인 물에 손을 넣어 물을 떠 마시는 장면이 있다. 손을 넣기 전에는 물 표면에 란슬롯의 얼굴이 보이지만, 물이 흔들리자 얼굴이 보이지 않는다. 즉, 물의 표면이 매끄러우면 사람의 얼굴이 비쳐 잘 보이지만, 물이 흐려지면 일그러

카멜롯의 전설　물에 비친 란슬롯

진 물의 표면을 따라 반사가 일어나기 때문에 물에 비친 모습도 일그러진다. 물결이 많이 흔들린다면 아예 형상을 알아볼 수도 없어진다. 물에 비친 자신의 모습을 사랑하여 그 물에 빠져 죽은 미소년 나르시스의 이야기는, 빛의 반사에 의한 최초의 피해 사례일 것이다.

슈렉 못 생긴 슈렉의 얼굴 때문에 깨진 거울

스쿠비두 작은 거울 조각으로 만들어진 해골 상

성룡의 CIA 깨지고 있는 유리창

왼쪽은 〈슈렉〉에서 못 생긴 슈렉의 얼굴이 거울에 비치자 거울이 깨져 버리는 황당한 장면이다. 슈렉이 너무 못 생겨서 거울마저 거부하는 것인데, 거울이 깨지면서 안 그래도 못 생긴 슈렉의 모습이 더욱 일그러져 있다

이런 현상은 거울에 움직이는 각도의 두 배 만큼 이동된 상이 생기기 때문이다. 빛은 법선(반사면과 수직인 선)을 기준으로 입사각과 반사각의 크기가 항상 같다. 거울면이 기울면 입사각 뿐 아니라 법선도 기울어져 반사광선은 두 배 이동하게 된다. 따라서 거울에 금이 가서 조금만 틀어져도 보이는 상은 많이 일그러지는 것이다. 위에서 설명한 란슬롯의 얼굴이 일그러지는 것도 같은 이치이다.

〈스쿠비두〉에서 해골 상은 많은 거울 조각을 붙여 만든 것으로 노래방에 설치된 둥근 회전 거울과 비슷하다. 햇빛이 이 해골 상에 비치자 빛이 사방으로 퍼져 괴물들이 죽는다. 수 많은 작은 거울 조각들이 저마다 다른 각도로 붙어 있기 때문이다. 거울이 작아지면 작아질수록 더욱 반사되며, 결국에는 난반사가 되어 빛은 흩어져 버린다.

〈성룡의 CIA〉에서 성룡은 건물 내로 잠입하기 위해 건물의 유리창을 깨트린다. 이때 깨지는 장면을 보면 유리가 매우 작

유리가 투명한 이유

유리가 투명한 것은 가시광선을 그대로 통과시키기 때문이다. 유리의 원자들은 가시광선을 흡수한 후 곧바로 다시 방출해 버리는 연속적인 과정을 통해 가시광선을 그대로 통과시킨다. 결국 가시광선은 유리를 뚫고 지나온 것과 같아서 투명하게 보인다. 하지만, 자외선은 유리를 통과하지 못하므로 유리창을 닫아 놓고 빨래를 널면, 빨래가 마르기는 하지만 자외선 소독효과는 기대할 수 없다.

안전유리

유리는 고체라기보다 액체 상태에 가까운 물질로 결정면이 없다. 그래서 깨질 때 날카로운 각각의 조각이 되는 것이다. 만약 자동차 유리가 이렇게 날카롭게 깨진다면 사고 시에 깨진 유리로 인한 인명 피해는 더 많아질 것이다. 하지만 자동차의 안전유리는 유리의 강도를 증가시켜 쉽게 파손되지 않게 하였다. 파손된다 하더라도 사람이 다치지 않게 제작되었다. 안전유리는 유리에 합성수지 필름을 부착해 부서져도 필름에 의해 유리 조각이 붙어 있어 사람을 보호한다. 강화유리는 가열 급랭하여 강화 처리한 것인데, 유리 전체를 억지로 잡아 당겨 놓은 상태이기 때문에 깨질 때 순식간에 작은 조각들로 부서져 버린다.

은 여러 조각으로 부서지는 것을 볼 수 있다. 이것은 이 유리가 자동차 유리와 같은 안전유리이기 때문이다. 안전유리는 일반유리와 달리 파손될 때 깨지는 면이 날카롭지 않아 파편에 의해 사람이 다치지 않는다.

유리가 금이 가거나 깨질 때, 사이 사이의 하얗게 보이는 부분도 빛의 반사 때문이다. 즉, 유리 속으로 들어간 빛이 금이 간 면에서 반사되기 때문에 희게 보이는 것이다.

〈개미〉에서 인간이 돋보기로 개미를 태우는 장면이 있다. 햇빛에 노출되었을 때는 무사했던 개미가 볼록렌즈를 통과한 빛에는 타 죽는 이유가 무엇일까?

개미 개미를 태우는 돋보기

색수차

렌즈나 반사경을 사용해 상을 맺을 때 빛이 한 점에 모이지 않아 상의 색깔이 번져 보이거나 일그러지는 현상을 수차라고 한다. 수차에는 구면수차, 색수차, 코마수차, 지점수차, 만곡수차, 왜곡수차 등이 있다. 색수차는 가시광선이 단색광이 아니기 때문에 나타나는 현상으로 파장에 따라 굴절률이 달라서 생기는 수차이다. 즉, 파장이 긴 빨간색은 굴절이 작게 되어 뒤쪽에 상이 맺히고, 보라색은 파장이 짧기 때문에 많이 굴절되어 앞쪽에 상이 맺힌다. 일반적으로 한 개의 렌즈만 사용할 때는 대부분 수차가 생긴다. 그러므로 많은 광학기계들은 크라운 유리, 플린트 유리와 같이 서로 굴절률이 다른 렌즈를 결합하여 만든 색지움렌즈를 사용한다.

볼록렌즈를 통과한 빛에 개미들이 죽는 이유는 빛이 볼록렌즈를 통과하면서 모이기 때문이다. 이 장면에서 돋보기를 통과한 빛이 마치 불길처럼 묘사되는데 이것은 잘못되었다. 아무리 개미의 눈으로 보기에 돋보기가 거대하다고 하여도, 이를 통과한 빛이 불길처럼 보이지는 않는다. 이미 배웠듯이 빛이 지나가는 길은 보이지 않기 때문이다. 이때 개미 주위를 자세히 보면 색깔이 조금 다른 부분이 보인다. 빛이 렌즈를 통과하면서 파장이 다른 빛이 있기 때문이다. 파장이 다르므로 굴절률이 달라서 이런 현상이 나타나는데, 색수차라고 한다. 대부분의 볼록렌즈에는 색수차가 나타나기 때문에 카메라에는 색지움 렌즈를 사용해 색수차를 없애고 좀 더 좋은 사진을 얻는다.

〈뷰티플 마인드〉에서 유리컵을 통과한 빛이 굴절되어 어두운 부분과 더 밝아진 부분이 생긴 것을 볼 수 있다. 유리가 투명하기는 하지만 표면에서 일부 빛을 반사하며, 영화에서와 같이 각이 진 유리는 완전히 반사시키는 경우도 있다. 따라서 유리 자체는 투명하지만 많은 빛이 컵을 통과하지 못하고 다른 곳으로 진행한다. 통과한 빛도 굴절에 의해 진행 경로가 바뀌므로 빛이 도달하지 않는 부분과 더 많이 도달하는 부분이 생긴다. 따라서 어두운 그림자와 밝게 빛나는 부분이 형성된다. 풀장

뷰티플 마인드 유리컵에 의한 빛의 굴절

의 바닥을 바라보면 밝은 선들이 어른거리는데 이것도 같은 원리이다. 〈마이너리티 리포트〉에서 앤더톤 반장(톰 크루즈)이 아들과 함께 수영장에서 수영을 하는 모습을 보면, 수영장 바닥에 밝고 어두운 빛 무늬가 나타나는데 이것 또한 빛의 굴절에 의한 것이다.

〈할로우맨〉에서 투명인간이 된 케인은 자신의 투명한 특성을 이용하여 나쁜 짓을 저지르며 돌아다닌다. 투명하기 때문에 평소에는 보이지 않지만 물을 뒤집어 썼을 때는 물의 굴절률이 공기와 달라서 모습을 볼 수 있다. 사실 투명인간이 공기와 밀도가 다르다면 어떠한 형태로든 보여야 한다. 즉, 유리는 투명하지만 유리로 만든 조각상은 보이는 것처럼, 공기는 보

마이너리티 리포트 아들과 수영장에서 수영하는 앤더톤

할로우맨 물이 묻은 투명인간

투명인간

투명인간이 완전히 투명해 지려면 공기와 밀도가 같아야 한다. 물이나 유리처럼 빛을 통과시킨다고 완전히 투명한 것은 아니다. 공기와 밀도가 다를 경우 빛이 굴절하기 때문에 어떤 물체가 있다는 것을 감지할 수 있기 때문이다. 영화에서와 같이 투명인간이 되었다고 할 때 가장 큰 문제점은, 투명인간이 아무것도 볼 수 없다는 것이다. 투명인간의 눈의 수정체는 빛을 굴절시켜 망막에 상을 맺을 수 없고, 상을 맺었다고 하더라도 망막에서 빛을 흡수하게 되면 검게 보이기 때문에 망막에서는 상을 감지할 수 없다. 또한 검은 상자 역할을 하는 맥락막이 투명하므로 상은 희미해서 알아보기 힘들어진다. 따라서 약물을 통해 투명인간이 되겠다는 것은 무리가 있어 보인다. <프레데터>에서 외계인과 같이 투명해지는 장비에 의해서 투명해 지는 것이 좋을 것이다. 몸을 지나가는 빛을 그대로 다시 방출하기만 하면 투명해질 수 있다.

보이지 않는 폭격기인 스텔스기 는 레이더에 잡히지 않을 뿐 눈에는 보인다. 사람의 눈은 가시광선을, 레이더는 전파를 가지고 보기 때문이다. 세상은 어떤 눈을 가지고 보느냐에 따라 전혀 다르게 보일 수 있다.

이지 않지만 아지랑이가 피어오르는 것은 보이는 것처럼 말이다. 아지랑이는 주변의 공기와 밀도가 달라져 굴절률의 변화가 생기기 때문에 나타나는 현상이다.

　게임 〈스타크래프트〉에서 다크 템플러나 옵저버가 움직이면 주변의 물체들이 흔들려 그들의 움직임을 알 수 있다. 이와 같이 빛은 물 속이나 유리와 같이 다른 물질을 지나거나, 밀도가 다른 물질을 지날 때는 굴절하게 된다.

2　빛의 분산과 합성

〈뷰티플 마인드〉에서 내쉬(러셀 크로우)는 엘리사에게 다이아몬드 모양의 유리 조각을 생일 선물로 준다. 조각 안쪽으로 빛이 들어갔다가 빠져 나올 때 총천연색으로 보인다고 설명하고 있다. 다이아몬드는 어떤 원리로 그렇게 화려한 빛을 발하는 것일까?

뷰티플 마인드　아름다운 다이아몬드의 빛깔

　다이아몬드는 단단하기 뿐 아니라 아름다운 빛깔에서도 타의 추종을 불허하는 보석이다. 하지만 많은 여인들의 마음을 사로잡는 다이아몬드가 처음부터 사랑을 받았던 것은 아니다. 컷팅 기술이 발달하면서 오늘날과 같은 아름다운 모습을 가진 것이다. 다이아몬드에서 여러 가지 색깔의 빛을 볼 수 있는 것은 다이아몬드로 입사한 빛이 분산되기 때문이다. 즉, 백색광은 파장이 다른 여러 가지 빛이 합쳐져 있는데, 물방울이나 프리즘, 두꺼운 유리와 같은 것을 통과할 때 파장에 따라 굴절률이 다르기 때문에 여러 가지 빛으로 갈라진다. 이것이 빛의 분산이다. 또 다이아몬드는 내부에서 전반사가 일어난다. 영화에서와 같이 위쪽에서 쳐다보면 위에서 입사한 백색광이 다이아몬드 내부로 들어가 전반사를 거치고, 빠져 나오면서 파장에 따라 빛이 다르게 굴절하기 때문에 불꽃같이 화려한 빛을 볼 수 있는 것이다. 무지개도 태양광선이 물방울로 들어갔다가 분산이 되면서 나타나는 것이다.

　〈E.T.〉에서 E.T.와 친구들이 붉은 저녁놀을 배경으로 걸어가고 있는 것, 〈재미있는 영화〉에서 영사기에서 나온 빛이 푸르게 보이는 것, 〈위대한 비상〉에서 하늘이 푸른 것 등으로 알 수 있는 사실은 색깔이 없는 것처럼 보이는 백색광 속에 여러 가지 색이 숨어 있다는 사실이다. 즉, 햇빛이 공기 중을 지나갈 때 파장이 짧을수록 산란이 잘 되기 때문에 낮에는 산란이 잘 되는 푸른빛이 눈에 들어온다. 같은 이유로 저녁에는 산란이 잘 되지 않는 붉은 빛이 눈에 들어오기 때문에 하늘이 붉게 보인다.

〈딥 블루 시〉에서 부서진 연구실에서 탈출한 연구원들이 수면을 향해 열심히 올라가자 상어도 따라 올라간다. 천천히 가서 먹어도 된다고 생각하는지 빨리 가서 물지 않고 폼만 재고 있다. 이 영화의 제목인 딥 블루 시(deep blue sea)는 무슨 뜻일까? 깊고 푸른 바다. 바다는 왜 푸를까?

　하늘은 하늘에서 푸른색 계통의 빛들이 많이 산란되어 그 빛이 우리 눈에 감지가 되면서 푸르게 보인다. 그렇다면 왜 바다는 파랗게 보이는 것일까? 바다에 가 보면 느끼겠지만, 하늘빛을 닮아 (즉, 하늘빛이 반사되어) 바다가 파랗게 보이는 듯 하다. 하지만, 이 이유 때문만은 아니다. 편광판을 이용해 반사되는 빛을 제거해도 바다는 파랗게 보인다. 하늘빛의 반사 말고 다른 이유가 있는 것이다. 바다가 파랗게 보이는 또 다른 이유는 물분자가 적색계열의 빛을 잘 흡수

E.T., 재밌는 영화, 위대한 비상

딥 블루 시　사람을 공격하러 가는 상어

하기 때문이다. 물이 투명하다고 하지만, 이것은 물의 양이 적을 때의 이야기다. 욕조에 물이 가득하거나, 풀장의 물만 봐도 푸른빛을 띠는 것을 볼 수 있다.

초록빛을 띠는 바다는 바닷속에 살고 있는 식물성 플랑크톤이 녹색을 잘 분산시키기 때문이다. 수심이 깊어짐에 따라 적색, 황색, 녹색의 순으로 빛이 흡수되기 시작하여 깊은 곳에서는 푸른색만 감도는 담청색 바다가 되고, 더 깊은 곳에서는 완전한 암흑세계가 펼쳐진다. 유리도 많이 모이면 녹색을 띠는데, 이것은 유리에 포함된 철 때문에 나타나는 현상이다.

분자의 운동

<몬테크리스토 백작>은 빅토르 위고의 원작 소설을
영화로 만든 작품이다.
결혼을 앞둔 에드몽이 친구의 배신으로
억울한 누명을 쓴 채 악명 높은 샤또디프 형무소에 투옥이 된다.
그는 13년 만에 탈출하여 몬테크리스토 백작이라는 이름으로
화려하게 사교계에 등장한다.
그는 사람들을 파티에 초대한 후 폭죽을 배경으로
기구를 타고 내려와 사람들에게 신비감을 주는데,
기구는 어떻게 뜨는 것일까?

1 움직이는 분자

해리포터와 마법사의 돌 마법 학교로 가는 기차

〈해리포터와 마법사의 돌〉에서 해리는 마법 학교에 가기 위해 기차를 탔다. 기차는 흰 연기를 뿜으면서 열심히 달려가고 있다. 연기는 굴뚝에서 나오면 잠시 후 사라져 버린다.

왜 시간이 지나면 눈에 보이지 않는 것일까?

주전자에 물이 끓으면 주전자 입구에서 나오는 김은 눈에 보이지만, 잠시 후 사라져 버린다. 주전자 입구에서 나오는 김을 수증기라고 부르는 경우가 있는데 이것은 정확하지 않은 표현이다. 수증기는 기체 상태의 물로, 절대 눈에 보이지 않는다. 고체와 액체 상태의 물질은 눈에 잘 보이지만 기체 상태의 물체는 눈으로 관찰하기 어렵다. 고체와 액체는 분자가 조밀하게 많이 모여 있기 때문에 보이는 것이고, 기체는 분자의 크기가 작기 때문에 흩어지면 보이지 않는 것이다. 마치 멀리 떨어진 산의 모습은 보이지만, 먼 산에 있는 돌멩이는 보이지 않는 것과도 같다. 주전자에서 나온 김은 작은 물방울로, 사실은 액체 상태이기 때문에 눈에 보이는 것이다. 그런데 물방울이 증발해서 수증기가 되면 물분자가 작기 때문에 눈에 보이지 않게 된다. 물방울 표면에 있는 물분자는 기화하여 수증기로 바뀌고 공기 중으로 달아나게 된다. 이것을 **증발**이라고 한다.

〈꼬마돼지 베이브 2〉에서 농부의 아내와 원숭이가 빨래를 널고 있다. 빨래가 마르는 것 또한 빨래에 있는 물이 증발하기 때문이다. 그래서 빨래가 잘 마르는 조건이 곧 증발이 잘 일어나는 조건이다. 한마디로, 기온이 높고 습도가 낮은 경우에 증

꼬마돼지 베이브 2 빨래를 너는 농부의 아내와 원숭이

물질의 상태

우리가 살고 있는 지구에는 고체, 액체, 기체의 세 가지 상태의 물질이 대분이지만 우주에는 이 세 가지 상태의 물질은 드물다. 대부분의 물질은 플라스마(plasma)라고 하는 물질의 제4상태로 존재한다. 기체를 가열하여 수천도에 이르게 하면 기체 원자는 자유전자와 이온으로 분리되어 플라스마 상태가 된다. 원자가 으깨어져서 스프처럼 된 상태라고 생각하면 된다. 엄청나게 높은 온도에서만 생길 수 있기 때문에 번개나 오로라와 같이 극히 제한된 상황에서만 볼 수 있으며, 인공적으로는 형광등이나 네온사인에서 관찰할 수 있다. 핵융합을 하기 위해서는 물질이 플라스마 상태가 되어야 하기 때문에 현대 사회에서는 이 분야의 연구가 활발하게 진행되고 있다.

발이 활발하게 일어난다. 기온이 높으면 표면의 물분자가 열에너지를 얻는데, 더욱 활발하게 운동하는 분자의 수가 증가하므로 물이 더 빨리 증발한다. 물질은 고체, 액체, 기체의 세 가지 상태가 있으며, 열에너지의 출입에 따라 다른 상태를 가질 수 있다. 이를 물질의 **상태 변화**라고 하며, 항상 열에너지의 출입을 동반하여 일어난다. 즉, 얼음을 가열하면 물이 되고 물을 가열하면 수증기로 상태 변화가 일어나게 된다.

〈배트맨과 로빈〉에서 고담 박물관에 다이아몬드를 훔치러 간 프리즈(아놀드 슈왈제네거)는 경비원을 얼리고 다이아몬드를 손에 넣는다. 엄청나게 큰 다이아몬드를 손에 넣고, 자신만만해 하면서 그는 "절대 진리는 하나… 모든 것은 언다"라고 이야기를 한다. 이 말은 사실일까?

열은 물질의 상태 변화를 일으키는 원인이다. 얼음을 가열하면 물이 되고, 이를 가열하면 수증기가 된다. 반대로 수증기를 냉각시키면 물이 되며, 물을 냉각시키면 얼음이 된다. 이는 열 때문에 물체의 내부 에너지에 변화가 생겼기 때문이다. 물질의 고체 상태는 물질이 얼어 있는 것을 의미한다. 상온에서 철은 얼어 있으며, 물은 녹아 있고, 공기는 끓어 있는 기체 상태이다. 흔히 물이 얼어 있는 상태를 보기 때문에 언다는 것은 곧 차가운 얼음이 되는 것을 떠올

배트맨과 로빈 다이아몬드를 훔치는 프리즈

리기 쉽다. 하지만, 얼었다고 해서 모두 차가운 것은 아니며, 얼어있지만 뜨거운 물질도 많이 있다. 100℃의 철은 뜨겁지만 아직 얼어 있는 상태이다. 즉, 철에게 100℃는 차가운 것이며, 모든 물질은 적당한 온도가 되면 언다.

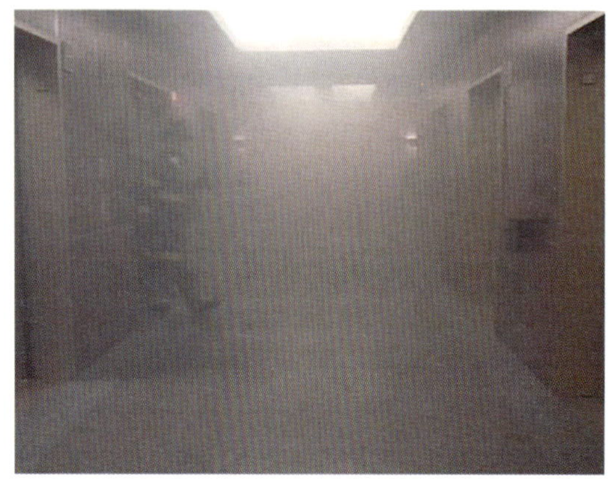

분노의 역류 불이 난 건물 안에 가득한 연기

〈분노의 역류〉는 소방대원들의 활약상과 그들의 동료애를 그린 영화이다. 영화에서 소방대원들이 화재를 진압하기 위해 건물로 들어가는 장면이 있는데, 불길이 번지지 않은 장소에도 연기가 가득한 것을 볼 수 있다.

연기는 어떻게 퍼져가는 것일까?

일반적으로 화재가 나면 불에 타서 죽는 사람보다, 유독성 가스에 의해 질식을 해 죽는 경우가 더 많다고 한다. 누군가 퍼트리는 것도 아닌데, 어느 정도의 시간이 흘러가면 연기는 모두 퍼져 나간다. 이와 같이 물질을 이루는 분자들이 스스로 운동하여 공간으로 퍼져나가는 현상을 **확산**이라고 한다. 확산은 분자 스스로 끊임없이 운동하기 때문에 일어나는 현상으로 어떤 외력에 의해서 움직이는 것이 아니다.

〈엑스맨〉에서 미스틱은 영재학교 내의 연구실에 잠입을 하여, 텔레파시 장치 내에 독극물을 집어 넣는다. 물에 잉크를 떨어트리면 잉크가 물 전체로 퍼지듯이, 흔들지 않아도 독극물이 전제 용액 속으로 퍼져 나간다. 이와 같이 확산은 공기 중에서만 일어나는 것이 아니라 액체에서도 일어난다. 전 세계 바닷물의 염분비가 일정한 것 또한 확산이 일어나기 때문이다.

〈레드 플래닛〉에서 우주선에 불이 나자, 우주선의 대장인 바우먼은 우주선의 문을 열어서 불을 끈다. 이때 우주선에서

엑스맨 텔레파시 장비 속으로 주입된 독약

분자 운동

물질을 구성하는 분자는 끊임없이 운동을 하는데, 이를 분자운동이라고 한다. 물질의 분자는 물질의 상태에 따라 진동운동, 회전운동, 병진운동을 한다. 고체 물질이 일정한 형태를 가지고 있는 이유는 분자들이 제자리에서 진동운동만 하기 때문이다. 액체나 기체 상태의 경우에는 진동운동 뿐만 아니라 회전운동과 병진운동을 하기 때문에 물체가 일정한 형태를 가지지 못한다. 분자의 운동은 열에너지를 얻게 되면 더욱더 활발해지고, 잃으면 운동 속도가 느려지게 된다. 따라서 분자운동을 분자의 열운동이라고도 한다. 고체 상태의 물질은 진동운동을 할 정도의 운동에너지밖에 없지만 열에너지를 계속 공급받게 되면 이웃에 있는 분자와의 인력을 이기고 병진운동이나 회전운동을 하게 되고, 물질은 상태 변화를 하게 되는 것이다.

빠져나온 공기와 연기가 우주로 퍼져나가는 장면을 볼 수 있다. 이 장면은 진공에서도 확산이 일어나는 것을 보여주는 장면이다. 이와 같이 물질들이 퍼져나가는 현상이 생기는 이유는 물질을 이루는 분자들이 정지 상태로 있는 것이 아니라 항상 운동을 하고 있기 때문이다. 만약 분자들이 스스로 운동하지 않는다면, 연기는 불이 난 곳 근처에만 있을 것이고, 액체

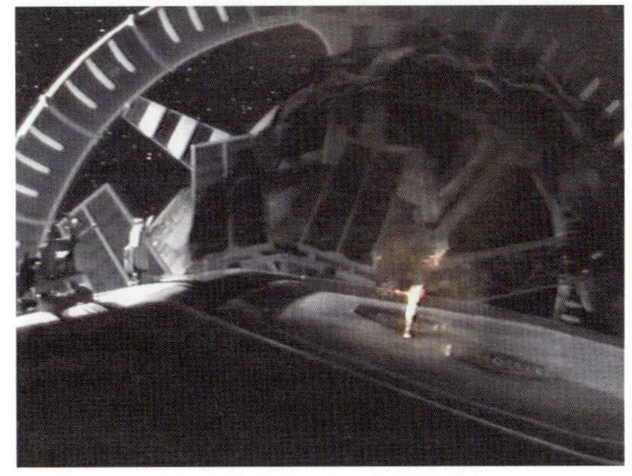

레드 플레닛 불이 난 우주선

속에 떨어진 다른 액체는 뭉쳐 있을 것이며, 우주선에 구멍이 나도 공기가 빠져 나가지 않는다. 이 장면에서 알 수 있는 것은 〈분노의 역류〉에서 연기가 건물에 번져나가는 것 보다 진공 상태에서 훨씬 확산 속도가 빠르다는 것이다. 물질의 확산 속도는 액체 < 기체 < 진공 순으로 빨라지며, 액체 상태에서 확산이 어려운 이유는 다른 물질 분자들과의 충돌 때문이다. 〈레드 플래닛〉에서와 같이 우주선 밖으로 확산되는 일이 진짜로 발생한다면, 확산 속도는 훨씬 더 빨라야 한다. 공기 중의 분자들은 음속보다 빠르게 운동하는 녀석들도 있고, 느리다고 해도 초속 수십 m 이상 되기 때문이다. 또한 분자들은 가벼울수록, 온도가 높을수록 더 빨리 운동하게 된다. 골프공과 볼링공을 던진다고 가정하면, 쉽게 이해할 수 있다. 같은 힘으로 던질 경우 가벼운 골프공(가벼운 분자)이 무거운 볼링공(무거운 분자)보다 더 빨리 움직이는 것이다. 하지만, 볼링공을

염분비 일정의 법칙

염전에서 바닷물을 증발시켜 소금을 얻을 수 있는 것은 바닷물에 다양한 물질이 녹아 있기 때문이다. 이렇게 바닷물에 녹아있는 물질을 통틀어 염류라고 한다. 바닷물 1kg 속에 녹아있는 염류의 양을 g수로 나타낸 것을 염분이라고 하며, 해수의 평균 염분은 35‰(퍼밀)이다. 염분은 증발량이나 강수량에 따라 달라지기 때문에 바다에 따라 염분은 달라진다. 하지만, 염류 간의 성분비는 항상 염화나트륨 > 염화마그네슘 > 황산마그네슘 > 황산칼륨의 순으로 일정하다. 이것을 염분비 일정의 법칙이라고 하며, 영국 해양 조사선 챌린저호가 전세계 바다를 돌아다니며 바닷물을 조사한 결과 알려졌다.

슈렉 용이 있는 화산에 도착한 슈렉과 동키

엑스맨 미스틱을 찾아내는 울프

기계로 쏜다면(온도를 높인다면) 골프공보다 더 빨리 날아가게 할 수 있다.

〈슈렉〉에서 슈렉과 동키는 피오나 공주를 구하기 위한 용사로 선발이 되어, 용이 살고 있는 곳으로 길을 떠난다. 슈렉과 동키는 유황 냄새가 난다며, 용이 살고 있는 곳에 가까이 왔음을 감지한다. 이것은 화산 가스의 구성 성분 중에 아황산가스가 포함되어 있기 때문이다. 이와 같이 멀리서도 냄새를 맡을 수 있는 것은 휘발성 물질의 분자가 공기 중으로 확산되기 때문이다. 이런 분자들의 확산은 생물이 살아가는 데 필수적이다. 곤충들은 확산에 의해 호흡을 하며, 폐에서 가스 교환을 하는 원리도 확산에 의한 것이다. 식물의 뿌리에 물이 흡수되는 이유인 삼투압도 확산에 의한 현상이다.

〈엑스맨〉에서 울프는 같은 편으로 변신한 미스틱을 냄새로서 구분한다. 이처럼 동물들이 냄새를 맡는 것은 휘발성 분자들이 공기 중으로 확산되기 때문이다. 향수를 만들 때도 휘발성 성분과 비휘발성

우주선에서 촛불 켜기

보통 촛불은 위쪽으로 뾰족한 입사귀 모양이다. 이런 촛불의 모양은 촛불 주위에 대류 현상이 생기기 때문이다. 대류는 밀도차이에 의한 부력 때문에 발생하므로 중력이 없는 우주에서는 대류가 거의 일어나지 않는다. 그러므로 우주선에서 초에 불을 붙이면 촛불의 모양은 반구형태를 취하다가 어느 정도의 시간이 지나 꺼져 버린다. 초의 연소에 의해 발생한 이산화탄소가 촛불 주위에 모여 있어 산소가 부족하기 때문에 나타나는 현상이다. 물론 이산화탄소가 확산에 의해 퍼져나가기는 하지만 확산에 의한 산소 공급으로는 촛불을 켤 수 없기 때문에 불이 꺼지게 된다.

성분의 적절한 배합을 통하여 향기의 농도와 지속시간을 조절하므로 시간이 지나면 향기가 덜 나게 된다.

상어의 경우 1km 떨어진 곳에서도 피 냄새를 맡을 수 있다고 한다. 뛰어난 후각을 가진 훌륭한 사냥꾼인 것이다. 그러나 상어의 후각도 물질의 확산이 없다면 제 성능을 발휘하지 못할 것이다. 더불어 진짜로 놀라운 것은 〈반지의 제왕 2 : 두 개의 탑〉에 나오는 오크와 요정의 능력이다. 그들은 달려서 사흘거리에 떨어져 있으면서도 서로의 냄새를 맡을 정도로 뛰어난 후각을 가지고 있다. 물론 환타지 소설에서나 가능한 이야기이다. 오크가 지나가면서 그들의 몸에서 많은 분자들이 떨어져 나왔겠지만 100km 이상 확산되면서 전달될 수 있는 분자의 수는 너무 적다. 그러므로 이를 통해 냄새를 맡는다는 것은 말이 안 되는 것이다.(참고 : 자극과 반응 p.139)

〈배트맨과 로빈〉에서 포이즌 아이비는 배트맨과 로빈을 유혹하기 위해 페로몬 가루를 뿌린다. 이 페로몬은 주위의 많은 사람들을 제쳐두고 배트맨과 로빈을 향해 날아간다. 물론 영화에서 포이즌 아이비가 불어서 날리기는 하지만 다른 모든 냄새가 퍼져나가는 것이 이런 식으로 퍼져나가는 것은 아니다. 많은 사람들이 바람에 실려 꽃의 향기가 퍼져 나간다는 식의 생각을 하는데, 바람의 이동이 향기를 퍼트리는데 영향을 줄 수는 있지만 공기의 이

배트맨과 로빈 포이즌 아이비의 페로몬

감각

동물의 행동 변화를 일으키는 외부의 모든 원인을 자극이라고 하며, 자극을 느끼는 것을 감각이라고 한다. 인간의 경우 오감을 가지고 있는데, 감각기관에서 자극을 받아들여 중추신경계인 뇌로 보내지면 비로소 느끼게 된다. 흔히 '눈으로 본다'고 말을 하지만 사실 눈으로 보는 것이 아니다. 눈은 단지 외부 자극을 받아들일 뿐이고 보는 것은 대뇌이다. 자극에는 그 개체가 살아가는데 필요한 모든 정보를 담고 있기 때문에 뛰어난 감각기관을 가진 생물체는 다른 생물과의 경쟁에서 유리할 수밖에 없다. 인간의 경우 생존에 가장 필수적인 것은 눈이지만 다른 동물의 경우에는 코가 그에 못지않은 중요한 역할을 한다. 코는 원거리 화학수용기라고 할 수 있는데, 멀리서 확산되어 오는 화학물질을 감지함으로 인해서 다른 생물체나 물체에 대한 정보를 얻는다. 이에 반해 혀는 접촉 화학수용기라고 하는데, 이것은 직접 입에 넣어야 물체에 대한 정보를 알 수 있기 때문이다. 개에게 음식을 주면 냄새를 맡은 후 먹는데, 먹는 도중에 냄새를 맡지는 않는다(사람들은 먹을 수 있는 음식에 대한 교육을 받기 때문에 먹다가 이상하면 냄새를 맡는 경우도 종종 있다). 냄새를 통해 먹을 수 있는 음식을 구분하는 기준은 간단하다. 악취가 나는 것은 대부분 몸에 해롭다!

동이 없어도 확산은 일어난다. 따라서 바람 한 점 없는 날에도 꽃의 향기는 멀리 멀리 퍼져나갈 수 있다. 확산은 공기의 이동에 의해 일어나는 것이 아니며, 물질의 분자가 무질서하게 흩어져 나가는 것이기 때문에, 포이즌 아이비가 뿌린 페로몬의 운동은 확산이라고 보기 어렵다.

화성침공 음식 냄새를 맡는 사람

〈화성침공〉에서 한 농부와 필리핀계 가족들이 밖에서 이야기를 나누고 있다. 농부는 오늘의 요리가 뭐냐며, 바비큐 냄새가 난다고 한다. 잠시 후 비행접시가 날아오르고 불이 붙은 소 떼가 돌진해 온다. 비행접시의 소행으로 자주 거론되는 불탄 소의 사건을 패러디한 것으로 영화는 시작된다. 불타는 소(바비큐?)가 뛰어오는 장면은 이 영화가 얼마나 어이없는 장면을 많이 보여줄 지 그 서막을 알리는 것이라 할 수 있다. 그럼, 소들이 달려오는 장면에 앞서 사람들은 어떻게 냄새를 맡을 수 있었을까?

담배 연기가 방안에 퍼져 나가는 것이나 잉크가 물 속에서 퍼지는 것 같이 어떤 물질이 퍼져 나가는 현상을 확산이라고 한다. 예전의 모 광고에서와 같이 지나간 여인에게서 내 남자의 향기가 나는 이유나, 막걸리를 먹고 버스를 탄 사람 곁에 서기를 꺼리는 것, 교실에서 누군가 소리 없이 방귀를 뀌어도 모두 알 게 되는 것은 확산 때문이다. 이와 같이 확산은 기체와 기체 사이, 액체와 액체 사이에서만 일어나는 것이 아니라, 기체와 고체, 액체와 고체 사이에서도 일어나며 심지어 우주와 같이 진공 상태에서도 일어난다. 확산이 일어나는 이유는 물질의 분자가 끊임없이 운동을 하기 때문이다. 따라서 확산은 온도가 높을 때, 액체 보다는 기체에서 잘 된다. 또한 확산 속도는 물질의 분자량의 제곱근에 반비례하는데(따라서 분자량이 큰 물질이 느리게 확산된다), 이것을 **그레이엄의 법칙**이라고 한다. 우리가 냄새를 맡을 수 있는 것은 음식물이나 악취를 풍기는 물질에서 휘발성 성분이 공기 중으로 튀어나와서 사방으로 확산되다가 우리 콧속으로 들어와서 후세포를 자극하기 때문이다. 후세포의 자극은 후신경을 통해 뇌로 전달되고 뇌에서 어떠한 냄새인가 판별하게 된다. 이렇게 우리가 구분할 수 있는 냄새의 종류는 대략 40만 가지 중 1만 가지 쯤 된다. 영화에서도 고기에서 피라진이나 퓨라논의 성분이 공기 중으로 방출되기 때문이다. 이와 같이 냄새는 우리 생활과 밀접한 관련을 맺고 있다. 요즘은 화장실이나 냉장고, 신발장 등의 냄새를 제거하는 제품들이 출시되어 있는데, 예로부터 우리 조상들은 숯을 냄새 제거제로 사용해 왔다. 또한 절에 가면 향을 피워 악취를 없애고 균을 죽여, 법당을 경건하게 만든다.

2 기체의 압력과 부피

〈성룡의 나이스 가이〉에서 성룡은 거대한 고질라 풍선을 타고 점프한다. 이 풍선은 헬륨이 들어 있기 때문에 묶어 놓지 않으면 하늘로 올라가 버리는데, 이 풍선이 하늘 높이 올라간다면 어떻게 되겠는가?

올림픽과 같은 축제의 시작을 알릴 때 하늘로 날리는 풍선들의 운명은 어떻게 될까?

성룡의 나이스 가이 풍선을 타고 점프하는 성룡

풍선을 불기 위해서는 풍선 안으로 공기나 수소와 같은 기체를 넣어야 한다. 탄력이 있는 풍선은 힘을 가하지 않으면 원래의 모양으로 돌아가려고 하는 탄성력이 작용하게 된다. 그래서 풍선이 부풀어 오른 상태로 있기 위해서는 풍선의 탄성력을 이길 만큼의 힘이 풍선 안쪽에서 바깥쪽으로 작용해야 한다. 아래 그림과 같이 풍선 속의 기체가 풍선을 미는 힘은, 풍선의 탄성력과 풍선 바깥의 공기가 작용하는 힘(대기압)을 더한 힘과 일치한다. 그렇지 않다면 풍선은 더 커지거나 줄어들게 된다.

그렇다면 풍선을 미는 공기의 힘은 어디서 오는 것일까? 공기는 많은 수의 기체 분자들로 이루어져 있는데, 이들 분자들이 풍선에 부딪혀서 풍선을 팽창하거나 수축하게 만든다. 기체의 힘이 얼마나 센지는 자동차 타이어를 보면 상상할 수 있을 것이다. 자동차 타이어에는 공기 밖에 없지만 무거운 자동차를 받칠 수 있다. 분자 하나의 크기는 매우 작지만 엄청나게 많은 수의 분자가 타이어 내부에 충돌하면 자동차를 받칠 수 있을 정도의 힘이 작용하는 것이다.

〈에이리언 4〉에서 에이리언은 우주선에 몰래 타서, 사람들을 죽이고 지구로 가려고 한다. 하지만, 리플리(시고니 위버)가 유리창을 깨트리자 창밖으로 빨려나가 버린다. 이때 에이리언이 우주로 빨려 나가는 것이 '진공의 힘' 때문이라고 말하는 사람

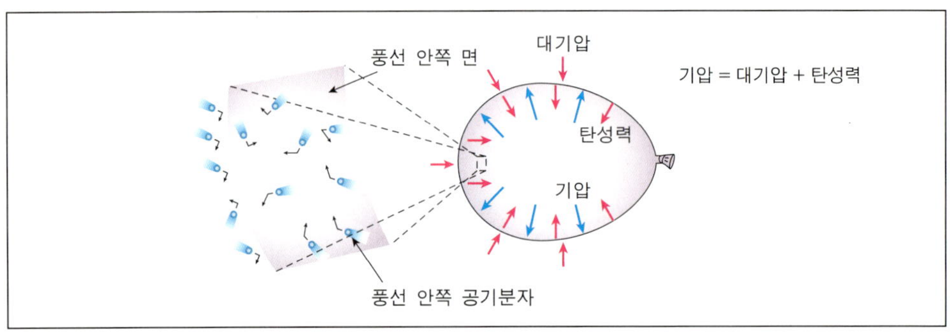

〈풍선에 작용하는 힘〉

에이리언의 피

<에이리언> 시리즈에서 에이리언은 사람의 몸을 숙주로 하여 번식을 하는 외계 생명체이다. 이 영화로 신예였던 리들리 스콧 감독은 흥행 감독의 대열에 들어섰다. 남성을 능가하는 파워 넘치는 액션을 보여준 리플리 역의 시고니 위버 역시 영화의 성공과 더불어 인기 배우가 되었다.

이 영화에 등장하는 에이리언의 피는 황산 성분이 있어 적에게 피해를 입힌다. <에이리언 4>에서는 에이리언을 몸에 지닌 채 죽은 리플리를 다시 살려 내는 것에서 영화가 시작된다. 이렇게 살아나는 과정에서 리플리는 에이리언 유전자의 영향을 받은 듯하다. 그래서 사람인 리플리의 피가 황산과 같이 변해 버려 우주선의 유리창을 녹이는 장면이 나온다. 그러나 리플리의 피가 황산 성분이 있다고 해도, 유리는 반응성이 낮아서 산성 물질에 거의 녹지 않기 때문에 황산에 의해 유리가 녹았다는 설정은 무리가 있다.

들이 있는데, 진공은 아무런 힘도 작용할 수 없다. 에이리언은 다만 우주선 내부의 공기에 의해 밀려 나온 것이다.

〈버티칼 리미트〉에서 애니와 본의 등반팀이 산을 오르고 베이스 캠프에서는 일기를 살피고 있다. 이때 "980헥토파스칼, 계속 하강!"이라고 말한다. 헥토파스칼은 무엇의 단위일까?

공기의 무게에 의해 나타나는 압력을 **기압**이라고 한다. 기압은 기압을 발견한 토리첼리의 방법에서 기원한 단위인 수은주의 높이(mmHg)나 물기둥의 높이(mmH$_2$O)로 나타내기도 하며, cm^{2}에 대해서 1,000dyn의 압력을 $1mb$(밀리바)로 사용하기도 한다. 밀리바는 헥토파스칼과 같은 크기의 단위로 $1mb = 1hPa$ 이다. 1946년 이후 사용해 오던 기압의 단위인 mb를 1979년 세계기상기구는 hPa로 기압

에이리언 4 깨진 유리창으로 밀려 나가는 에이리언

버티칼 리미트 산위의 상황을 살피는 베이스 캠프

의 단위로 바꾸어 쓰기로 결정하였다. 헥토파스칼의 'h'는 '헥토(hecto)'라는 접두어로 10^2을 나타내며, 파스칼의 단위가 너무 작은 수치이기 때문에 편의상 붙여서 사용하는 것이다. 따라서 헥토미터(hm)는 100미터와 같은 길이가 되지만, 잘 사용하지는 않는다. 파스칼(Pa)이라는 단위는 당연히 프랑스의 철학자이자 물리학자인 파스칼(Blaise Pascal)의 이름에서 따온 것이며, 진공의 연구에 사용되는 토르(torr)라는 단위는 진공을 발견한 토리첼리의 업적을 기리기 위한 것이다.

$$1 \text{ atm (기압)} = 760 \text{ mmHg} = 1033 \text{ mmH}_2\text{O} = 1013 \text{ mb} = 1013 \text{ hPa}$$

〈형사 가제트〉에서 가제트(매튜 브로데릭)는 도난당한 전자발을 찾기 위해 악당 스콜렉스의 연구실로 침투하였다. 사방에 레이저 감지기가 작동하고 있기 때문에 그는 거꾸로 매달려 있다. 이때 그의 신발을 자세히 보면 바닥에 빨판이 붙어 있는 것을 볼 수 있다. 빨판이 있으면 어떻게 천장에 붙을 수 있을까?

형사 가제트 천장에 거꾸로 매달려있는 가제트

미션 임파서블 벽을 기어오르는 이단 헌트

슈퍼맨 빌딩을 기어오르는 도둑

영화에는 종종 주인공들이 빨판을 이용해 벽을 기어오르는 장면이 나온다. 그들은 어떻게 미끄러지지 않고 벽을 기어 올라갈 수 있을까?

목욕탕이나 자동차 유리창에 빨판으로 물건을 붙여놓는 경우가 있다. 빨판 내부에 공기를 빼버리면 바깥에서 안으로 누르는 압력만 있기 때문에 붙어있는 것이다. 야쿠르트 병을 입에 대고 공기를 들이마시는 바람에 입 주변이 둥글게 멍이 든 아이(사실은 저자의 동생이다)를 본 적이 있다. 병 속의 공기를 빼냄으로 인해서 힘이 작용하여 입술이 밀려들어가고, 더 이상 입술이 들어가지 못하자 혈관이 터져서 멍이 든 것이다.

〈딥 블루 시〉의 무대는 해상에 설치되어 있는 상어 연구소 아쿠아티카이다. 이 연구소는 해수면에 설치되어 있지만, 연구실은 수면 아래에 있다. 상어의 공격으로 연구실이 부서져 물이 들어왔지만, 위의 장면과 같이 일부에는 물이 들어오지 않아 숨쉴 수 있는 곳이 있다. 이곳에는 왜 물이 더 이상 올라오지 않는 것일까?

딥 블루 시 침몰하는 연구소 바닥에 갇혀 있는 공기

유리컵을 거꾸로 하고 물 속에 집어넣어 보면 물이 어느 정도 올라오다가 더 이상 올라오지 않는 것을 관찰할 수 있다. 이것은 물이 올라오는 것을 공기가 막기 때문인데, 공기 분자가 물분자와 충돌하기 때문에 생기는 현상이다. 즉, 수압과 기압이 같은 곳에서 물이 올라오는 것을 멈추게 된다. 이것을 역으로 이용한 것이 바로 수은기압계이다. 수은기압계는 수은기둥에 의한 압력과 공기에 의한 기압이 같은 지점에서 수은기둥이 더 이상 내려오지 않고 멈추는 것을 읽을 수 있도록 만들어져 있다.(참고 : 기압과 바람 p.190)

〈아틀란티스 : 잃어버린 제국〉에서 마일로는 해수면으로부터 45m 아래에 아틀란티스 대륙이 있다고 대원들에게 설명하고 있다. 그들이 도착한 대륙에는 공기가 있어 숨을 쉴 수 있으며, 아틀란티스 대륙의 원주민이 살고 있었다. 수면 아래 45m에 있는 동굴에 공기가 있다면, 이 동굴의 대기는 5.5 기압 정도가 된다. 이는 45m의 바닷물에 의한 수압과 대기압을 더한 수치로 이 정도의 기압에 노출된다고 해서 바

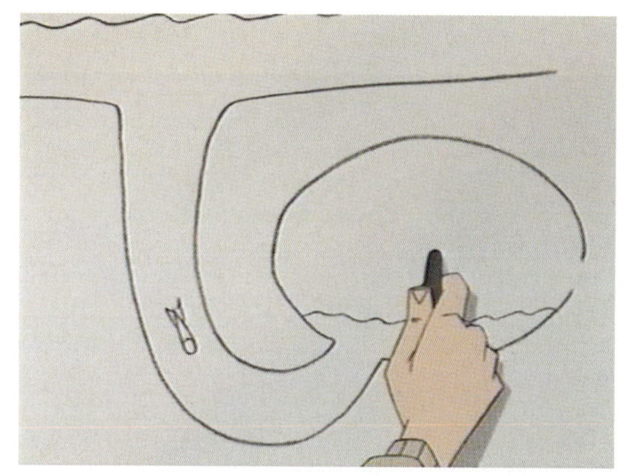

아틀란티스 : 잃어버린 제국
바다 속에 있는 아틀란티스의 위치

마그데부르크의 반구실험

1654년에 독일 마그데부르크시의 시장이자 물리학자인 게리케는 지름 약 35cm의 두 개의 구리반구를 만들었다. 그는 토리첼리의 수은 기압계의 원리를 응용하여 진공 펌프를 만들었다. 많은 사람들이 보는 앞에서 두 개의 반구를 붙이고 공기를 뺀 후 16마리의 말을 사용해 반구를 분리하는 공개 실험을 하였다. 이 장소에는 황제를 비롯해 많은 사람들이 구경을 했고 대기압의 크기에 대해 대단히 놀라워했다. 이상의 이야기를 '진공의 힘'이라고 소개하는 경우도 있는데, 진공은 아무런 힘도 작용할 수 없기 때문에 정확한 표현이 아니다. 또한 16마리의 말을 사용했다고 해서 16마리의 말이 끄는 힘에 의해서 떨어질 정도라고 생각해서는 곤란하다. 말은 양쪽에 8마리씩이었기 때문에 실지로는 8마리의 힘으로 겨우 뗄 수 있을 정도로 큰 대기압이었다고 표현하는 것이 맞을 것이다. 즉 한쪽은 벽에 연결하고 8마리가 끄는 것이나 양쪽의 16마리의 말이 끄는 것이나 같다. 하지만 관객들이 보기에는 16마리의 말이 끄는 것이 훨씬 놀랍게 보인다. TV에서 많이 볼 수 있는 실험들도 이런 식으로 이루어지며, 시청자에 대한 일종의 속임수이다.

로 사망하는 것은 아니지만, 시간이 지나면서 질소마취나 산소중독 증세가 나타난다. 일반적으로 대기와 같은 성분의 공기로 잠수할 수 있는 깊이는 30m 정도이며 이 이상 내려가면 위험하다. 따라서 이런 곳에 오랜 세월 동안 사람들이 살 수는 없다.

슈렉 연못에서 방귀를 뀌는 슈렉

슈렉은 너무나 못생겨서 거울을 쳐다보면 거울이 깨지고, 진흙으로 목욕을 하는 엽기적인 괴물이다. 연못에서 목욕을 하다가 방귀를 뀌자 거품이 올라오고 물고기들이 떠오른다. 목욕을 하면서 방귀를 뀌면 방귀 거품의 크기는 수면위로 올라오면서 커질까? 작아질까?

방귀가 물위로 올라오면서 일부 물에 녹기도 하겠지만, 수압이 낮아지는 정도가

산소중독

'우리 몸은 산소를 필요로 한다.'라는 광고 문구와 같이 우리는 산소를 꼭 필요로 한다. 하지만, 모든 것에는 정도가 있는 법이다. 일산화탄소 중독으로 병원에 실려 온 환자는 고압산소실에서 치료를 받게 되는데, 환자가 필요한 정도로 시행을 해야지 장시간 두게 되면 오히려 폐조직이 파괴되고 부종이 생겨 죽을 수도 있다. 이것이 산소중독증의 무서움이다. 산소의 분압(부분압력)이 0.6atm 이상인 공기를 장시간 호흡할 경우 산소중독증이 나타나게 되며, 분압이 증가할수록 중독은 더 빨리된다. 근육의 경련, 멀미, 현기증, 발작, 호흡곤란 등의 증세가 나타난다.

크기 때문에 방귀 거품은 커진다. 방귀는 음식을 먹을 때 포함되는 공기와 장내 발효로 생기는 가스가 항문을 통해 빠져 나온 것으로, 암모니아를 제외한 대부분의 가스는 용해도가 높지 않아서 물에 많이 녹지 않는다.

〈맨 오브 오너〉에서 주인공 칼 브라셔는 잠수학교 교관과 백인 훈련생으로부터 무식한 흑인이라고 무시를 받자 도서관으

맨 오브 오너 보일의 법칙을 설명하는 브라셔

로 찾아가 공부를 한다. 그곳에서 심해 잠수부에게 보일의 법칙이 왜 중요한지를 깨우치게 된다. 그는 "보일의 법칙은 변하는 대기압에서 공기의 행동을 알려줍니다. 100피트 해저의 잠수부가 10피트 위로 올라가면, 폐의 공기는 네 배로 증가합니다. 이게 왜 중요하냐구요? 숨을 내쉬는 것을 잊으면 폐는 폭발 합니다."라고 설명을 한다. 보일의 법칙에 대한 아주 적절한 설명이다. 〈딥 블루 시〉에서 연구원들은 상어에 쫓기는 급박한 상황에서도 숨을 열심히 내쉬면서 수면위로 올라간다.

1662년 로버트 보일(Robert Boyle)은 '같은 온도에서 기체의 부피(V)는 압력(P)에 반비례한다'는 사실을 발견하였으며, 그의 이름을 따서 보일의 법칙이라 부른다.

$$P \times V = 일정$$

이 식에서 알 수 있듯이 외부의 압력이 낮아지면 기체의 부피는 늘어난다. 하늘 높이 올라간 풍선은 상승할수록 공기의 양이 줄어들기 때문에 기압이 낮아지며, 풍선의 부피는 점점 증가하게 된다. 부피가 증가한 풍선은 결국 터져 버린다.

딥 블루 시 상어와 사람의 수영 실력

〈딥 블루 시〉에서 상어가 사람을 공격한다는 것을 알고 다들 탈출하기 위해 궁리를 하고 있다. 올라가는 통로가 상어의 공격으로 막히자, 러셀은 헤엄쳐서 올라갈 것을 주장한다. 그러나 이 주장은 실행에 옮겨보지도 못한 채 그도 상어 밥이 된다. 연구소에서 수면까지는 230m이다. 상어에게 잡히지 않고 수면까지 올라가려면 상어보다 얼마나 먼저 (또는 들키지 않고) 출발을 해야 할까?

이 문제는 단순하게 생각하면 아주 쉽게 답을 구할 수 있다. (시간은 거리를 속력으로 나누어 주면 구할 수 있다) 사람의 경우에는 수면까지 383초가 걸리고, 상어의 경우 4.6초밖에 걸리지 않는다. 따라서 사람이 상어보다 7분 정도 빨리 출발해야 잡히지 않고 탈출을 할 수 있다. 이 계산은 아무런 조건 없이 단순하게 물체의 움직임에 따른 빠르기를 계산한 것 뿐이다. 수영 선수의 경우 초당 2m 정도 수영을 할 수 있고, 상어의 경우는 초당 10m 정도까지 수영을 할 수 있다. 영화 속의 50m라는 것은 아무리 뇌가 커진 상어라도 너무 빠르게 설정이 되어 있는 듯 보인다. 그렇다면 이런 궁금증이 생긴다. 과연 사람이 230m 아래에서 헤엄을 쳐 빠져 나올 수 있을까? 물론 숨을 참고 하는 보통의 잠수라면 폐가 찌그려져 수영을 할 수 없다. 세계 최고의 기록도 153m를 넘지 못했다. 하지만, 스쿠버 장비를 이용하면 그 이상도 잠수가 가능한데, 이 때에도 주의해야 할 것이 있다. 급하게 올라와서 밖으로 나오면 안된다는 것이다. 200m 이상에서는 1주일 이상 감압실에서 감압을 한 후에 빠져나와야 한다. 또한 30m 이상 200m 이내의 깊은 바다에서는 압축공기를 사용할 경우 여러 가지 문제를 발생시키기 때문에 헬리옥스(Heliox)라고 하는 헬륨과 산소의 혼합기체를 사용한다. 또한 200m 이상에서는 삼합가스(헬리옥스에 질소를 첨가한 가스)를 사용한다. 헬륨은 질소에 비해 용해도가 낮아 혈액 속에 적게 녹으므로

케이슨병

케이슨병 (잠함병)이라고 하면 낯설지만, 잠수병은 한번씩 들어 봤을 것이다. 요즘은 대부분 심해 잠수를 하다가 이 병에 많이 걸리지만, 이 병이 처음 알려질 때만 해도 심해 잠수는 흔한 일이 아니었다. 로버트 보일은 잠수종을 사용한 잠수부에게서 잠수병이 생긴다는 것을 알고 있었지만, 그 원인은 알지 못했다. 이후 시간이 흘러 와트의 증기기관에 의해 산업혁명이 일어나고 철도가 유럽의 전역으로 뻗어나가면서 철도가 강을 통과하기 위해 튼튼한 다리가 필요하게 되었다. 기차가 통과할 만큼 튼튼한 다리의 기초를 만들기 위해, 강바닥에서 노동자들이 작업을 할 수 있게 만든 것이 바로 잠함(Caissons)이었다. 잠함은 종모양의 강철로 만든 거대한 함을 강바닥에 가라앉히고 여기에 압축 공기를 불어 넣어 바닥을 통하여 작업을 할 수 있는 구조로 되어 있었다. 다리의 건설 뿐 아니라 터널이나 항구의 건설을 위해 더욱더 사용이 많아졌고, 생산성을 높이고 인건비를 줄이기 위해 노동 시간은 점점 길어졌다. 그러자, 잠함 속의 노동자들에게 구역질이나 근육의 경련, 발작 등 산소 중독 증세가 발생하였다. 잠함 밖으로 나온 노동자들 역시 피부의 간지러움이나 현기증이 생겼고, 심지어 사망하는 일도 발생했다. 높은 압력에서는 기체의 용해도가 증가하기 때문에 몸 안에 산소가 많이 녹게 된다. 그러다가 갑자기 압력이 줄어들게 되면 몸속의 질소는 폐를 통해 배출되지 못하고 혈액 속에서 기포가 되어 혈관이나 조직에 손상을 주기 때문에 이러한 증세가 생긴다.

감압에 시간을 줄여 주고, 혼수상태를 유발시키지도 않는다. 하지만, 열전도성이 커서 체온을 많이 뺏기기 때문에 잠수부는 보온을 위해 열을 발생시키는 잠수복을 입어야만 한다. 급하게 올라오게 되면 상어를 피해 목숨을 건질지는 모르지만, 잠수병으로 고생할 수 있다. 물론 심하면 이 때문에 죽을 수도 있다.

〈딥 블루 시〉에서 많은 희생을 치르고, 살아남은 연구원들은 상어의 공격을 피해 올라올만큼 올라왔다. 올라가는 통로가 막혀 있으니, 이제는 물속으로 가는 수밖에 없다. 수영에도 조예가 깊은 주인공은 숨을 내뱉으면서 올라가라고 주의를 준다. 수중 18m 지점인 이곳에서 왜 수면으로 올라가며 숨을 내뱉어야 할까?

수중 18m 지점이라면 지상의 약 세 배의 압력이 가해지는 곳이다. 따라서 공기

딥 블루 시 상어를 피해 빨리 올라가기

의 부피는 1/3이 되고, 이 상태로 수면까지 올라간다면 폐 안의 공기는 세 배로 부풀어 올라 폐가 터질지도 모른다. 오히려 100m 아래에서 50m까지 올라오는 것이 덜 위험하다. 100m와 50m는 약 두 배의 압력 차이가 있으므로 부피가 두 배 증가하기 때문이다.

힘

<지미 뉴트론>에서 지미와 칼은
외계인과 통신을 하려고 한다.
통신위성을 설치하기 위해
대기권을 빠져 나가
통신위성을 던졌지만, 다시 그들에게 되돌아왔다.
지미는 어떻게 통신위성을 지구 밖에 설치하였을까?

1 여러 가지 힘

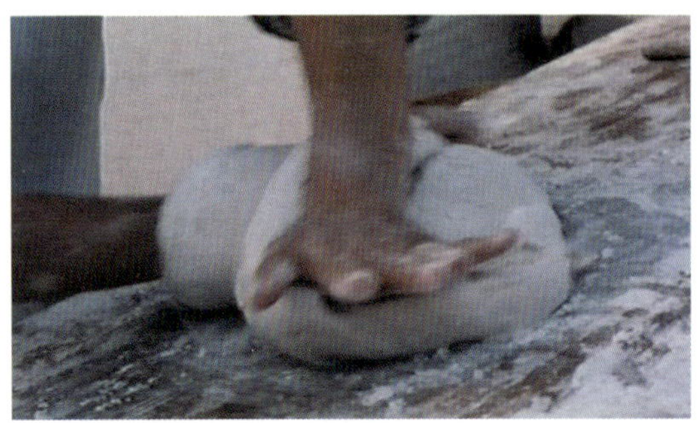

소림축구 태극권으로 만두를 빚는 아매

소림축구 냉장고를 발로 차서 높이 올리는 씽씽

〈소림축구〉는 소림무술과 축구를 접목시킨 영화이다. 만두가게 아가씨 아매(조미)는 태극권의 고수이다. 그녀는 태극권을 사용하여 부드럽지만 날렵하게 밀가루를 반죽한다. 밀가루 반죽이 아매의 손에 의해 주물러질 때 모양이 변하는 이유는 무엇 때문일까?

〈소림축구〉에서 주인공 씽씽(주성치)은 소림무술로 무엇인가 큰 일을 할 수 있으리라는 꿈을 가지고 살지만, 오랜 시간 백수였다.

씽씽은 지나는 길에 냉장고 올리는 것을 도와달라는 요청에 냉장고를 발로 차서 올려버리는 괴력을 발휘한다. 일반인이라면 불가능하겠지만, 씽씽은 소림무술의 달인이라서, 정지해 있던 냉장고를 위쪽으로 움직일 만큼의 힘이 있다. 힘을 가하면, 밀가루 반죽과 같이 물체의 모양이 변하거나, 정지했던 냉장고가 위로 움직이는 등 운동 상태가 달라지게 된다. 또한 씽씽이 축구공을 찰 때 공이 순간 찌그러졌다가 날아가는데, 이와 같이 힘을 받으면 물체의 모양과 운동 상태가 모두 바뀌기도 한다. 즉, 물체에 힘이 작용하면 물체의 모양이나 운동 상태가 변하게 되며, 바꾸어 생각하면 물체의 모양이 변하거나 운동 상태가 바뀌면 그 물체에 힘이 작용했다는 뜻이 된다.

〈라스트 캐슬〉에서 죄수들이 교도소장의 불합리한 행위에 참다못해 반란을 일으키고 교도소를 점령하기 위해 싸우고 있다. 그들은 손수 무기를 만드는데, 그 중 하나가 투석기와 고무줄 대포이다. 투석기에는 커다란 돌을 달아서 날리고, 고무줄 대포에는 불을 붙인 화염병을 발사한다. 화염병을 발사할 때 어떤 힘이 작용하는 것일까?

밀가루 반죽

<나이스 가이>에서 성룡은 밀가루 반죽을 순식간에 국수로 만들어내는 묘기에 가까운 솜씨를 선보인다. 밀가루에 물을 섞고 열심히 반죽을 하면 점점 밀가루 반죽은 탄력성을 가지게 되어 국수나 만두피를 만들 수 있게 된다. 이것은 이러한 과정을 통해 밀가루 속의 글리아딘과 글루테닌이라는 단백질이 글루텐이라는 탄력성을 가진 단백질 복합체를 형성하기 때문이다. 일반적으로 밀가루라고 하면 녹말(탄수화물)이라고 생각하지만, 단백질과 수분, 지방 등도 함유되어 있다. 밀가루로 빵이나 국수를 만들 수 있는 것은 녹말 속에 글루텐 단백질이 있기 때문이며, 용도에 따라 단백질의 함량이 달라진다. 예를 들어 제빵용 밀가루는 강력분이라고 부르며 단백질이 더 많이 함유되어 있다.

<토이스토리 2>에는 용수철로 된 강아지 장난감 슬링키가 등장한다. 장난감들은 높은 건물에서 뛰어내리기 위해 슬링키를 타고 내려가는데, 다 내려간 뒤 슬링키를 놓으면 다시 위로 올라 가므로 다른 동료들이 타고 내려갈 수 있다. 아래의 장면에서는 렉스가 슬링키를 잡고 뛰어내렸다가 다시 올라오자 재미있어 하고 있다. 아마 렉스 뿐 아니라 아이들이 스프링 달린 말에 타고 즐거워하는 것이나 트렘플린에서 뛰며 즐겁게 운동을 하는 것을 보면 스프링 장난이 재미있기는 하다.

<스파이더맨>에서 스파이더맨의 여자친구인 엠제이는 건물 발코니에서 고블린의 습격을 받아 추락한다. 이때 스파이더맨이 같이 뛰어내려 그녀를 잡고, 건물에 거미줄을 부착하여 무사히 땅으로 내려오게 된다. 거미줄에 탄성이 있기 때문에 가능한 이야기이다.

라스트 캐슬 고무줄 대포

토이스토리 2 슬링키에 매달려 즐거워하는 렉스

스파이더맨 떨어지는 엠제이를 구하는 스파이더맨

고무줄이나 스프링은 모양을 변형시키면 원래의 상태로 돌아가려는 성질이 있다. 이것이 탄성이고 이렇게 모양을 변형시켰을 때 원래의 모양으로 돌아가려고 하는 물체를 **탄성체**라고 하며, 이 때의 원래 상태로 돌아가려고 하는 힘을 **탄성력**이라고 한다. 탄성력은 항상 힘을 가한 반대 방향으로 작용을 하며, 늘어난 정도에 비례해 증가한다. 물론 탄성체라고 해서 무한정 늘어나는 것은 아니며, 어느 한계를 넘어서면 더 이상 원래 상태로 돌아가지 못한다. 늘어난 팬티 고무줄처럼 말이다. 이 한계를 **탄성한계**라고 한다. 탄성한계 내에서는 물체를 많이 잡아당길수록 탄성력의 크기도 커지기 때문에 〈라스트 캐슬〉에서 최대한 잡아당기려고 하는 것을 볼 수 있다. 〈스파이더맨〉에서 스파이더맨의 거미줄이 탄성체가 아니라면 거미줄을 잡고 있는 스파이더맨의 팔이 빠져버리거나 큰 상처를 입었을 것이다. 즉, 번지 점프의 밧줄도 힘에 의해 물체의 모양이 변했다가 다시 원래의 모양으로 돌아가는 탄성체이기 때문에 매달려 떨어져도 다치지 않는다. 일상생활에서 소리를 내는 물체들은 대부분 탄성체라고 할 수 있다. 북의 경우 힘을 가하고 나면 반대 방향으로 탄성력이 생겨서 진동하게 되며 이 때의 진동이 주변의 공기를 진동시켜 소리가 난다. 영화 속에 등장하는 탄성력의 장면을 찾는 것은 어렵지 않다. 〈스쿠비두〉에서 스쿠비두를 쫓아오는 괴물을 피해 나무로 올라간다. 괴물도 그를 따라 나무에 올라가자 나무가 휘어진다. 이때 스쿠비두가 뛰어내리고 나무에 있던 괴물은 나무의 탄성력 때문에 날아가 버리게 된다.

스쿠비두 달아나려고 하는 스쿠비두

〈스쿠비두〉에서 스쿠비두와 대원들이 달의 유령을 잡기 위해 작전을 세우고 기다리고 있다. 하지만

작전 실패로 오히려 스쿠비두가 달아나야 할 처지가 되었다. 스쿠비두는 달아나려고 하지만 바닥의 기름 때문에 미끄러워서 쉽게 앞으로 나가지 못하고 계속 발만 앞으로 내밀고 있다. 스쿠비두가 앞으로 달려가기 위해서는 어떤 힘이 작용해야 할까?

라이터를 켜라 급정거하는 기차

〈라이타를 켜라〉에서 깡패들에 의해 탈취가 된 기차는 종착역인 부산역에 정차를 하지 못하고 계속 달린다. 주인공 허봉구(김승우)는 300원짜리 가스라이타를 찾기 위한 일념하에 깡패들을 모두 소탕하고 기차를 멈추려고 한다. 그가 기차의 브레이크를 잡자, 폭주하던 기차의 바퀴와 브레이크 사이에 불꽃이 일며 속력이 점점 줄어들어 결국은 정지한다. 물체에 힘이 작용하면 모양이 변하거나 운동 상태가 바뀐다고 설명을 했다. 빠르게 질주하던 기차가 정지했다는 것은 운동 상태의 변화를 의미하기 때문에 기차에는 힘이 작용했다는 것을 알 수 있다. 이 힘은 기차의 운동을 방해하는 방향으로 작용한 것이다. 이렇게 물체의 운동을 방해하려는 힘을 **마찰력**이라고 한다. 마찰력은 접촉한 두 물체 사이에서 발생하며, 공기 중이나 물 속에서 운동을 할 때에는 마찰력이 거의 없다. 마찰력이 작용하지 않는다면 운동하는 물체는 계속 운동을 하게 된다. 방해하는 힘이라고 해서 나쁜 것은 아니다. 상황에 따라 마찰력이 커야 하는 경우도 있다.

〈드리븐〉은 자동차 경주 선수들의 이야기를 다룬 영화로 자동차 경주 장면이 실감나게 묘사되어 있다. 영화를 자세히 보면 경주용 자동차의 바퀴가 일반 자동차와는 달리 무늬가 없는 것을 발견할 수 있다. 일반 자동차의 바퀴에 무늬가 있는 것은 비가 올 경우 바퀴와 지면 사이에 수막이 생겨 마찰력이 급격하게 줄어드는 것을 방

드리븐 경주용 자동차의 바퀴

지하기 위한 것이다. 자동차 경주는 대부분 맑은 날에 하기 때문에 바퀴에 무늬가 없으며, 비 오는 날에는 무늬가 있는 타이어를 따로 사용한다. 또한 경주용 자동차의 바퀴는 일반 자동차 바퀴의 고무보다 무른 것으로 만든다. 이것 또한 바퀴와 도로 사이의 마찰력을 크게 하기 위한 것으로 타이어가 무르기 때문에 한 번 사용한 후 교체한다.

〈스쿠비두〉에서와 같이 기름이 뿌려진 바닥이나, 얼음판과 같이 바닥이 미끄러운 곳에서는 걷기가 힘든데 이것은 바닥과 신발 사이의 마찰력이 적기 때문이다. 이와 같이 마찰력은 접촉면의 거칠기와 물체의 질량에 따라 달라지며, 접촉면의 넓이와는 상관이 없다. 따라서 얼음판 위에서 엎드려 기어가는 것이나 서서 가는 것이나 힘든 것은 마찬가지이다. 다만 엎드리면 넘어지지 않기 때문에 가는 것이 좀더 수월할 뿐이다. 그러나 마찰력이 접촉면의 넓이와 상관이 없다는 것은 이상적인 경우이며, 일반적으로 접촉면이 넓으면 마찰력이 조금씩 증가한다. 그래서 광폭 타이어를 사용하면 타이어와 도로면의 접지면이 증가하여 주행 안정성과 코너링이 증가하지만 마찰력이 증가하여 승차감이 떨어지고 연료를 더 많이 소모하게 된다. 하지만, 학교 시험문제에 마찰력에 대한 문제가 나왔다면 접촉면의 넓이와 상관없다고 해야 한다. 교과서에서는 물체 표면의 성질이 어느 부분이나 같고 딱딱한(이상적인) 물체를 이야기하기 때문이다. 현실적으로 이런 물체는 존재하지 않기 때문에 접촉면이 넓으면 마찰력도 커지게 된다.

딥 블루 시 사람들을 쫓아가는 상어

〈딥 블루 시〉에서는 똑똑해진 상어들이 사람들을 공격한다. 사람들은 필사적으로 탈출을 시도하여 드디어 실험실 밖으로 나오는데, 이때 상어도 같이 올라오게 된다. 상어는 바다의 무법자, 완벽한 사냥꾼으로 불릴 만큼 다양한 무기와 날렵한 몸매를 가지고 있다. 이중 상어 비늘은 상어가 헤엄칠 때 어떤 유리한 점을 제공할까?

상어의 몸에 나 있는 많은 돌기들은 난류 현상(불규칙적인 유체의 흐름)을 억제해 물과 마찰력을 감소시키는 역할을 한다. 상어 피부 돌기를 본따서 만든 수영복을 입은 수영 선수들은 기록을 향상시키고, 비행기 표면에 부착하면 연료를 절약할 수 있었다. 골프공 표면의 구멍이나 낡은 야구공이 더

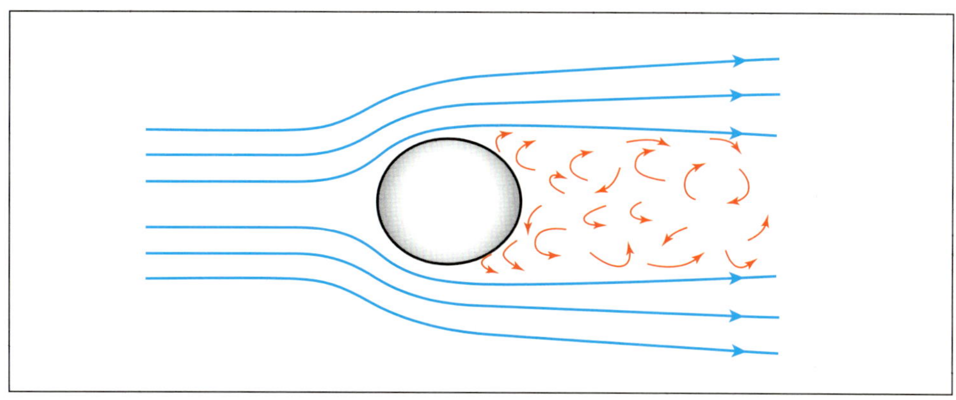

〈공의 이동에 의한 난류의 발생〉

멀리 날아가는 것도 공 주위에 공기를 붙잡아 놓음으로 인해서 난류 현상을 억제해 결국은 공기 저항을 줄이기 때문이다. 〈폭풍속으로〉에서 서핑을 하는 서퍼들이 보드 아래에 왁스를 발라서 바닷물과 보드 마찰력을 줄이는 것을 볼 수 있다. 기계 사이의 볼 베어링의 경우 기계들의 마찰력을 줄여주는 역할을 하며, 문은 마찰력을 줄여 부드럽게 열리게 만든다. 이렇게 일상생활의 많은 도구나 기계가 마찰력을 줄이기 위해 설계가 되지만, 말했듯이 마찰력이 나쁜 것은 아니다. 만약 마찰력이 없다면 접촉한 물체 간에 아무런 상호 작용을 할 수 없기 때문에 우리는 아무것도 할 수 없다. 걸어 다니는 것도 물건을 잡는 것도, 종이에 글을 쓸 수도 없어 사실상 아무것도 할 수 없게 된다.

〈백 투 더 퓨처〉에서 타임머신 드로리안을 타고 과거로 간 마티는 마빈 박사를 만나서 현재로 돌아올 방법을 찾는다. 마빈 박사는 연료가 부족한 드로리안이 현재로 돌아갈 방법은 시계탑에 내려치는 번개를 이용하는 방법 뿐이라고 한다.
과연 번개가 치는 이유는 무엇일까?

로또 복권 열풍이 몰아치면서 사람들은 번개 맞을 확률과 복권의 당첨 확률을 비

백 투 더 퓨처 시계탑에 떨어진 번개

교했었다.

　다들 '번개'를 스스럼없이 말하곤 하는데 과거에는 번개가 두려움의 대상이었다. 번개의 파괴적인 힘은 사람들로 하여금 번개가 신이나 정령에 의해 생긴다는 생각을 갖게 하였었다. 그리스 신화에 등장하는 최고의 신 제우스는 번개를 마음대로 다룰 수 있으며, 고대 게르만족의 신인 토르 또한 비루스크닐(번개)이라는 저택에 살고 있었다. 우리나라에서는 예로부터 '벼락 맞아 죽을 놈'이라는 말이 생길 정도로 벼락을 신의 노여움으로 표현하고 있어, 벼락을 맞은 사람이 억울한 누명을 쓰기도 했었다. 이와 같이 번개가 인간의 생활과 관련을 맺은 것은 오래 되었지만, 이것이 전기적 현상임을 증명한 것은 1752년 프랭클린의 연 실험이 처음이었다. 물론 그런 생각을 처음 가진 사람이 프랭클린이었다는 말은 아니다. 다만 그는 번개가 치는 날 연을 날려 라이덴병에 전기를 모음으로써, 번개가 전기적인 현상의 일종이라는 것을 처음으로 증명했던 것이다. 번개는 여름철 소나기구름에서 생기는 경우가 많은데 이때 구름의 상층부는 (+)전기로, 아래 부분은 (−)전기로 대전되게 된다. (−)전기로 대전된 구름의 하층부는 정전기 유도 현상으로 지상에 (+)전기를 유도시키며, 구름과 지면 사이에는 **전기력**이 작용하게 된다. 구름과 지면 사이의 공기는 절연체로서 전기를 흐르지 못하게 하는 역할을 하는데, 전기력이 너무 강하면 절연이 파괴되고 전기가 흘러가기도 한다. 이것을 방전이라고 하며 번개도 일종의 방전현상이다. 이때 전기가 최단 거리로 지상을 향해 내려오기 때문에 높은 건물이나 뾰족한 부분이 번개를 자주 맞게 된다. 번개는 사람의 목숨을 빼앗거나 비행기, 건물 등에 피해를 입히는 등 대단히 위험한 존재이다.

매트릭스 훈련 도중 건물에서 추락하는 네오

〈매트릭스〉는 컴퓨터에 의해 인간들이 지배 당하고 있는 미래 세계가 배경이다. 인간들은 컴퓨터가 만들어 놓은 가상현실인 '매트릭스' 속에서 컴퓨터의 에너지원으로서 존재할 뿐이다. 매트릭스에서 이것을 깨달은 사람은 일부의 해커들밖에 없는데, 그들은 컴퓨터 프로그램과 싸우는 일을 하고 있다. 이 중 최고의 실력을 가진 모피어스는 인공지능 컴퓨터로부터 인류를 구원할 '그', 네오를 훈련시키고 있다. 이 훈련 중의 하나인 건물 건너뛰기에서 네오는 기대를 저버리고 떨어지고 만다. 떨어지는 네오에게 작용하는 힘은 무엇일까?

　지상에 존재하는 모든 물체와 지구 사이에는 서로 끌어당기는 힘이 작용하는데 이 힘을 **중력**이라고 부른다. 중력은 지상에 있는 모든 물체에 작용하기 때문에 위로 던진 공이나 날아가는 새, 건물 속, 굴 속 등 어디서나 작용한다. 방향은 항상 지구 중심이며 물체의 질량에 비례해서 증가한다. 물체의 질량에 비례하는 중력의 크기를 **무게**라고 하는데, 무게는 힘의 일종이기 때문에 조건에 따라 얼마든지 바뀔 수 있다. 이와는 달리 질량은 물체의 고유한 양이므로 어떤 상황에서도 바뀌지 않는다. 중력은 지면에서 높이 올라갈수록 작아지며, 지하로 들어갈수록 또한 작아진다. 지하에 밀도가 높은 물질이 있을 때도 중력은 미세한 차이를 보이기 때문에, 중력 이상을 판단하여 지하자원 탐사에 활용할 수 있는 것이다.

　〈형사 가제트〉에서 가제트는 브레이크가 고장나 횡단보도를 향해 달려오는 버스를 본다. 그는 횡단보도에 있는 아이들을 구하기 위해 강아지를 높이 던져 놓고 아이들을 구한다. 그 사이에 강아지는 떨어지고 가제트가 강아지를 받음으로써 아이들과 강아지 모두 구하여 사람들로부터 박수를 받는다. 이 장면에서 강아지를 하늘

형사 가제트　강아지를 던지는 가제트

로 던질 때 힘의 방향은 어떻게 될까? 강아지가 하늘로 올라가고 있기 때문에 힘의 방향이 윗방향이라고 생각하는 경우가 있는데, 이것은 운동 방향이 곧 힘의 방향이라는 오개념 때문에 생긴다. 강아지가 가제트의 손에 있을 때는 손으로부터 힘을 받지만 손을 떠나게 되면 강아지에게 작용하는 힘은 중력 밖에 없다(참고 : 물체의 운동 p.92). 강아지가 위로 올라갈수록 속력이 점점 느려지는데, 이렇게 운동상태가 바뀌려면 아래 방향에서 강아지에게 힘이 작용하고 있어야 한다. 이 힘이 바로 중력이다. 강아지가 중력이라는 고무줄에 매어서 올라갔다가 내려오는 것이라고 생각하면 윗 방향으로 힘이 작용하는 것이 아니라는 것을 알 수 있을 것이다.

아마겟돈 소행성의 언덕에서 점프하는 아르마딜로

〈아마겟돈〉에서 석유 굴착 기사들과 우주인들은 소행성 폭파의 임무를 띠고 소행성에 착륙한다. 두 대의 우주선 중 한 대는 무사히 착륙하지만 한 대는 불시착하는 바람에 부서져버린다. 겨우 탈출한 일행 몇 명이 굴착용 탐사기인 아르마딜로를 타고 다른 동료를 찾아 나선다. 가던 도중 절벽이 나타나 더 이상 갈 수 없게 되자 그들은 방법을 모색한다. 문득 화가 나서 던졌던 돌이 지구에서보다 훨씬 멀리 날아갔던 것을 떠올리고, 아르마딜로로 절벽에서 점프를 하게 된다. 날개도 없는 아르마딜로가 절벽에서 공중을 날아가듯이 건너 뛸 수 있는 이유는 무엇일까?

〈아마겟돈〉에 나오는 소행성은 지름이 약 1000km 쯤 된다. 소행성 치고는 매우 큰 녀석으로, 지금까지 발견된 가장 큰 소행성 세레스와 그 크기가 비슷하다. 그러나 소행성 치고는 클지 몰라도 지구에 비하면 매우 작은 천체이다. 중력은 천체의 크기에 비례해서 증가하기 때문에 소행성은 중력이 매우 작다. 돌을 던지자 돌이 멀리 날아가는 것이나 아르마딜로가 곧바로 절벽 아래로 떨어지지 않고 멀리까지 뛸 수 있었던 것도 그 때문에 일어나는 현상들이다.

〈레드 플래닛〉에서 화성 개발 계획에 의해 산소가 생겼다는 것을 확인한 후 헬멧을 벗고 소변을 보며 즐거워하는 장면이 있다. 소변을 보면서 지구와 달리 멀리 나가는 것을 보고, 중력이 약하니까 멀리 나간다고 이야기를 한다. 화성에서 소변을 본다면 지구에서보다 더 멀리 나아가게 되는데, 이것은 소변을 아래쪽으로 당기는 화성의 중력이 약하기 때문이다. 달에서 우주인의 걸음걸이가 이상한 것도 달의 중력이 지구보다 작기 때문이며, 만약 지구보다 중력이 더 강한 곳에 간다면 달에

레드 플래닛 화성에서 오줌을 눈다면?

서와는 또 다른 걸음걸이를 선보이게 될 것이다.

천체들은 지구와 중력의 크기가 다르기 때문에 사람의 몸무게도 달라진다. 만약 60 kgf인 사람이 달에 간다면, 10 kgf밖에 나가지 않으며, 태양에 간다면 1,680 kgf나 나가서 제대로 서 있기도 힘들어진다.

〈아폴로 13〉에서 지구의 대기권을 무사히 벗어난 우주인들이 지상과 교신하고

아폴로 13 우주선 내의 무중력 상태에서 물체의 운동

있다. 무중력 상태의 물체의 운동을 보여 주고 있다. 우주에는 중력이 작용하지 않기 때문에 공중에 띄워 놓은 물체가 아래로 떨어지지 않고 둥둥 떠다니는 것이다.

〈아마겟돈〉에서 해리는 소행성의 땅을 파고 폭탄을 묻어야 한다는 말을 듣는다. 그는 자신의 대원들과 함께 가야한다고 우겨서 훈련을 받게 되는데 옆의 장면은 수중 훈련 과정이다. 이에 대원 한 명이 소행성에서 수영할 일이 있냐며 투덜거린다. 왜 수중 훈련이 필요한 것일까?

물 속에서 훈련하는 것은 무중력에 적응하기 위함일까? 그렇다면 물 속이 무중력 상태라는 말인가? 지구상에 있는 모든 물체는 중력의 영향을 받고 있다. 이는 하

아마겟돈 수중 훈련을 받고 있는 대원들

늘에 있는 새나 물 속에 있는 물고기도 마찬가지이다. 누구도 중력의 영향에서 벗어날 수 없다. 물 속에서는 중력과 부력이 서로 상쇄되기는 하지만 무중력은 아니다. 잠수함 안을 생각해 보자. 우주선과 비교해 보면 답은 간단해진다. 그러면 왜 물 속에서 훈련을 하는 것일까? 우리는 문손잡이를 돌릴 때 내 몸이 돌아갈 것을 걱정하지는 않는다. 하지만 우주에서 문손잡이를 돌린다면 문제는 달라진다. 내 몸을 고정시킬 곳이 없으므로 몸이 손잡이 반대 방향으로 돌아가는 것이다. 소행성에 가서 드릴을 써야하

는 이들에게 무중력 상태와 비슷한 수중에서의 훈련이 중요한 것은 그 때문이다. 드릴로 땅을 파기 위해 드릴이 회전하면 굴착기가 반대 방향으로 회전해 버리기 때문이다. 무중력 훈련은 구토혜성이라는 비행기가 자유 낙하하는 것으로 훈련하며, 아폴로 13의 촬영도 이렇게 이루어졌다.

2 힘의 측정과 표시

버티칼 리미트 절벽에 매달린 세 사람

〈버티칼 리미트〉는 동물이 생존할 수 있는 수직 한계에 가까운 높은 산을 오르는 사람들의 이야기이다. 영화의 시작 부분에서 아버지와 두 남매가 절벽을 올라가는 장면이 있는데, 먼저 올라간 다른 사람들의 실수로 모두 절벽에 매달리게 된다. 세 사람이 매달리기에는 자일이 약해서 마지막에 매달려 있던 아버지는 아들에게 줄을 끊으라고 한다. 아버지는 혼자 죽고 이 일을 계기로 오빠는 등산을 그만 둔다. 이 장면에서 세 사람이 매달린 것과 두 사람이 매달린 것의 차이는 무엇일까?

지상에 있는 모든 물체는 지구에 의해 중력이라는 힘을 받는다. 중력은 사람의 질량에 비례해서 증가하기 때문에 세 사람이 매달려 있으면, 세 사람 질량에 해당하는 중력이 작용한다. 따라서 자일을 칼로 끊어서 작용하는 힘을 줄이는 것이다. 만약 자일이 아니라 스프링에 매달려 있다면 매달린 사람의 수에 따라서 스프링은 늘어날 것이다. 이렇게 눈에 보이지 않는 힘을 측정하려면, 힘이 작용했을 때 나타나는 효과를 측정하면 된다. 즉, 스프링과 같이 힘의 크기에 비례해서 늘어나는 탄성체를 이용하면 안성맞춤이다. 힘의 단위는 뉴턴(N)을 사용하는데, 1N은 1kg의 질량이 1m/s^2의 가속을 받을 때의 힘의 크기로 정의 된다.

〈슈퍼맨 4〉에서는 1000파운드의 추를 매달고 있는 슈퍼맨의 머리카락을 볼 수 있다.

국제단위계에서는 힘의 단위로 뉴턴을 사용하지만 영국단위계에서는 파운드(lb)를 사용한다. 1파운드는 4.45N와 같은 힘의 크기이다.

〈매트릭스〉에서 네오(키아누 리브스)는 드디어 컴퓨터와 싸우기로 결심하고, 연습 프로그램에서 훈련을 한다. 얼마나 익혔는지 시험을 해 보겠다며 모피어스가 대련을 요청한다. 여기서 모피어스가 네오의 가슴을 치는데, 이때 네오는 다리가 들리면서 뒤로 튕겨져 간다. 그런데 날아가는 장면을 자세히 보면 뭔가 이상하다.

슈퍼맨 4 천 파운드 추를 매단 슈퍼맨의 머리카락

네오와 모피어스가 싸우는 장면에서 네오가 옆 장면처럼 날아가는 게 멋있기는 하겠지만, 실제로는 불가능하다. 물체에 힘을 가하게 되면, 물체의 모양이 변형되거나 운동 상태가 변한다. 또한 힘은 같은 크기라도 작용하는 지점(**작용점**)에 따라

매트릭스 모피어스와 훈련 중인 네오

서 효과가 다르게 나타난다. 즉, 책의 귀퉁이를 밀 때와 가운데를 밀 때 힘의 효과는 달리 나타나는 것이다. 모피어스가 네오의 가슴 부분을 치면, 네오는 뒤로 쓰러져야 정상이다. 영화에서와 같이 다리가 들리면서 날아갈 수는 없다. 사람의 무게 중심이 배꼽 근처에 있기 때문이다. 영화에서처럼 날아가려면 네오의 무게 중심은 머리에 있어야 한다. 물론 저렇게 날아갈 정도로 맞으면 일어나지도 못한다. 저렇게 맞고도 일어나면 인간이 아니다.

〈형사 가제트〉에서 가제트는 범인을 쫓다가 덜 마른 콘크리트에 빠져 넘어진다. 그러자 머리에서 갈고리가 달린 밧줄이 나와서 그를 일으킨다. 가제트의 몸에는 온갖 장치들이 달려 있기 때문에 이러한 것이 가능하다고 하자. 그렇다면 이렇게 앞으로 엎어졌을 때, 머리 쪽에서 밧줄을 당긴다고 일어설 수 있을까?

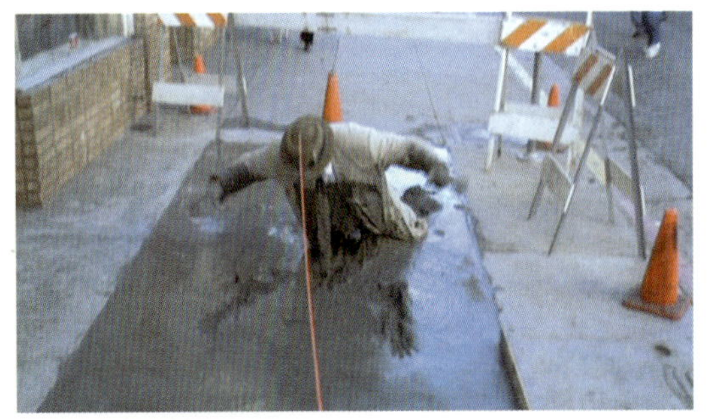

형사 가제트 머리에서 나온 줄을 당겨 일어나는 가제트

책상 위에 책을 놓고 양쪽 끝 부분과 가운데 부분, 그리고 위에서 각각 밀어 보자. 같은 크기의 힘으로 밀었다고 해도 책은 미는 위치에 따라 다른 운동을 하게 된다. 즉, 양끝에서 밀게 되면 책은 회전을 하게 되며, 가운데를 밀면 앞으로 밀려가고, 위에서 누르면 움직이지 않는다. 이와 같이 같은 크기의 힘이라고 해도 힘이 작용하는 방향과 작용하는 지점에 따라서 힘의 효과는 다르게 나타나기 때문에, 힘은 **힘의 크기**와 **작용점, 작용 방향**을 모두 표시해야 한다. 그러므로 가제트가 콘크리트 반죽에서 일어나기 위해서는 손바닥으로 바닥을 힘껏 미는 힘이 작용해야 한다. 이때 힘의 방향은 위쪽이고 작용점은 몸의 상단 부위에 있다. 그렇지 않고 이 장면에서와 같이 머리 부분에서 나온 줄을 당기기만 한다면, 일어서기는커녕 앞으로 끌려가게 된다. 그렇다면 지금보다 더 비참한 상황이 전개될 것이다.

③ 힘의 합성

센과 치히로의 행방불명
오물신의 몸에 박힌 오물을 당기는 센과 동료들

〈센과 치히로의 행방불명〉은 센(센과 치히로는 같은 인물이다)과 가족이 이상한 굴을 지나고 난 후, 어느 마을에 들어가 겪는 신비한 이야기이다. 센의 부모는 주인 없는 식당에서 먹은 음식 때문에 돼지로 변해 버리고, 센은 부모님을 구하기 위해 목욕탕에서 일을 하게 된다. 어느날 목욕탕에 오물로 뒤범벅이 된 오물신이 목욕을 하러 오자, 모두 피해버리고 센이 그의 목욕을 담당하게 된다. 목욕을 시키는 과정에서 센은 오물신의 몸에 박힌 오물을

제거하는데, 너무 꽉 박혀서 혼자 힘으로 뺄 수 없자 밧줄을 매어 여럿이 잡아당긴다. 이렇게 여러 사람이 같이 당길 경우 작용한 힘은 어떻게 구할 수 있는가?

일상생활에서 한 개의 힘만 작용하는 경우도 있지만, 두 개 이상의 힘이 작용하는 경우도 많다. 이렇게 둘 이상의 힘이 작용할 때, 그 힘과 같은 효과를 내는 한 힘을 그 힘들의 **합력**이라고 한다. 위 장면에서는 여러 힘을 모두 더해서 밧줄 방향으로 힘의 방향을 정해 주면 힘의 합력을 구할 수 있다. 이렇게 작용하는 힘들의 방향이 나란할 때는 힘을 더하고 난 뒤 힘의 방향을 정해 주면 된다. 만약 힘의 방향이 반대인데 같은 크기의 힘이 작용하고 있다면 합력은 0이 되며, 물체는 움직이지 않는다.

게임이 원작인 〈툼레이더〉에서 여전사 라라 크로포드(안젤리나 졸리)는 자신의 저택에서 몸에 줄을 매고 마치 춤을 추듯 운동을 하고 있다. 양쪽의 줄은 탄력이 있어서 그녀가 아래위로 움직일 수 있게 한다. 만약 라라가 양쪽의 똑같은 줄에 의해 당겨진다면 어느 쪽으로 움직이겠는가?

툼레이더 줄에 매달려 움직이는 라라

힘이 나란히 작용하는 경우에는 단순하게 더해서 방향을 결정하면 되지만, 그렇지 않을 경우에는 간단하게 더할 수 없다. 이 때는 두 힘을 각각 두 변으로 하는 평행사변형을 그리고, 그 평행사변형에 대각선을 그으면 그것이 두 힘의 합력이다. 이 장면에서 양쪽 두 줄을 두 힘으로 생각하여 평행사변형을 그리면 라라의 등 뒤로 두 힘의 합력이 구해지기 때문에 라라는 위로 끌려 올라가는 운동을 하게 되는 것이다.

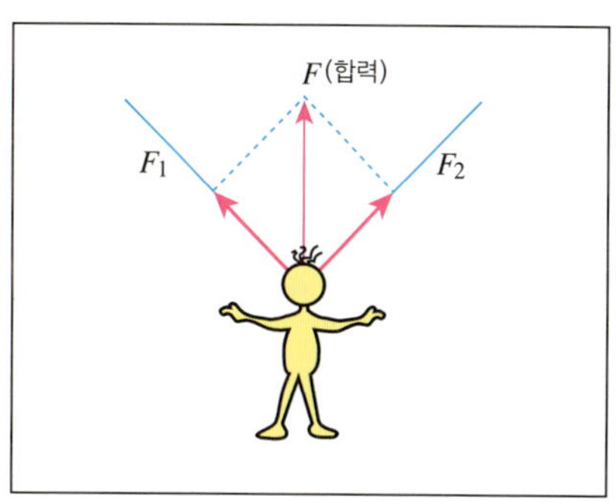

〈라라에게 작용하는 힘〉

〈매트릭스〉에서 인공지능 컴퓨터와 싸우던 모피어스는 동료의 배신으로 요원들에게 잡히고 나머지 동료들은 간신히 빠져 나간다. 네오는 모피어스를 구하기 위해 트리니티와 함께 요원의 본부에 침투해

매트릭스 트리니티를 당기는 네오

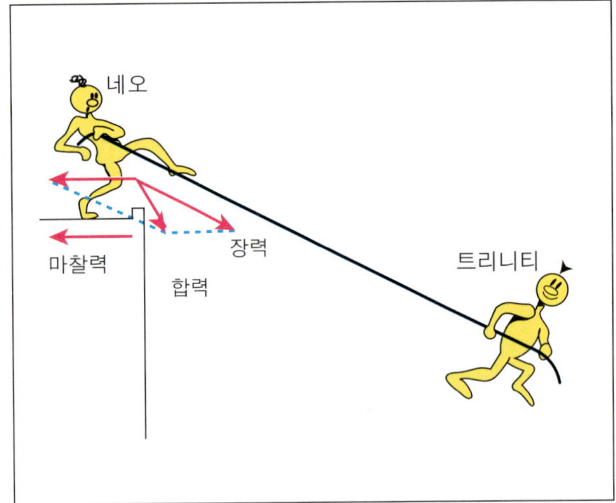

〈줄을 당기는 네오에게 작용하는 힘〉

스노우 독스 여러 마리의 개가 끄는 썰매

서 그를 구해 내는데 성공하지만, 그만 타고 있던 헬기가 추락하게 된다. 이때 네오는 헬기 안의 트리니티를 구하기 위해 헬기에 연결된 줄을 잡아당긴다. 헬기에 줄이 연결되어 있어 추락하면서 네오도 같이 끌려가지만 트리니티가 헬기와의 연결을 끊고 줄에 매달려 탈출하면서 네오는 간신히 건물의 끝에 몸을 의지해 그녀를 당긴다. 이때 그는 누워서 줄을 당기다가 갑자기 일어서는데, 과연 현명한 행동인가?

줄에는 지금 두 가지 힘이 작용한다. 그 두 가지 힘은 네오가 당기는 힘과 아래에 매달린 트리니티에 의해 아래로 당겨지는 힘이다. 네오가 줄을 당길 때 작용하는 힘과 줄에 매달린 트리니티에 의해 작용하는 힘의 합력을 구해 보자.

영화의 장면과 같이 건물의 끝부분에 서 있을 경우 합력을 구하면 네오 앞쪽(맞은 편 건물 방향)을 향하게 된다. 또한 일어서게 되면 무게중심이 높아지기 때문에 더욱더 불안정해진다. 이렇게 되면 네오가 얼마의 힘을 작용하는가와 상관없이 그는 건물 아래로 떨어져 버리게 된다. 이렇게 서 있는 것이 멋있을지는 모르지만 별로 현명한 생각은 아니다.

〈스노우 독스〉는 캘리포니아에서 치과 의사였던

테드가 썰매를 끄는 개를 유산으로 받게 되면서 일어나는 일을 재미있게 그린 가족영화이다. 우여곡절 끝에 테드는 개들과 친해져서 개썰매를 탈 수 있게 된다. 개들이 묶인 것을 고려하여 전체 합력을 구하면 어떻게 될까?

두 개 이상인 힘의 합력을 구할 때는 두 힘의 합력을 구하는 방법과 같이 두 힘의 합력을 먼저 구한다. 그리고 그 힘과 다른 힘의 합력을 계속 구해 나가면 전체 힘과 같은 합력을 구할 수 있다.

이 개썰매에서 각각 묶여 있는 두 마리 개들의 힘의 합력이 있다. 이 각각의 합력이 더해져 가운데 줄의 방향으로 향하기 때문에 썰매가 나아간다. 물론 두 마리가 끌 때보다 전체 합력이 크므로 더 잘 달릴 수 있다.

파동

<쥬라기 공원 3>에서 보트 한 척이 매우 빠르게 달리고 있다.
이 보트는 공룡이 살고 있는 이슬라 소르나 섬을 구경하기 위한
관광객을 태우고 있다.
이 보트가 지나간 길을 유심히 보면 물결이 퍼져 나가고 있다.
이러한 물결의 전달을 무엇이라고 할까?
우리 주변에서 이러한 형태의 움직임을 보이는 것에는
어떤 것이 있을까?

1 파동의 발생과 성질

딥 임팩트 혜성이 바다에 떨어져 일어난 해일

〈딥 임팩트〉는 거대한 혜성이 지구와 충돌하는 것을 막기 위한 사람들의 노력이 눈물겨운 영화이다. 혜성을 막기 위해 자신의 목숨을 던진 우주인들의 노력으로 혜성의 큰 조각은 대기권 밖에서 폭파를 시키지만 작은 조각은 바다에 떨어져 거대한 해일을 만든다.

혜성에 의해 생긴 해일은 어떻게 움직이고 있을까?

〈뮬란〉에서 뮬란이 연못에서 목욕을 하는 장면이 있다. 뮬란의 동료들이 물에 뛰어들자 물이 출렁이면서 연못 전체로 퍼져가는 모습을 볼 수 있다. 〈내겐 너무 가벼운 그녀〉에서는 그녀가 너무나 뚱뚱하기 때문에 수영장에 뛰어들자 수영장 물이 사방으로 출렁이면서 퍼진다. 뿐만 아니라 수영장에서 수영을 하던 아이가 튕겨져 나가 나뭇가지에 걸려버린다. 물론 이러한 장면은 영화의 재미를 위해 과장된 것이다. 실제로는 밖으로 튕겨 나오기는커녕 물결이 지나갈 때 아래위로 오르락내리락 할 뿐이다. 호수에 나뭇잎이 하나 떠 있다고 생각을 해 보자. 이 나뭇잎은 물결이 지나갈 때 단순히 아래위로 움직일 뿐 물결을 따라 가지는 않는다. 마찬가지로 용수철에 추를 매달고 당겼다가 놓으면 물체는 아래위로 같은 운동을 반복하게 될 것이다. 이와 같이 물결에 의한 나뭇잎의 상하운동이나 추의 상하운동과 같이 규칙적인 물체의 움직임을 진동이라고 한다. 진동은 물체가 하나의 점을 기준으로 흔들리는 것을 말하며, 순간적으로는 존재할 수 없다. 물결에 의해 나뭇잎이 아래위로 운동하는 것과는 달리 나뭇잎을 움직인 물결은 사방으로 퍼져나가는 것을 볼 수 있는데, 이와 같이 주기 운동이 공간으로 퍼져 나가는 것을 파동이라고 한다. 시계추나 그네의 운동은 진동이며, 파도나 소리는 파동이다. 파동은 주기 운동이 공간상을 이동해 가는 것을 말하기 때문에 어떤 한 지점에서의 파동은 존재하지 않는다. 연못에 돌을 던졌을 때 물결의 출렁임이 연못 전체로 퍼져가는 것을 보면 파동이 한 곳에 머무르는 것이 아니라는 것을 알 수 있다.

〈뮬란〉에서 뮬란이 선을 보고 난 뒤 연못을 바라보며 신세타령하는 장면에서 물결이 전파되는 것을 볼 수 있다. 이때 물과 같이 파동을 전달하는 물질을 **매질**이라고 하며, 파동이 전달되기 위해서는 꼭 매질이 필요하다. 강에 떠 있는 낙엽 옆에 돌을 던져 물결을 만들어도 낙엽은 그 물결에 영향을 받지 않는다. 매질은 움직이지 않고 다만 파동에 의해 에너지만 전달되기 때문이다. 즉, 물은 아래위로 제자리에서 진동할 뿐 전진하지는 않는다.

파도와 같은 바닷물이 진동하는 원인은 무엇일까? 바다에서는 바람이나 지진, 〈딥 임팩트〉에서와 같이 혜성의 충돌과 같은 힘에 의해서 진동이 발생한다.

호수에 돌을 던지면 돌과 충돌하는 지점은 돌에 의해 일단 아래로 들어가게 되며, 들어간 부분은 잠시 후에 복원력(이 경우에는 부력이다)이 작용하여 다시 위로 솟아오르게 된다. 솟아오른 부분이 다른 부분보다 더 높을 경우 아래쪽으로 압력이 작용하여 다시 아래로 내려오게 된다. 이것이 물결이 일어나는 원리이다. 이러한 물결의 진동이 퍼져나가면 파동이 되는 것이다. 〈딥 임팩트〉의 거대한 해일

뮬란 연못에 일어난 물결

바이센터니얼맨 해변으로 밀려오는 파도

딥 임팩트
혜성에 의해 일어날 거대한 해일에 대해 설명하는 대통령

이나 〈바이센터니얼맨〉의 해안가에 몰려오는 파도와 같이, 파도는 해안가에 오면서 갑

자기 커지고 결국 해안 근처에서는 부서지고 만다. 파도가 부서지게 되면 더 이상 파동이라고 부르지 않는다. 〈딥 임팩트〉에서 대통령은 국민들에게 혜성이 바다에 떨어질 때 일어날 파도에 대해 설명한다. 즉, '해일이 해안에 도달하면 속도는 줄어들지만 파도는 높아집니다. 파도는 바다의 깊이에 의해 결정되며…'라는 대통령의 설명은 정확하다. 파도는 해안으로 접근하면서 점점 커지는데 이것은 바다의 깊이가 얕아지면서 파동의 에너지가 한 곳으로 몰리기 때문에 나타나는 현상이다.

파동 현상을 좀 더 실제적으로 이해하기 위해서는 잉크가 담겨진 추를 매달아 진동을 시킨 후에 그 궤적을 보면 알 수 있다. 〈스쿠비두〉에서 거대한 칼날이 진동하며 앞으로 전진하는 장면이 있는데, 이 장면을 통해 진동과 파동을 잘 구분할 수 있다. 즉, 칼날이 매달려서 흔들리는 것은 진동이며, 앞으로 전진하는 칼의 궤적은 파동의 형태를 띠게 된다. 칼날에 잉크 주머니를 단 후 흔들림을 관찰해보자. 그 흔들림은 사인곡선을 그리게 되는데 이것이 바로 파동이다. 그리고 이것이 제자리에

스쿠비두 흔들리면서 전진하는 거대한 칼날

서 움직이는 것을 **단진동**이라고 한다. 이 칼날의 경우 사람이 있는 곳을 중심으로 양 끝까지 흔들리고 있는데, 이렇게 파동의 중심점에서 양끝까지의 수평거리를 **진폭**이라고 한다.

사인곡선에서 위로 튀어 나온 부분을 마루라고 하며, 아래쪽으로 내려간 부분을 골이라고 한다. 골에서 골 또는 마루에서 마루까지의 거리를 **파장**이라고 하며, 한 파장을 이동하는데 걸린 시간을 **주기**라고 한다. 또한 1초 동안 진동한 횟수를 **진동수**(또는 **주파수**)라고 하며, 진동수의 단위는 **Hz**(헤르츠)를 사용한다. 진동수의 단위는 전자기파를 실험적으로 확인한 헤르츠(Heinrich Hertz)의 업적을 기리기 위해서 그의 이름을 따서 붙였다.

물결파와 같이 매질의 진동 방향과 파동의 진행 방향이 수직인 파동을 **횡파**라고 한다. 현악기의 줄이나 고무줄을 튕길 때와 같이 진행하는 파가 횡파인데, 빛과 같은

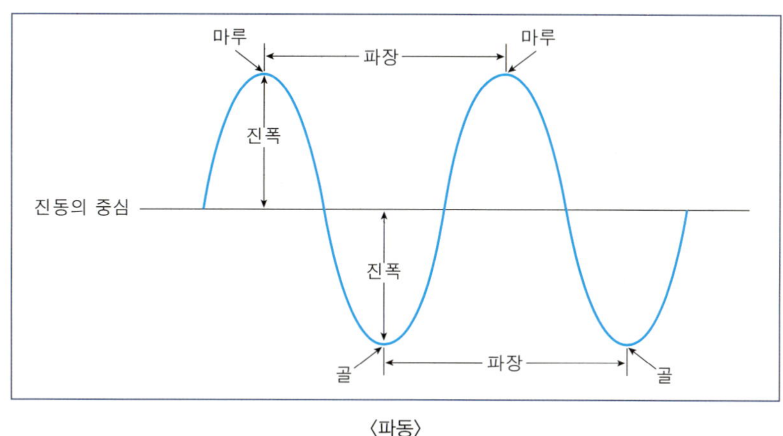

〈파동〉

전자기파나 지진파의 S파가 여기에 속한다. 횡파와는 달리 매질의 진동 방향과 파동의 진행 방향이 같은 파동을 **종파**라고 한다.

토이스토리 2 용수철 장난감 슬링키

〈토이스토리 2〉에서 용수철 장난감인 슬링키가 움직일 때 발생하는 파동이 바로 종파인데, 슬링키의 앞다리 부분이 먼저 앞으로 전진하고 나면 뒷다리 부분이 뒤에 따라 오면서 파동이 앞뒤로 발생하게 된다. 이와 같은 종파의 대표적인 것에는 소리가 있으며, 지진파의 P파 또한 종파이다. 〈화성침공〉에서 라디오 방송국에서 전파가 송출되는 장면이 나오는데, 전파는 눈에 보이지 않는다. 그런데 이 영화에서는 코믹한 분위기를 연출하기 위해 전파되는 모습이 보인다. 라디오, 휴대폰, 텔레비전, 무선 리모콘 등은 모두 전자기파를 이용하며, 이것은 횡파에 속한다. 다음에 좀 더 자세하게 다루겠지만 물체에 충격을 가하게 되면 대부분의 물체는 진동을 하게 되며 이 진동은 소리라는 종파의 형태를 띠면서 사방에 전파되게 된다. 이렇게 우리는 파동의 세상 속에 살고 있다고 해도 과언이 아니며, 빛에서부터 소리까지 우리가 얻는 대부분의 정보는 파동의 형태로 우리에게 전달된다.

〈쥬라기 공원 3〉에서 보트 뒤로 나타나는 부채꼴 모양의 파는 물결파의 전파 속력보다 보트의 속력이 더 빠르기 때문에 발생한다. 이 부채꼴의 각도가 작을수록 보트의 속력이 빠르다는 것을 나타낸다. 이 부채꼴 모양의 파가 발생하는 것은 원형의 수면파를 만드는 보트가 앞으로 전진하면서 연속적으로 파를 만들기 때문에 생긴다.

2 소 리

백 투 더 퓨처 스피커의 출력을 높이고 연주하는 마티

〈백 투 더 퓨처〉는 드로리안이라는 타임머신을 타고 시간여행을 하면서 겪는 모험을 그린 영화이다. 여기서 마빈 박사는 스포츠카를 타임머신으로 만들 정도로 뛰어나지만 괴짜 박사이고, 마티는 그와 친하게 지내는 학생이다. 전자기타로 락을 연주하는 것을 좋아하는데, 거대한 스피커에서 출력을 최대한 높여 놓고 연주하다가 스피커가 터지면서 팅겨나가게 된다. 그렇다면 스피커는 어떻게 소리를 내는 것일까?

소리는 좁은 의미로는 청각 기관을 통해서 들을 수 있는 파동을 말하지만, '사람이 들을 수 없는 소리'라고 말하듯이 넓은 의미에서는 물체의 진동에 의해 발생하는 모든 파동을 통칭하게 된다. 소리를 발생시키기를 원한다면 주변 공기의 압력에 변화를 주면 된다. 간단하게 책상이나 문을 두드리기만 하면 책상이나 문의 판자가 순간적으로 진동하면서 주변 공기에 압력 변화를 일으켜 소리를 만들게 된다. 스피커에서는 스피커의 콘이 전류 변화에 의해 떨면서 주위 공기에 진동을 발생시켜 소리가 나게 되는 것이다. 이렇게 발생한 음파는 외이도를 지나 고막을 진동시키게 되는데, 이 진동을 청세포에서 감지한 후 청신경을 통해 뇌에 신호를 보내면 우리는 소리를 듣게 된다. 공기의 진동이라고 해서 사람이 모두 들을 수 있는 것은 아니며, 부채를 서서히 움직이는 것과 같이 진동수가 매우 낮은 소리나 진동수가 매우 높은 소리의 경우에는 들을 수 없다. 귀는 매우 놀라운 감각기관이라서 눈으로 고막을 본다면 소리에 의해 고막이 떨리고 있는지 아닌지를 구분하기 어려울 정도로 작게 진동한다. 고막이 이렇게 작게 진동하지만, 난원창 내의 기저막은 이보다 더 작게 진동을 하며 이 기저막의 떨림이 코르티 기관의 유모세포에 의해 소리에너지가 전기적인 신호로 바뀌어 뇌로 보내지게 된다. 만약 〈블랙호크 다운〉에서와 같이 귀 옆에서 총을 쏘게 된다면

블랙호크 다운
갑자기 적이 나타나 귀 옆에서 총을 쏘자 괴로워하는 넬슨

귀가 멀게 되거나 난청이 될 수 있다. 총알이 발사되는 원리는 고체 상태의 화약이 기체 상태로 상태변화를 할 때 엄청나게 부피가 증가하는 것을 이용한 것이다. 이와 같이 갑자기 부피가 엄청나게 증가하면서 주위의 공기에 압력을 가하기 때문에 폭발음이 나게 된다. 이 때의 공기의 압력은 귀를 멀게 할 만큼 충분히 강한 세기를 지닌다. 160dB 정도의 음압이면 고막이 찢어질 수 있으며, 총알이 발사될 때 나는 파열음은 이 정도의 세기를 넘어설 수 있기 때문에 사격장에서는 귀마개를 하고 사격연습을 하는 것이다. 사람은 약 100dB 정도부터는 소리를 피부로 느낄 수 있다고 하는데, 160dB은 이보다 1백만 배 더 큰 소리이다.

〈스타워즈〉는 더 이상 설명이 필요 없는 SF 명작으로 서부 활극을 우주로 옮겨 놓은 영화이다. 제국의 군대가 '죽음의 별'이라는 엄청나게 거대한 우주 기지인 무기를 만들려고 하자, 반란군들은 이를 폭파시키기 위해 공격을 한다. 이 장면에서 반란군의 X-전투기들이 전투 모드로 들어가기 위해 날개를 펼치는 장면이 나오고, 잠시 후 제국의 전투기와 전투가 시작된다. 박진감 넘치는 전투 장면은 여러 가지 효과음과 함께 전개가 되는데, 과연 우주에서도 소리가 들릴까?

스타워즈 죽음의 별을 공격하는 반란군

dB (데시벨)

전화기를 발명하고, 청각을 연구했던 벨의 이름을 딴 이 단위는 두 소리의 강도를 비교한 것으로 소리의 절대적인 크기를 의미하는 것은 아니며 표준음과 비교한 소리의 크기를 말한다. 즉, bel(벨)이라는 단위는 두 가지 소리강도의 비율로 $\log(I/I_0)$로 정의되며, 소리 강도가 열 배 클 때의 크기 차이가 1bel이다. bel이라는 단위가 크기 때문에 이 크기의 10분의 1인 dB(데시벨)을 사용한다.

소리는 파동이며, 파동이 전달되기 위해서는 파동을 전달하는 매질이 꼭 필요하다. 우리가 공기의 존재를 잘 느끼지 못하듯 소리가 전달될 때 매질(공기)의 존재도 잘 인식하지 못하는 경우가 많다. 공기가 없다면 소리는 전달되지 않으며, 공기의 밀도가 떨어지면 잘 전달되지 않는다. 따라서 우주에서는 전투기의 굉음, 광선의 발사되는 소리, 죽음의 별이 폭발하는 소리가 나지 않는다. 다만, 이러한 효과음이 없다면 영화의 사실감(?)이 떨어지기 때문에 사용하는 것이다. 만약 과학적인 오류를 없애기 위해서 스타워즈의 우주 전투 장면에서 소리를 없앴다면 영화의 재미는 많이 떨어질 것이다. 이러한 영화의 오류는 영화의 흥미를 위해 어쩔 수 없는 부분이지만, 이것이 잘못된 것이라는 것을 알고는 있어야 한다. 또한 거대한 우주선이 등장할 때의 소리와 작은 우주선이 움직일 때의 소리를 달리함으로써 사실감을 높이고 있다. 재밌지 않은가? 사실 아무런 소리도 나지 않아야 맞는데, 실감나게 하기 위해 큰 우주선은 웅장한 소리, 작은 우주선은 작은 소리가 나는 것이다.

화성침공 화성인의 광선 총에 의해 작아진 장군

〈화성침공〉은 팀버튼의 상상력이 재미있게 전개된 영화이다. 지구인들의 평화 제의에도 불구하고 화성인들은 백악관에 침입해서 저항하는 장군을 광선총으로 작게 줄여 버린다. 이때 장군은 몸이 점점 줄어들면서도 결사 항전의 의지를 불태우고 있는데, 몸이 줄어들면서 그의 목소리가 달라지는 것을 볼 수 있다. 몸이 작아진다면 이렇게 목소리도 달라질까?

　남자의 목소리와 여자의 목소리가 다르고, 아이들의 목소리와 어른의 목소리 또한 다르다. 바이올린은 높은 소리가 나지만, 더블베이스는 낮은 소리가 난다. 소리의 높이는 진동수가 높으면 높게 들리고, 진동수가 낮으면 낮게 들리게 된다. 긴 관의 경우 진동수가 낮기 때문에 낮은 소리가 나고, 굵고 긴 현이 또한 낮은 소리를 내게 된다. 사람의 목소리는 발성기관의 구조 즉, 성대의 형태와 성도의 길이에 따라 좌우되는데, 남자가 여자보다 더 두꺼운 성대를 가지기 때문에 진동수가 낮다. 따라서 진동수가 높은 여자는 높은 소리(약 250 Hz)를 내며, 남자는 낮은 소리(약 125 Hz)를 내는 것이다. 영화에서 장군이 축소가 되면, 그의 발성기관도 작아지게 된다. 따라서 성대의 크기가 줄어들게 되고, 성도도 줄어들어 진동수가 높아지기 때문에 높은 소리를 내게 된다. 그리고 발성기관이 작아졌기 때문에 소리의 세기는 작아지게 된다. 이 영화와 달리 〈애들이 줄었어요〉에서는 아이들이 광선총에 의해 6 mm 크기로 줄어들지만, 목소리의 변함이 없는데, 잘못된 표현이다. 다만, 아이들이 부모님을 불렀지만 몸집이 작아져서 소리가 함께 작아져 들리지 않는 설정은 과학적으로 옳다.

　귀는 대체로 500~5000 Hz 사이의 진동수에서 민감하게 반응을 하고 이 밖의 진동수에서는 감도가 떨어진다. 사람들의 목소리가 가지는 진동수 범위에서 가장 민감할 것 같지만 사실은 그렇지 않은 것이다. 다른 사람의 이야기를 듣고 또 들려 주는 정보의 교환이 가장 중요한 귀의 역할일텐데, 왜 이 진동수 대역에서 귀는 민감하지 않은 것일까? 그것은 사람 목소리 대역에서 가장 민감하게 될 때, 머리에 있는 혈관 속을 흐르는 혈류의 소리나 관절의 움직임, 심지어 소라껍질을 귀에 가져갔을 때와 같은 소리가 계속 고막을 울리게 되어 매우 혼란스러울 것이기 때문이다.

3 파동의 반사와 굴절

〈반지의 제왕〉에서 반지 원정대는 엄청난 힘을 가진 '절대반지'가 암흑의 제왕 사우론에게 들어가는 것을 막기 위해 반지를 없애려고 불의 산을 찾아 가고 있다. 불의 산을 찾아가던 중 사우론에게 충성을 하는 검은 마법사 사루만의 방해로 동굴 속으로 쫓겨 오게 된다. 동굴 속에는 괴물들이 잠들어 있는데 이

반지의 제왕 동굴 속을 지나고 있는 반지 원정대

를 깨우지 않기 위해 조용히 지나가지만, 원정대의 한 명이 우물 속에 두레박을 떨어뜨리는 실수를 하는 바람에 괴물들이 깨어나 버린다. 이 장면에서 두레박의 소리가 동굴 속을 퍼져나가는 것을 들을 수 있는데, 동굴 속에서는 왜 소리가 울릴까?

빛이 거울에 반사가 되듯이 파동은 다른 매질을 만나게 되면, 반사되거나 굴절하게 된다. 동굴 속에서 소리가 울리는 것은 소리가 동굴벽에 연속으로 반사되어 일부의 소리가 계속 되돌아오기 때문이다. 소리는 다른 매질을 만나면 완벽하게 흡수되지 않기 때문에 항상 일부는 반사된다. 물의 경우 물 속으로 입사하는 소리의 경우 99.9%는 반사되어 버리고 겨우 0.1%의 소리만 흡수된다. 그래서 물 속에 있으면 밖에서 불러도 잘 들리지 않는 것이다. 하지만, 물 속에서끼리는 소리가 크게 잘 전달되는데 같은 매질 내에서 소리가 전달되는 것이기 때문이다. 사실 우리는 보통 소리가 고막을 진동시킨다는 사실만 알고 있을 뿐 고막에서도 소리가 반사된다는 것을 알고 있는 사람은 드물 것이다. 소리는 고막에서도 반사가 되며 이렇게 반사되는 것을 측정하여 귀의 이상을 판단하는 장치도 있다.

도망자 죄수와 대화를 하기 위한 마이크

〈도망자〉에서 의사인 킴블 박사(해리슨 포드)는 억울한 누명을 벗기 위해 의심이 가는 죄수와 경찰서 면회실에서 대화를 하고 있다. 이 면회실에는 커다랗고 두꺼운 유리로 죄수와 면회자 사이를 막아 놓고 그 유리 가운데 구멍으로 마이크를 연결해 놓았다. 이 경우에도 소리는 유리에 반사되어 반대편에 거의 전달이 되지 않기 때문에 마이크를 통해 상대편에 소리를 전달하게 된다.

〈패트리어트 : 숲 속의 여우〉에서 귀가 잘 들리지 않는 사람이 소리를 듣기 위해 보청기를 사용하는 장면이 나온다. 이 보청기는 고깔 모양으로 생긴 물건으로 현대의 작은 보청기와는 다르게 생겼다. 이 원시적인 보청기는 더 많은 소리를 반사시켜 고막으로 전달하는 역할을 한다. 이 고깔 모양의 보청기에 부딪힌 소리는 계속 반사를 해서 고막으로 향하게 된다.

〈윈드토커〉에서 앤더스 중사(니콜라스 케이지)는 전투에서 귀를 다치는 바람에 소리를 잘 들을 수 없다. 하지만 다시 전투에 참가하고 싶은 일념에 간호사에게 부탁을 하여 수신호를 보고 테스트를 통과하게 된다. 이때 그는 밀폐된 방에 들어가 검사를 받게 되는데 방벽은 구멍이 있는 합판으로 꾸며져 있다. 방송실에 가면 이러한 합판을 볼 수 있는데, 흡음판의 구멍 속으로 소리가 들어가면 밖으로 반사가 되는 것이 아니라 구멍 속에서 연속으로 반사가 일어나게 되어 소리에너지가 열에너지로 바뀌면서 흡수되기 때문에 소리가 줄어들게 된다.

〈진주만〉에서 일본의 전투기와 폭격기가 진주만을 향해 날아오고 있는 것을 진주만에 있는 레이더 기지에서 감지를 했다. 하지만, 그들은 본국에서 날아오는 B25폭격기라고 오인을 하게 된다. 그렇다면 레이더는 어떻게 물체를 식별하는 것일까?

패트리어트 : 숲 속의 여우
대화를 위한 원시적인 형태의 보청기

윈드토커 청력 테스트를 받고 있는 앤더스 중사

진주만 레이더를 확인하고 있는 미국 병사

소리뿐만 아니라 전파도 빛과 같이 물체에 부딪히게 되면 **흡수**나 **반사**가 된다. 레이더는 이렇게 물체에 반사된 전파를 검출하여 물체의 위치나 거리를 알아내는 장치이다. 즉, 지향성이 강한 전파를 발사해 물체에 반사된 반사파를 측정하여 전파의 왕복시간을 구한다. 레이더의 성능은 탐지 거리와 분해능으로 나타낼 수 있다. 탐지 거리를 길게 하려면 레이더의 출력을 높이면 되는데 이를 위해서는 많은 전력이 필요하게 되고, 대전력에 따른 절연의 문제가 발생한다. 절연의 문제가 중요한 것은 전기가 흐르는 전선에는 전자기파가 발생하며 이것이 레이더의 성능을 떨어뜨리기 때문이다. **분해능**은 얼마나 또렷하게 관찰할 수 있는가를 말하는 것인데, 근접한 두 물체를 서로 다른 것으로 식별해 내는 능력을 말한다. 분해능을 좋게 하려면 파장이 짧은 빛을 사용하면 된다. 전쟁 당시의 레이더 기술 수준으로는 일본의 제로 전투기와 미국의 폭격기를 구분하기 힘들었다. 영화에서도 미군의 사령관이 새떼와 전투기가 구분되겠느냐는 질문을 하는 장면이 있는데, 바로 분해능이 얼마나 뛰어난가에 따라 구분할 수 있기도 하고 없기도 한다.

화성침공 노래 소리에 머리가 터져버리는 화성인

〈화성침공〉에서 화성인들이 백악관뿐 아니라 지구를 거의 점령할 때 쯤 엉뚱한 곳에서 그만 격퇴당하고 만다. 바로 인디언 소년과 치매 걸린 할머니가 크게 틀어 놓은 노래(인디언 러브 콜) 소리에 머리가 터져서 죽게 되는 것이다. 왜 노래를 들으면 화성인들은 머리가 흔들리면서 터져 버리는 것일까?

물체는 각각 고유 진동수를 가지고 있다. 그네의 고유 진동수에 맞춰서 그네를 밀면 잘 흔들리지만, 멋대로 밀면 그네는 잘 흔들리지 않는다. 이렇게 그네의 고유 진동수로 힘을 가하게 되면 작은 힘으로도 그네를 밀 수 있다. 이렇게 물체의 고유 진동수와 동일한 진동수의 파동이 전해서 물체의 진동을 증폭시키는 현상을 **공명**이라고 한다. 동일한 진동수의 소리굽쇠를 마주보게 해 놓고 한쪽을 울리면 다른 소리굽쇠가 울리는 것도 공명에 의한 것이며, 바이올린의 아름다운 소리도 현과 활의 공명에 의한 것이다. 그네를 공명시키면 진폭이 커지듯이 공명을 일으킬 때 에너지가 제일 효과적으로 전달이 된다. 이러한 공명에 의한 에너지의 전달은 물체의 고유 진동수와 정확하게 일치하는 파동에 의해서만 일어난다. 포도주잔을 깨는 성악가의 목소리, 1940년 가벼운 돌풍에 무너져 버린 미국의 타코마 협교, 발맞춰 다리를 지나가던 군인들에 의해 무너진 영국 맨체스터 부근의 다리 이야기는 공명의 유명한 일화들이다. 영화에서 화성인은 머리의 고유 진동수와 일치하는 소리가 들리자 공명을 일으켜 그만 터지고 만 것이다. 여기서 재밌는 것은 고유진동수가 같기 위해서는 화성인 머리의 구성 물질과 크기가 같아야만 한다는 것이다. 소리굽쇠를 보라. 눈으로 보기에는 모두 같아 보일지라도 고유진동수는 다르다. 따라서 지구인의 노래에 의해 죽은 화성인이 있을지라도 고유진동수가 서로 같지 않는 한 모두 죽을 수는 없다. 아니면 화성인은 붕어빵처럼 복제된 것일까?

여러 가지 운동

<타이타닉>에서 비운의 여객선 타이타닉은
첫 출항에서 빙산과의 충돌로 침몰하고 만다.
타이타닉의 참사는 선주와 선장이 빙산 출현 경고에도 불구하고
안이한 자세로 항해를 계속함으로써 발생한 인재였다.
만약 타이타닉이 조금만 작은 배였다면 빙산을 피할 수도
있었겠지만, 그러기에는 배가 너무 컸다는 설명이 영화에 나온다.
왜 큰 배는 방향을 바꾸기 어려운 것일까?

1 물체의 운동

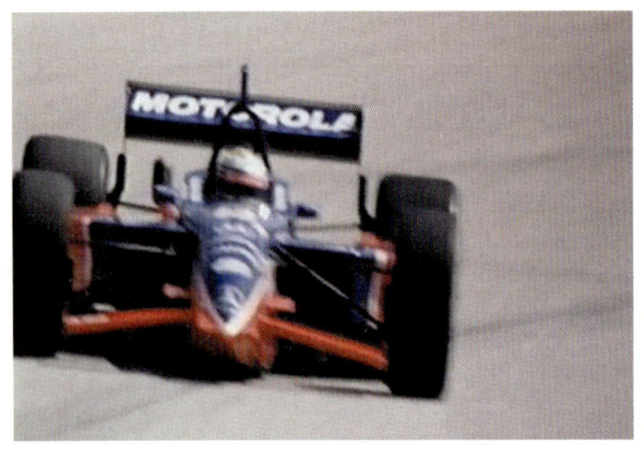

드리븐 F1 자동차 경주

〈드리븐〉은 F1 자동차 경주를 하는 레이서들의 우정을 다룬 영화이다. 다른 경주에서도 그렇지만, 가장 먼저 결승선을 통과하면 경주에서 우승하게 된다. 이와 같이 경주에서 동일한 거리를 달려서 먼저 들어왔다는 것은 무엇을 뜻하는가?

자동차 경주에서나 육상 경기에서 누가 더 빠른지는 동일한 시간에 선수가 이동한 거리로 판단할 수 있다. 즉, 같은 시간에 더 멀리 간 선수가 더 빠른 것이다. 이렇게 이동한 거리를 걸린 시간으로 나눈 것을 **속력**이라고 하며, 물체의 빠르기를 나타낸다. 좀 더 엄밀하게 말한다면 출발점에서 결승점 사이의 거리를 걸린 시간으로 나눈 것은 평균 속력이고, 어떤 지점을 지날 때의 속력은 **순간 속력**이라고 한다.

레드 플래닛 소형 우주선으로 향할 준비를 하는 바우먼

〈레드 플래닛〉은 화성 지구화 계획을 추진하는 탐사 대원들의 활동을 다룬 영화로 화성 개발 계획에 대한 여러 가지 정보를 제공한다.
화성에 도착하기 직전 태양풍의 피습으로 우주선은 고장이 나고 바우먼을 제외한 나머지 대원만 화성으로 간다. 탐사 도중 공학 기사인 갤러거를 제외한 나머지 대원들은 모두 죽고, 그도 소형 우주선으로 화성을 겨우 탈출하고는 정신을 잃어버린다. 이에 바우먼은 갤러거를 구하기 위해 그의 소형 우주선을 향해 날아간다. 소형 우주선까지(300m) 18초가 소요되는데, 그렇다면 바우먼의 속력은 얼마나 될까?

속력과 속도

속력은 물체의 빠르기를 나타내지만 방향에 대한 정보는 알 수 없다. 즉, 시속 30km로 달리는 자동차는 앞으로 가는지 뒤로 가는지의 정보가 없는 것이다. 여기에 앞으로 또는 뒤로 달린다는 방향을 함께 표시하는 물리량이 속도이다. 다른 말로 표현하면 '속도의 크기가 속력'이라고 할 수 있다. 우리는 흔히 속도계라고 부르지만 정확하게 이야기 한다면 속력계이다. 속도계만 보면 차의 빠르기는 알 수 있지만 차가 어디로 가는지는 알 수 없기 때문이다.

$$속력 = 이동거리 \div 시간 = 300m \div 18s = 16.7 \ m/s$$

아마 속력 계산은 다들 어렵지 않게 할 수 있을 것이다. 하지만, 이러한 물리량을 가지고 이것이 어떤 의미를 가지고 있는지 알아내는 것은 계산하는 것보다 더 중요하다. 영화 속에서 바우먼의 속력은 초속 16.7m로 1초에 16.7m, 10초에 167m를 갈 수 있는 속력이다. 또한 이 속력을 시속으로 환산하면 자그마치 시속 60km나 된다. 이 정도 빠르기의 자동차가 벽에 정면으로 충돌하면 다치는 것은 물론 사망할 수도 있다. 이렇게 빠르게 날아가고 있지만, 영화 속에서는 별로 빠르지 않게 보인다. 그것은 거대한 우주에 바우먼의 빠르기를 비교할 만한 주변 대상물이 없어서 우리가 느끼기 어렵기 때문이다.

바우먼의 경우 처음 출발할 때의 속력이 그대로 지속이 된다. 왜냐하면 우주공간에서는 지면이 없기 때문에 달릴 수도 없고, 그녀의 우주복에는 로켓 추진기와 같은 추진 장치도 없으며, 마찰을 일으킬 공기도 없기 때문이다. 돌아올 때는 등 뒤에 달린 로프를 당겨서 되돌아오는 것으로 보아 어떠한 추진력도 없다는 것을 간접적으로 추정할 수 있다. 이렇게 속력이 일정한 운동을 등속운동이라고 한다. 옆 장면에서 바우먼이 안전하기 위해서는 갤러거의 우주선에 다가갈 때쯤 로프

레드 플래닛
우주선에서 소형 우주선으로 향하는 바우먼

를 서서히 풀어서(즉, 뒤로 조금씩 당겨 줌으로써) 속력을 줄여야 한다. 그렇지 않으면 구조는 고사하고 둘 다 우주에서 영원히 돌아오지 못할 수도 있다.

스파이더맨 건물에서 떨어지는 엠제이

〈스파이더맨〉에서 피터는 허약하고 공부만 하는 평범한 학생이지만, 슈퍼 거미에 물려 초능력을 가지게 되면서 그의 인생은 달라지게 된다.

발코니에서 축제를 지켜보던 피터의 여자 친구 엠제이가 고블린이 던진 폭탄에 건물이 부서지면서 건물 아래로 떨어지게 된다. 이때 스파이더맨은 그녀를 구출하기 위해 그녀를 뒤쫓아 같이 뛰어내린다. 그리고, 그녀를 잡고 건물에 거미줄을 붙여 땅에 충돌하는 것을 막는다. 그렇다면 스파이더맨에 의해 구출될 때까지 엠제이는 어떤 운동을 하게 되는가?

아무것도 없는 우주공간이나 얼음판, 에어트랙에서의 운동과 같이 특별한 경우를 제외하고는 등속운동을 하는 경우는 매우 드물다. 일반적으로 대부분의 운동은 속력이 증가하거나 감소한다. 굴린 공은 속력이 점점 줄어들어 결국에는 멈추게 되며, 높은 곳에서 떨어트린 물체의 속력은 점점 증가한다. 이 장면에서도 빌딩에서 떨어지는 엠제이는 속력이 점점 증가하는 운동을 하다가, 스파이더맨에 의해 구출되면서 속력이 감소하는 운동으로 바뀌게 된다. 정확하게 따진다면, 이 장면에서 스파이더맨은 엠제이를 구하기 어렵다. 먼저 뛰어내리면 뒤에 뛰어내린 것보다 속력이 빠르기 때문인데, 생각하기에는 일정한 간격으로 유지될 것 같지만 사실은 그렇게 되지 않는다. 먼저 떨어진 사람과 뒤에 뛰어내린 사람의 공기 저항이 같을 경우 그 간격은 오히려 멀어지게 된다. 만약 엠제이는 공기의 저항을 많이 받고 스파이더맨이 공기의 저항이 적다고 해도 엠제이를 구하기에는 지면까지의 거리가 너무 짧아 쉽지 않다. 따라서 가장 현명한 방법은 엠제이에게 거미줄을 발사해 거미줄을 당기면서 떨어져야 서로 더 빨리 가까워질 수 있다.(참고 : 자유낙하 운동 p.103)

〈형사 가제트〉에서 가제트가 강아지를 위로 던졌다가 다시 받는 장면이 있는데, 이때 강아지의 운동을 살펴보자. 강아지는 가제트의 손을 떠날 때 가장 속력이 빠르며 위로 올라가면서 점점 속력이 줄어들어 결국에는 최고점에 다다르면 순간 정지하게 된다. 이후 다시 강아지는 아래로 속력이 점점 증가하는 운동을 하게 되고 다시 가제트의 손에 의해 잡히기 직전에 던졌을 때와 같은 속력이 된다. 가제트의 손을 떠난 강아지에게는 어떤 힘이 작용하고 있을까? 위로 올라갈수록 강아지에게 힘이 점점 적게 작용하여 속력이 줄어들고,

형사 가제트
강아지를 위로 던졌다가 다시 받는 가제트

순간 정지했을 때는 힘이 작용하지 않다가 다시 내려올 때 다시 힘이 작용한다고 생각하는 경우가 있는데, 이는 잘못된 생각이다. 강아지에게는 항상 중력이 작용하며, 그 크기와 방향은 일정하다. 즉, 강아지에게는 아래 방향으로 중력이 작용하기 때문에 위로 올라갈 때 속력이 줄어들었다가 아래로 내려올 때는 속력이 다시 증가하는 것이다.

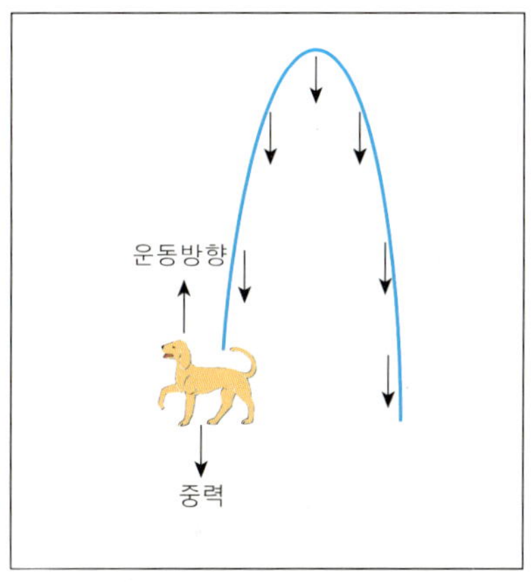

〈강아지의 속력 변화와 작용한 힘〉

〈지미 뉴트론〉은 천재 소년 지미 뉴트론과 아이들이 외계인으로부터 어른들을 구해내는 이야기다. 지미와 친구들은 부모님 몰래 놀이 공원에 놀러 간다. 놀이 공원에는 여러 가지 놀이기구가 있는데, 왼쪽의 그림은 회전하는 바퀴이다. 회전하는 바퀴는 어떻게 운동을 하고 있는가?

회전하는 바퀴는 회전목마와 마찬가지로 일정한 속력으로 움직이지만 운동방향이 계속 변하는 운동이다. 〈카멜롯의 전설〉에서 란슬롯은 우승자에게 왕비의 키스 선물이 있다는 말에 보호 장구도 없

지미 뉴트론 놀이 공원의 회전하는 놀이기구

카멜롯의 전설 건틀렛 경기에 참여한 란슬롯

더 록 불길 속을 지나기 위해 준비를 하고 있는 메이슨

이 건틀렛 경기에 참가한다. 건틀렛 경기는 회전하는 공, 흔들리는 도끼, 솟아오르는 칼을 피해서 건너편까지 건너가는 경기이다. 모든 장애물들은 일정하게 움직이는데, 란슬롯은 이 움직임을 파악하여 모든 장애물을 통과한다. 〈스타워즈 : 제다이의 귀환〉에서 외계의 원시 종족인 이워크족은 제국군의 병기를 파괴하기 위해 통나무를 매달아 놓았다가 줄을 끊는 방법을 통하여 공격을 한다. 이때 매달린 통나무가 제국의 병기와 충돌하지 않는다면 일정하게 흔들리는 운동을 할 것이다. 이렇게 **원운동**(회전목마)이나 **진자운동**(통나무의 흔들림)과 같이 같은 운동이 되풀이되는 운동을 **주기 운동**이라고 한다.

〈더 록〉에서 영국 첩보원이었던 존 메이슨(숀 코네리)은 과거에 알카트래즈를 탈출하기 위해 지났던 불의 터널을 다시 통과하려 하고 있다. 그는 "타이밍을 기억하고 있어."라고 이야기를 하는데, 여기서의 타이밍이라는 것이 바로 **주기**이다. 〈카멜롯의 전설〉에서 아직 아무도 통과하지 못한 건틀렛 경기를 한번에 통과한 그에게 아더왕(숀 코네리)이 어떻게 통과할 수 있었냐고 묻자 그는 나갈 때와 멈출 때를 알면 된다고 답을 한다. 이것이 바로 란슬롯이 다른 참가자와 달리 주기를 파악하고 있었다는 증거가 되며, 이러한 것이 생활 속의 과학이다.

〈스파이더맨〉에서 거미줄을 타고 건물 사이를 이동하는 스파이더맨의 운동은 속력과 운동방향이 모두 변하는 운동이다. 또한 악당 그린 고블린의 운동도 운동방향과 속력이 모두 변하는 운동이다. 정확하게 말하자면 일상생활에서의 운동은 거의 대부분

운동방향과 속력이 변하는 운동이라고 할 수 있다.

　이와 같이 운동은 일정한 속력으로 움직이는 운동, 속력이 변하는 운동, 방향이 변하는 운동, 속력과 방향이 모두 변하는 운동으로 나누어 생각해 볼 수 있다. 이렇게 하면 운동의 본질을 이해하는 데 많은 도움이 될 것이다.

2 힘을 받지 않는 물체의 운동

〈미션 투 마스〉에서 우디와 일행들은 타고 간 우주선이 고장이 나는 바람에 다른 우주선으로 옮겨 가고 있다. 우주에서 미아가 되지 않기 위해 서로를 줄로 연결하여 이동하였으나 우주선의 이동속도가 빨라 따라 잡기 어렵게 되었다. 그러자, 우디가 줄을 끊고 혼자서 우주선에 줄을 연결하고 자신은 우주선에서 미끄러져 점점 멀어지고 있다. 그렇다면 우디는 왜 우주선으로부터 점점 멀어지는 것일까?

미션 투 마스　우주선에서 멀어지는 우디

　우디가 있는 곳은 화성 궤도의 우주 공간이다. 이곳은 공기나 발을 디디고 설 땅이 없으며, 우주선에서 미끄러져 갔기 때문에 잡을 수 있는 로프도 없다. 따라서 우디는 자신의 운동 상태를 바꾸기 위해 할 수 있는 일이 아무것도 없다. 영화에서와 같이 우디가 멈추지 못하는 것은 마찰력을 작용하여 속력을 줄여줄 공기도, 지면도 없기 때문이다. 이렇게 멀어지는 우디를 구하기 위해 그의 아내가 뒤를 쫓아가지만, 결국에는 그를 구하지 못한다. 자신을 구할 수 없지만, 우주선으로 돌아가지 못하고 있는 아내를 위해 우디는 우주복의 헬멧을 벗어 스스로 목숨을 끊어 버린다. 이에 아내는 하는 수 없이 우주선을 향해 자세를 바꾸는데, 뭔가 이상한 부분이 있다. 우주 유영장치의 어느 곳에서도 분사되는 곳이 없지만(자세히 보면 거의 방향을 다 바꾸고 난 후 분사장치에서 분사가 된다), 그녀는 뒤로 방향을 바꾸고 있는 것이다(즉, 회전을 한 것이

미션 투 마스 우디와 작별하고 돌아서는 아내

다). 이것은 마치 회전의자에 앉아서 발로 밀지도 않고, 회전하는 것과 같은 것으로 불가능한 일이다. 회전의자에서는 책상을 잡거나, 발로 땅을 밀지 않으면 회전하지 않는다. 왜냐하면 어디에도 힘을 가하지 않았기 때문이다.

형사 가제트 브레이크가 고장 난 버스

〈형사 가제트〉에서 아이들을 태운 스쿨버스의 브레이크가 고장이 나 계속 질주를 하고 있다. 너무나 당연한 이야기같이 들리겠지만 브레이크가 고장난 이 자동차는 멈추지를 못한다. 결국 가제트가 버스 뒤에 견인차의 줄을 연결하여 멈추게 한다. 그렇지 않았으면 버스는 계속 달려 큰 사고가 났을 것이다. 그렇다면 왜 브레이크가 고장난 버스는 쉽게 멈추지 못할까?

모든 물체는 운동을 방해하는 힘이 없으면 자신의 운동 상태를 계속 유지하려고 하는 성질이 있기 때문이다. 이렇게 힘이 작용하지 않으면, 정지해 있는 물체는 정지하려 하고, 운동하는 물체는 계속 운동하려고 하는 성질을 관성이라고 한다. 지금은 관성을 너무나 당연한 현상이라고 생각하지만, 아리스토텔레스를 비롯한 많은 사람들은 오랜 세월 동안 그렇게 생각하지 않았다. 왜냐하면 굴러가는 공과 같이 움직이는 물체는 어느 정도 굴러가다가 멈추기 때문이다. 달리는 자전거는 페달을 밟지 않으면 멈추게 되며, 자동차는 엑셀레이터에서 발을 떼게 되면 얼마가지 않아서 멈추게 되는 것은 운동을 방해하는 힘인 마찰력이 작용하기 때문이다.

〈형사 가제트〉에서 악당 가제트는 경찰서에 찾아가 동료 경찰을 바닥에 던져 볼링을 한다. 이 장면은 코믹하게 만들었다고는 하지만 어딘가 이상하다. 그것은 경찰이 바닥에서 미끄러져가는 동안 속력이 거의 줄지 않았기 때문이다. 악당 가제트가 힘이 세기 때문에 사람을 이렇게 던질 수 있다고 하더라도, 경찰의 옷과 바닥 사

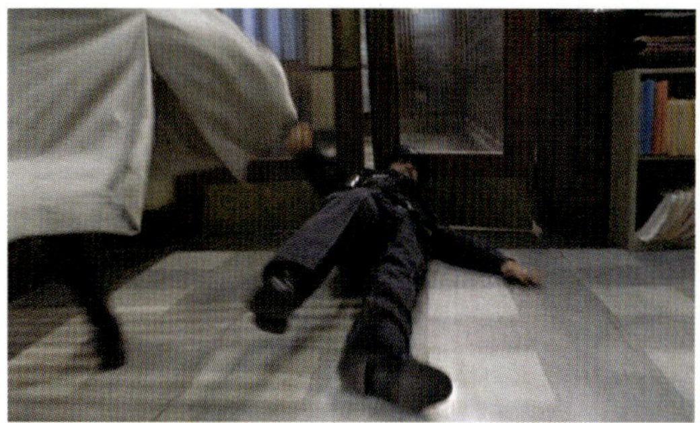

형사 가제트 경찰을 바닥에 던지는 악당 가제트

이에는 힘(마찰력)이 작용하기 때문에 힘이 작용하지 않는 것처럼 보이는 이 장면이 이상하게 느껴지는 것이다.

〈지미 뉴트론〉에서 부모들을 구하러 간 아이들은 외계인과 대결을 펼치게 되는데, 이때 한 아이가 관성을 이용해 달걀 외계인을 물리치는 장면이 있다. 달려가는 외계인의 뒤쪽에서 고무 흡입판이 달린 총을 발사해 붙인 후 갑자기 당겨 버린다. 그러면 달걀같이 생긴 캡슐은 당겨져서 멈추게 되고 그 속에 타고 있던 외계인은 앞으로 계속 나아가려는 관성 때문에 밖으로 튕겨져 나가게 된다.

지미 뉴트론 달걀 모양의 외계인

〈시몬〉에서 시몬은 베일에 싸여있는 인물이라 아무도 실제로 본 사람이 없다. 물론 시몬은 컴퓨터에 의해 창조된 배우이기 때문에 누구도 볼 수는 없지만, 감독이 그 사실을 비밀로 하고 있기 때문에 사람들은 파티에서 시몬과 닮은 사람을 보고 달려간다. 그러나 결국 멈추지 못하고 풀장에 빠지게 된다.

〈진주만〉에서 일본의 전투기와 폭격기들은 무방비 상태의 진주만을 쑥대밭으로 만들어 버린다. 이때 99식 급강하 폭격기 한 대가 USS아리조나호에 폭탄을 투하하는 장면이 나온다. 폭탄이 투하되는 장면부터 웅장하게 나오는데, 여기에 어떤 오류가 있을까?

시몬 시몬을 보기 위해 달려가다 풀장에 빠지는 사람들

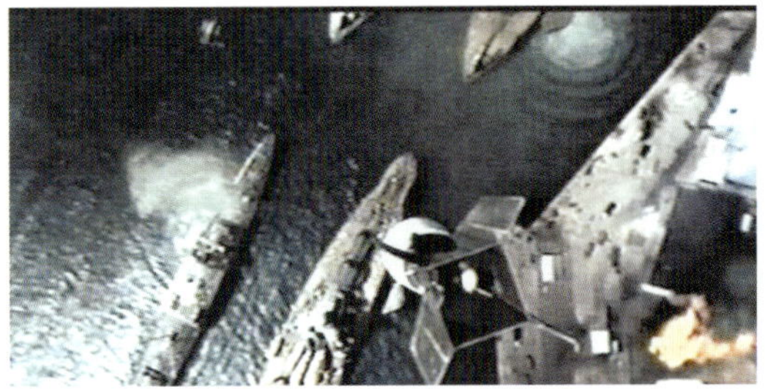

진주만 아리조나호에 떨어지는 폭탄

진주만을 공습하기 위한 일본의 전투기와 폭격기가 무차별로 공격을 하고 있다. 이중 일본의 급강하 폭격기 한 대가 아리조나호에 폭탄을 투하하여 전함을 격침시킨다. 분명히 폭격기는 수평방향으로 비행을 하다가 폭탄을 투하하게 되는데, 이런 상태에서 떨어진 폭탄은 비행 방향으로 진행하면서 낙하하게 된다. 따라서 카메라가 폭탄을 따라가면서 진행이 된다면 바닥의 전함들이 뒤로 움직이는 듯이 보여야 한다. 왜냐하면 폭탄이 앞으로 진행하면서 낙하하고 있기 때문이다. 이 때의 폭격기가 급강하 폭격기이기 때문에 오류가 아니라고 말할 수도 있다. 이 장면에서 폭격기가 어떤 기종이든 그것은 중요하지 않다. 앞으로 진행을 하면서 폭탄을 투하하게 되면 폭탄은 관성에 의해 앞으로 진행하면서 떨어져야 한다. 이러한 실수는 애니메이션 〈신세기 에반게리온〉에서도 나타난다. 새로 만든 로봇인 용비호의 시험가동 중, 고장을 일으킨 용비호를 멈추기 위해 에바가 투입이 된다. 에바는 비행기에서 뛰어내려 잠시 비행을 한 후 땅에서 뒤로 밀리다가 잠시 후 멈춘다. 영화의 착지 장면은 자연스러워 보이지만 사실상 오류가 있다. 비행기에서 뛰어내리면 관성 때문에 앞으로 운동하고 있어야 하지만 땅에 착지해서 뒤로 밀린다는 것이 잘못이다. 즉, 땅에 착지하면서 앞으로 구르거나, 앞으로 뛰면서 멈추어야 옳다.

신세기 에반게리온 비행기에서 뛰어내려 착지한 에바

3 힘을 받는 물체의 운동

1. 속력이 증가하는 운동 : 운동방향으로 작용하는 힘

〈매트릭스〉에서 요원의 추격을 받은 네오는 빌딩 밖으로 나가 탈출을 시도하지만 휴대폰만 떨어트리고 체포된다. 휴대폰이 떨어지는 모습이 특수촬영으로 인해 색다른 느낌을 주고 있는데, 실제로 물체가 떨어진다면 어떻게 운동을 하게 될까?

매트릭스 떨어지는 휴대폰

매트릭스는 독특한 촬영법으로 많은 관객을 사로잡은 영화이다. 트리니티가 그녀를 잡으러 온 경찰을 공중으로 날아올라 차는 장면이나 총알이 날아가는 장면 등 곳곳에서 특수 촬영의 묘미를 느낄 수 있다. 독특한 소재와 함께 이러한 특수 효과는 이 영화의 재미를 증폭시키는데 큰 역할을 했다.

그러나 휴대폰을 떨어트리는 이 장면이 영화가 아니라 실제 상황이라면 휴대폰이 떨어지면서 순간 멈추는 현상 따위는 없으며, 아래 방향의 중력에 의해 점점 속력이 증가하게 될 것이다. 떨어지는 시간에 비례해서 속력도 점점 증가하기 때문이다.

지구상의 모든 물체는 중력에 의해 아래 방향으로 당겨지기 때문에 힘을 받는 시간이 길어지면 힘에 의한 효과도 커진다. 따라서 더 높은 곳에서 떨어지는 물체는 중력에 의해 오래 가속되기 때문에 속력도 훨씬 큰 것이다. 물론 계속 속력이 증가하지는 않는다. 높은 곳에서 떨어지는 빗방울은 공기의 저항과 중력의 크기가 같아질 때까지만 속력이 증가한다.

2. 속력이 감소하는 운동 : 운동방향과 반대방향으로 작용하는 힘

라이터를 켜라 막다른 철로에서 정지하는 기차

〈라이터를 켜라〉에서 건달들에게 탈취된 기차가 종착역을 지나서 막다른 지점을 향해 가고 있다. 이 기차를 멈추기 위해서는 어떻게 해야 하겠는가? 이때 어떤 힘이 작용하며 그 방향은 어떻게 될까?

물체의 운동 상태가 바뀌기 위해서는 힘이 가해져야 한다. 물체의 운동 방향으로 힘을 가하면 물체는 점점 더 빨리 운동하게 되며, 물체와 반대 방향의 힘을 가하게 되면 속력이 줄어들게 된다. 이 영화에서 기차를 멈추게 하기 위해서는 운동 방향과 반대 방향의 힘을 가해야 한다. 이렇게 운동을 방해하는 힘을 **마찰력**이라고 하며, 마찰력이 작용하게 되면 속력은 줄어들게 된다. 영화에서는 기차의 브레이크를 작동시켜 기차 바퀴와 철로 사이에 마찰력을 증가시킴으로써 기차를 멈추게 한다.

성룡의 CIA 나무신을 신고 미끄러지는 성룡

〈성룡의 CIA〉는 작전 도중 기억 상실증에 걸린 요원이 자신의 기억을 찾고 사건을 해결하는 과정을 그린 영화이다. 주인공은 자신이 누구인지 기억을 하지 못하지만 악당들에게 쫓기면서 조금씩 기억을 회복하기 시작한다. 주인공이 도움을 청하는 순간 악당들이 나타나자 열심히 도망을 간다. 도망을 가는 도중 그들과 격투를 하는데 나무로 된 신발을 신고 달리는 장면이 있다. 이 장면에서 그는 코너를 돌면서 쉽게 멈추지를 못하고 미끄러지는데 왜 그럴까?

우리는 흔히 마찰력은 없는 것이 좋다는 생각을 많이 한다. 마찰력이 적다면 문은 훨씬 부드럽게 열리고, 공장의 기계들은 더 적은 동력으로 움직일 수 있으며, 기계의 수명도 늘어날 것이기 때문이다. 하지만, 마찰력이 없다면 우리는 아무것도 할 수 없게 된다. 위의 장면에서도 나무 신발과 도로 사이에 마찰력이 작기 때문에 그는 달리면서 속력을 줄이지 못해 방향을 바꾸는데 애를 먹고 있다. 이와 같이 마찰력이 없다면 우리는 걸어 갈 수 없으며, 물건을 잡을 수도 없다. 걷기 위해서는 신발 바닥과 지면 사이에 마찰력이 작용해야

성룡의 CIA 성룡이 신고 있는 나무신

하며, 물건을 잡기 위해서는 손바닥과 물건 사이에 마찰력이 작용해야 하기 때문이다.

3. 자유 낙하 운동 : 중력에 의한 물체의 운동

〈폭풍속으로〉에서 형사 자니(키아누 리브스)는 은행 강도를 잡기 위해서 비행기에서 뛰어 내린 범인을 뒤쫓아 뛰어 내렸다. 먼저 뛰어 내린 범인을 쫓아가기 위해 그는 손을 몸에 붙이고 몸은 숙인다. 왜 이렇게 할까?

동일한 두 물체를 시간 간격을 두고 떨어트리면 두 물체 사이의 거리는 점점 멀어지게 된다. 이것은 먼저 떨어진 것이 처음의 물체보다 속력이 빠르기 때문이다.

폭풍속으로 먼저 뛰어 내린 범인을 쫓아가는 자니

흔히 먼저 떨어진 것과 나중 떨어진 물체 사이의 간격이 일정하게 유지되면서 낙하할 것이라고 생각하는 경우가 많은데 이것은 잘못된 생각이다. 먼저 낙하한 물체와 나중 낙하한 물체 사이에는 속력 차이가 생기는데 이 속력의 차이 때문에 거리는 점점 멀어지게 된다. 따라서 먼저 떨어진 물체를 따라잡기 위해서는 뒤에 떨어진 물체의 공기 저항이 더 작아야 한다. 그래서 매끄러운 비행복을 입고 몸에 팔을 붙인 후 수직으로

자석인간

‘도전 초능력자를 찾아라’ 라는 방송 프로그램에서 자석인간의 비밀을 벗긴 것을 방송한 적이 있었다. 이 프로그램에서 공개한 자석인간의 비밀은 바로 피부의 마찰력에 있었다. 피부는 의외로 마찰력이 크기 때문에 수저나 동전, 심지어 다리미와 변기 뚜껑이 누구나 붙을 수 있음에도 불구하고, 많은 사람들은 합리적인 이유를 밝혀내기 보다는 그들을 남다른 능력이 있다고 생각한 것이다. 이 프로그램의 자문자일 뿐 아니라 유명한 마술사인 제임스 랜디는 숟가락 구부리기로 유명한 유리 겔러의 능력이 초능력이 아니라 속임수라고 밝힌 것으로 더욱더 널리 알려졌다. 랜디가 마술사이기는 하지만, 그가 초능력의 실체를 밝히는데 사용하는 것이 바로 ‘과학적인 사고 방법’으로 우리가 과학을 공부하는 중요한 이유 중의 하나이다. 물론 아직까지 랜디에게 공식적으로 인정받은 초능력자가 없다고 해서, 초능력이 존재하지 않는다는 뜻은 아니다. 하지만, 이 프로그램을 통해 배워야 할 것은 일상적이지 못한 어떤 현상을 합리적으로 설명하려고 하기보다는 초능력이나 초자연적인 현상으로 돌려 버리면 그 속에 있는 진실을 밝힐 수가 없다는 것이다. 항상 어떤 현상을 접하게 되면 비판적이고, 회의적인 눈으로 그 현상을 바라볼 때만이 진실을 향해 한 걸음 더 다가갈 수 있게 되며, 이러한 태도가 바로 과학적인 생활 태도인 것이다. 이런 반면에 ‘신비한 TV 서프라이즈’라는 프로그램은 시청자들의 호기심을 자극하는데 치중한 나머지 객관적인 태도를 잃어버린 비과학적인 프로그램의 대표이다. 물론 과학과는 전혀 상관이 없는 프로그램인데 그러한 것이 뭐가 중요하냐고 이야기할지 모르지만, 주관적인 사실을 객관적인 사실인 양 전달하는 것은 매우 위험하다. 그래도 “재미있으면 그만이다.”라고 한다면 할 말은 없다.

고공침투 낙하 훈련

몸을 세워 최대한 공기 저항을 줄이는 것이다. 같은 신문지를 하나는 뭉치고 하나는 펼친 채로 떨어트리면 뭉친 신문지가 먼저 떨어지는 것과 같은 원리이다.

4. 힘과 운동 방향의 변화

〈스피드 2〉는 전직 유람선의 설계 기사에 의해 탈취당한 유람선이 고장이 난 채로 달려가면서 펼쳐지는 범인과 경찰의 추격을 그린 영화이다. 범인은 유람선을 탈취한 후 보석을 훔치고 증거를 없애기 위해 유람선을 유조선과 충돌시키려 한다. 거대한 유조선은 유람선이 다가오는 것을 보면서도 쉽게 피하지 못하고 있다. 왜 유조선은 쉽게 움직이지 못하는 것일까?

빗방울의 속력

비가 오는 장면을 그려 보라고 하면, 대부분 빗줄기를 선으로 표현해 그릴 것이다. 하지만, 이것은 빗방울의 정확한 모양이 아니다. 빗방울은 중력에 의해 낙하하면서 공기의 저항을 받기 때문에 모양이 찌그러 진다. 즉 공기의 저항을 받으면, 저항을 적게 받기 위해 유선형이 되는 것이 아니라 호빵 모양을 하게 된다. 이렇게 된 빗방울은 떨어지면서 속력이 점점 증가하지만, 계속 증가하지 는 않는다. 속력이 빨라질수록 공기의 저항이 증가하기 때문이다. 공기의 저항이 중력과 같아지게 되면 더 이상 속력이 증가하지 않게 되며, 이때 빗방울의 속력을 종단속도라고 한다. 낙하산을 타고 내려오는 사람은 빨리 종단속도에 도달하여 더 이상 속력이 증가하지 않기 때문에 지상에 착륙할 때 부상을 입지 않게 된다. 개미와 같이 조그만 곤충이 높은 곳에서 떨어져도 무사한 것 또한 같은 이유이다.

날아오는 야구공을 야구배트로 치면 공은 진행 방향을 바꾸어 날아간다. 상대방의 서비스로 날아온 테니스공을 라켓으로 치면 공은 방향을 바꾸어 상대방의 코트로 넘어간다. 뒤에서 날아오는 축구공을 달려가면서 헤딩을 하게 되면 공의 방향뿐만 아니라 속력도 더욱 증가되어 골키퍼는 공을 잡기 어려워진다. 이렇게 운동하는 물체에 힘을 가하면 물체의 운동 상

스피드 2　스쳐가는 유람선과 유조선

태는 바뀐다. 실내게임 중에 '탁구공 입으로 불기'라는 것이 있다. 탁구공을 놓고 불어서 상대방에게 보내는 경기인데, 만약 탁구공 대신 볼링공을 사용한다면 경기를 할 수 있을까?

〈타이타닉〉에서 초호화 여객선 타이타닉호는 빙산 출현 경보를 무시하고 빠른 속력으로 달리다가 그만 빙산과 충돌하게 된다. 로즈는 타이타닉의 침몰에 대한 설명을 하면서 타이타닉을 인양하는 작업팀에게 타이타닉이 빙산을 피하기에는 배가 너무 컸다는 이야기를 한다. 즉, 선장과 선주는 타이타닉의 거대함을 생각하지 않고 빠른 속력으로 항해를 함으로써 배를 침몰시키는 결과를 낳게 된 것이다. 〈스피드 2〉에서 고장 난 채로 질주하는 유람선을 본 유조선이 쉽게 피하지 못하는 것은 덩치가 너무 크기

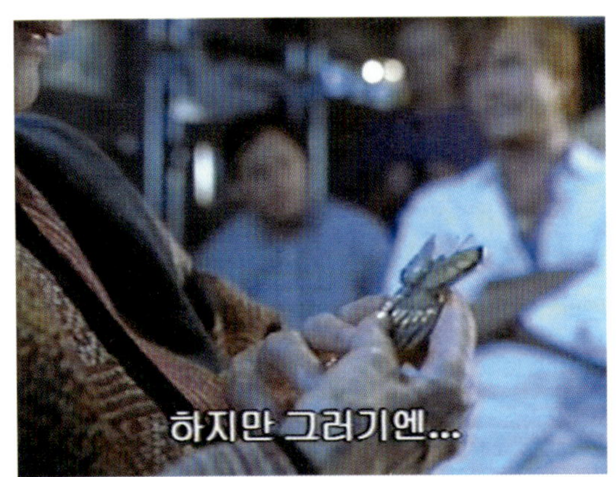

타이타닉 타이타닉의 침몰 원인에 대한 설명을 하는 로즈

진주만 불필요한 장비를 제거 중인 폭격기

때문이다. 영화에서는 시동을 거는데 시간이 많이 걸리기 때문에 피하지 못하는 것으로 설정되어 있지만, 시동이 걸리더라도 그 크기 때문에 움직이는데 너무 많은 시간이 소요된다.

〈진주만〉에서 미국은 일본에게 기습을 당한 후 그들의 자존심을 회복하기 위해 동경폭격을 감행한다. 이 작전은 둘리틀에게 맡겨졌고, 마침내 둘리틀은 1942년 4월 2일 USS호넷호에 폭격기 편대를 싣고 일본을 향해 항해를 떠나게 된다. 항해 도중 그들은 일본군 정찰기에 발각이 되지만, 위험을 감수하고 이륙을 하여 작전을 수행한다. 이때 둘리틀은 이륙을 위해 불필요한 물건을 모두 제거하라고 명령을 하는데, 왜 그렇게 해야 할까?

영화에서는 폭격기를 가볍게 하기 위해 달려 있는 기관총까지 막대기로 바꿔 끼울 만큼 노력을 많이 한다. 이렇게 하는 이유는 비행기가 이륙을 하기 위해서 충분한 속력을 가지고 있어야 하기 때문이다. 이 속력은 경비행기일수록 줄어들고 무거운 폭격기나 여객기일수록 증가한다. 실에 매단 모형 글라이더는 달려가면서 날릴 수 있지만 진짜 비행기를 그렇게 날릴 수 없다. 따라서 엔진의 출력이 일정할 때는 충분한 속력을 얻기 위해서 가속 시간을 늘리는 방법밖에 없다. 공항의 여객기 활주로가 경비행기 활주로보다 훨씬 긴 이유는 바로 이 때문이다. 영화에서는 활주로를 늘릴 수 없기 때문에 폭격기의 무게를 줄이려고 한 것이다. 이렇게 하여 좀 더 느린 속력으로 이륙을 하기 위해 비행기의 불필요한 부품들을 떼어버리는 것이다. 사실 떼어버리는 장치 중에서 불필요한 것은 없지만 급박한 상황이기에 이렇게 하는 것이다. 비행기를 설계할 때 비행기의 하중을 최대한 줄이는 것은 비행기 설계에서 기본적으로 고려되는 사항이다. 제트 여객기의 경우 시속 220km 이상이 되어야 안전하게 이착륙이 가능하기 때문에 3000m 이상의 활주로를 필요로 한다. 이렇게 무거운 물체일수록 속력을 바꾸기 어렵다.

〈쇼타임〉에서 '쇼타임'은 경찰의 활약상을 보여주는 방송 프로그램의 이름이다. 유능하지만 터프한 형사인 미치(로버트 드니로)는 범인을 잡기 위해 차를 몰고 열심히 쫓아간다. 이것을 촬영하기 위해 방송국의 방송 차량도 이 뒤를 쫓아간다. 쫓아가는 도중, 코너를 돌면서 미치의 자가용은 넘어지지 않았지만 방송 차량은 넘어지고 만다. 왜 자가용은 넘어지지 않고 덩치가 큰 방송 차량만 넘어졌을까?

쇼타임 넘어지는 방송 차량

〈스피드〉에서 빠른 속력으로 달리는 버스가 방향을 바꾸려고 하자, 넘어지지 않게 하기 위해 버스 안의 사람들을 회전하는 중심 쪽으로 이동시키고 난 후 회전을 한다. 국도나 고속도로에서 굽은 도로가 나타날 때는 속력을 줄이라는 표시가 있는 것을 볼 수 있는데, 만약 빠른 속력으로 이 도로를 달리면 길을 이탈할 수 있다는 뜻이기도 하다. 즉, 속력이 빠른 물체는 방향을 바꾸는데 더 큰 힘이 필요하기 때문에 '속력을 줄이지 않으면 바퀴와 도로 사이의 마찰력이 당신의 차를 잡아줄 수 없다'는 뜻이다. 〈스

도로의 경사

<드리븐>에서 보면 경주용 트랙의 바깥쪽이 안쪽보다 높게 만들어져 있는데, 이것도 회전하는 자동차가 밖으로 쏠리는 힘이 작용하기 때문이다. 일반도로에서도 이와 같이 도로를 만들기도 하는데, 이렇게 회전하는 바깥쪽과 안쪽 사이에 기울기를 두는 것을 편경사라고 한다. '도로의 구조시설기준에 관한 규칙'에는 차도의 평면곡선부에는 도로가 위치하는 지역, 적설정도, 설계속도, 평면곡선반경 및 지형상황 등에 따라 일정한 편경사를 두도록 명시를 하고 있지만, 회전 반경이 넓거나 시속 60km 이하의 도로에서는 형편에 따라서 편경사를 두지 않을 수도 있도록 예외 규정을 두고 있다. 이것은 경주용 트랙과 달리 일반도로에서는 자동차들이 이렇게 빨리 달리지 않기 때문이다.

피드〉에서는 버스에 일정한 속력(시속 50마일) 이하로 달리면 폭발하도록 장치가 되어 있어 속력을 줄일 수 없기 때문에 이렇게 한 것이며, 거의 버스가 전복될 뻔 하는 것을 볼 수 있다.

물질의 특성

<플러버>에서 대학 교수인 필립은
결혼식을 잊을 만큼 연구에 몰두하여,
'플러버' 라는 새로운 물질을 만들어 낸다.
실제로 '플러버' 와 같은 물질이 존재하지는 않지만,
'플러렌' 이라는 물질은 많은 과학자들의 관심을 끄는 물질이다.
이와 같이 과학자들은 물질의 특성을 연구하여 새로운 물질을
만들고 생활에 활용하기 위해 노력을 한다.
물질의 특성에는 어떤 것이 있으며,
물질을 구분하는 방법에는 어떤 것이 있을까?

1 끓는점과 녹는점

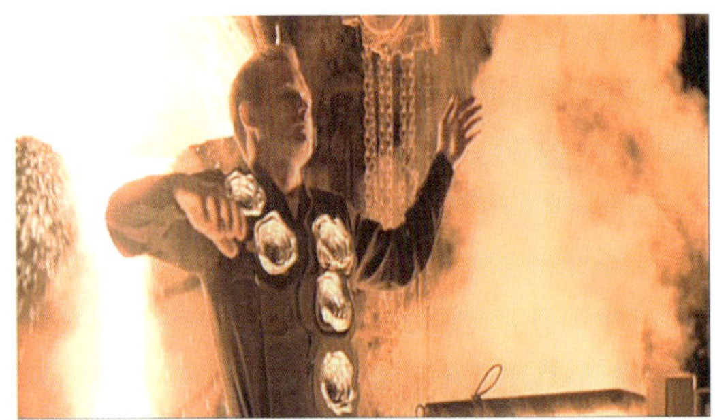

터미네이터 2 총을 맞은 T1000

쇼타임 마약을 맛보는 연기

〈터미네이터 2〉에서 미래에서 온 로봇 T1000(로버트 패트릭)은 몸을 자유자제로 바꿀 수 있다. 액체 상태로 되었다가 순식간에 고체 상태로 바뀌어 활동을 한다. 겉보기에는 수은과 많이 흡사한데, 과연 수은으로 만들었을까?

〈쇼타임〉에서 유능한 경찰 미치는 마약범 체포과정에서 방송국 카메라에 총 쏜 것이 빌미가 되어 프로그램에 억지로 참여하게 된다. 촬영장면 중에 하얀색 가루를 맛보며, 코카인을 확인했다는 듯한 표정을 짓는 장면이 나온다. 이렇게 사람의 감각이나 간단한 도구로 구분할 수 있는 물질의 특성을 **겉보기 성질**이라고 한다. 겉보기 성질의 경우 물질을 쉽고 간단하게 구분할 수 있다는 장점이 있지만, 비슷한 물질의 경우 구분하기 어렵다. 또한 미치가 "진짜 경찰은 맛을 안 봐요. 청산가리면 어떻게 합니까?"라고 이야기하는데서 알 수 있듯이, 겉보기 모양은 비슷하지만 맛을 보기 위험한 물질은 겉보기 성질만으로 구분할 수 없다. 이 때는 물질의 또 다른 특성을 가지고 비교해야만 한다.

〈패트리어트 : 숲 속의 여우〉에서 벤자민(멜 깁슨)은 전쟁에 참여하는 것을 반대하지만, 둘째 아들이 영국군에 의해 죽고 난 후 민병대를 일으켜 그들과 싸우게 된다. 이때 그의 아들이 가지고 놀던 병정을 녹여서 총알로 만드는 장면이 있는데, 쇠로 만든 주걱은 녹지 않고 납으로 된 병정만 녹는 것은 납이 철보다 낮은 온도에서 녹기 때문이다. 납은 낮은 온도에서도 녹기 때문에 원하는 모양을 쉽게 만들 수 있어, 그 당시에는 장난감의 재료가 되었겠지만 요즘 아이들 장난감을 납으로 만든다면 당장 고발당

마약 수사

우리는 보통 마약수사에 마약탐지견을 이용하는 방법을 알고 있다. 하지만, 미국 볼티모어대 제임스 오토 교수는 쥐에게 코카인을 찾도록 훈련시키고, 탐지 결과를 컴퓨터로 전송하는데 성공했으며, 러시아 과학자들은 '전자 인공코'를 개발하여 마약 탐지에 활용할 수 있는 길을 열어놓았다. 쥐의 경우 탐지견보다 값이 싸고, 탐지견이 갈 수 없는 좁은 곳도 탐지가 가능하다는 장점이 있기는 하지만 공항에 쥐가 돌아다니면, 과연 승객이 어떻게 받아들일 것인지 고려해 봐야 할 것이다. <쇼타임>에서는 청산가리의 위험성 때문에 경찰들이 맛을 보지 않는다고 하지만 실제로 맛을 봐도 구분한다는 것이 쉽지 않다. 압수한 마약을 실험실로 가져오면 녹는점을 조사하거나 크로마토그래피를 통해서 알아낼 수 있지만, 현장에서는 이러한 검사를 일일이 할 수는 없다. 따라서 사건 현장의 경찰들은 검사시약을 통해 마약류를 검사한다.

마약에 대한 압수 뿐만 아니라 마약 복용자를 찾아내서 체포하는 것도 중요하다. 마약을 복용했을 때 일차적으로 소변 검사에 의해 판별을 할 수 있으나, 소변은 길어야 10일 전후에 복용한 것만 구분해 낼 수 있다. 소변 검사로 판별이 어려운 경우에는 모발 검사를 한다. 모발은 한달에 약 1cm 정도씩 자라는데, 마약을 복용했을 경우 지층에 과거의 흔적이 남듯이 마약에 대한 흔적이 모발에 남는다.

할 것이다. 납은 체내에 축적이 되면 중독증세를 보이는 매우 해로운 중금속이기 때문이다.

〈터미네이터 2〉에서 T1000이 만약 수은으로 되어 있다면 그는 −39℃ 이상의 온도에서는 액체 상태로 존재해야 한다. 따라서 그는 상온에서 걸어 다닐 수도 없고, 그냥 바닥에 흘러 다녀야만 한다. T1000의 추격을 받고 도망가던 중 T1000이 액체 질소를 뒤집어쓰고 얼어버리는 장면이 나온

패트리어트 : 숲 속의 여우
불 속에서 녹고 있는 납으로 만든 병정

다. 액체 질소는 끓는점이 −196℃이기 때문에 액체 상태의 질소는 이 온도보다 낮다고 할 수 있다. 따라서 이것을 뒤집어 쓴 T1000은 완전히 얼어버린다. 하지만, 잠시 후 불길에 의해 녹아서 다시 추격을 시작하는 장면은 매우 인상적이다. T1000은 용광로에 떨어져 최후를 맞이하게 되는데, 이 용광로의 온도는 1535~2750℃ 사이일 것이다.

터미네이터 2 액체 질소를 뒤집어 쓴 T1000

왜냐하면 이 온도에서만 철이 액체 상태로 존재하기 때문이다. 이 온도보다 낮다면 철은 고체 상태로 존재하며, 온도가 더 높으면 끓어서 기체 상태로 존재하게 된다. 이렇게 순수한 물질들은 물질의 양에 상관없이 항상 일정한 온도에서 얼거나, 끓는다.

고체 물질을 가열하면 물질의 온도가 증가하다가 더 이상 증가하지 않고 일정하게 되는 구간이 생기는데, 이 때의 온도를 물질의 **녹는점**(또는 **어는점**)이라고 한다. 이때 액체 상태의 물질을 더 가열하면 물질의 온도는 다시 올라가며, 끓기 시작하면 온도가 더 이상 올라가지 않는 일정한 구간이 생기는데, 이때의 온도를 **끓는점**이라고 한다. 순수한 물질을 가열하거나 냉각할 때 온도가 변하지 않고 일정한 구간이 생기는 이유는 물질의 상태 변화에 열이 사용되기 때문이다.

녹는점과 끓는점은 물질의 고유한 특성이기 때문에 이것으로 물질을 구분할 수 있다. 옛날 전쟁 때 성벽을 기어오르는 적군에게 끓는 기름을 부어서 적을 격퇴하는 장

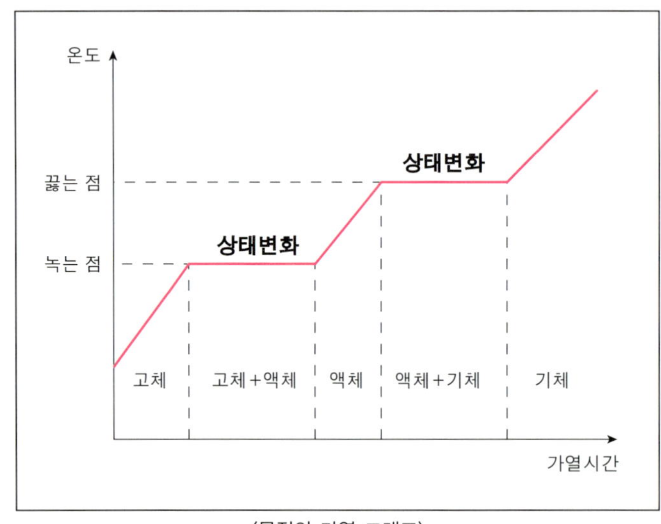

〈물질의 가열 그래프〉

면을 볼 수 있는데, 물을 사용하지 않고 기름을 사용하는 이유는 기름의 끓는점이 더 높아 적군에게 더 많은 피해를 줄 수 있기 때문이다.

〈스노우 독스〉에서 마이애미의 치과 의사 테드는 알래스카에서 개 썰매를 끌려고 하다가 강물에 빠지고 만다. 강에는 얼음이 얼어 있지만 얼음은 깨지고 테드는 얼음 물 속에 빠지게 되는데, 알래스카와 같이 추운 지방의 얼음물은 우리나라의 강이 얼었을 때의 얼음물보다 더 차가울까?

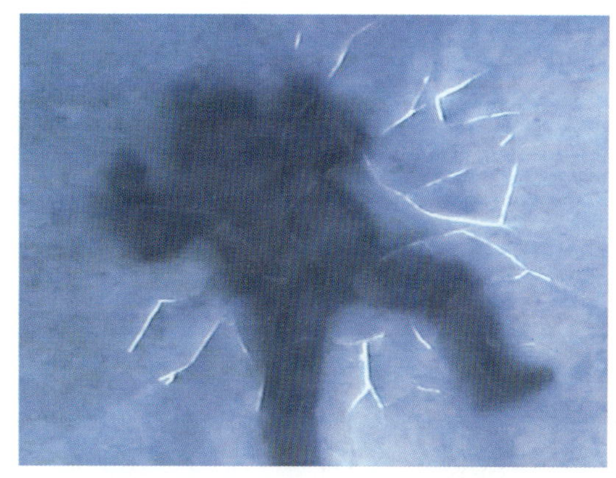

스노우 독스 깨지고 있는 호수의 얼음

　알래스카는 우리가 살고 있는 곳보다 훨씬 춥기 때문에 호수의 물도 우리가 살고 있는 곳보다 더 온도가 낮다고 생각할 수 있다. 알래스카가 우리나라보다 추운 것은 분명한 사실이지만, 얼지 않은 강물의 온도는 알래스카뿐만 아니라 세계 어느 나라나 비슷하다. 왜냐하면 물은 대기압 하에서 0℃가 되면 얼기 시작하기 때문에 호숫물의 온도가 우리나라 호숫물보다 낮다면 이미 얼어버렸을 것이기 때문이다. 호수 표면의 물이 얼게 되면 기온이 영하로 내려가도 얼음 아래의 물의 온도는 0℃ 이하로 쉽게 내려

물

대부분의 물질은 온도가 올라가면 부피가 증가하고, 온도가 내려가면 부피가 줄어들지만, 물은 온도가 내려가서 얼면 오히려 부피가 증가한다. 이것은 물을 기반으로 하는 지상의 생물들에게는 매우 중요한 작용을 한다. 만약 물이 다른 물질과 같이 온도가 내려가면서 부피가 줄어들게 되면 호수는 아래부터 얼기 시작할 것이다. 결국에는 조금만 추워져도 호수의 물은 모두 얼어버려 생물이 살 수 없게 되는 것이다. 또한 물은 매우 훌륭한 용매이다. 거의 대부분의 물질이 녹기 때문에 화학 반응을 할 수 있게 된다. 우리의 몸에서 일어나는 화학반응은 모두 체액을 통해 일어나며 체액은 말할 것도 없이 대부분 물로 되어 있다. 신장에서는 하루에 180리터의 물이 재생되며, 물이 없이는 단 며칠도 견디기 어렵다. 우리는 피부의 땀샘을 통해 땀을 배출하여 체온을 조절하며 심하게 화상을 입게 되면 땀샘이 막혀서 체온 조절 기능을 상실하여 죽게 된다.

가지 않으며 따라서 조그만 연못이 아니라면 호수 밑바닥까지 어는 경우는 없다. 얼어있는 호수 아래쪽의 물의 온도는 대부분 4℃ 정도이며, 이때 물의 밀도가 가장 크기 때문에 물은 더 깊은 곳으로 내려간다. 그래서 위쪽에서부터 얼기 시작하며, 이때 얼음은 훌륭한 단열재로 작용하여 아래쪽의 물이 쉽게 얼지 않게 하는 역할을 한다.

배트맨과 로빈 얼어 있는 로빈을 녹이는 배트맨

〈배트맨과 로빈〉에서는 아이스맨을 추격하다가 얼어버린 로빈을 배트맨이 녹이는 장면이 나오는데, 놀랍기 그지없다. 물질을 얼게 하는 광선총에 맞았다고 해서 바로 얼어버리는 것도 말이 되지 않지만, 얼어 있는 로빈을 풀에 넣고 물 속에 레이저를 비추자 물이 붉게 변하는 것은 더욱더 만화 같다. 과연 물을 계속 가열하면 붉게 만들 수 있을까?

물이 붉게 되었다는 것은 물의 온도가 높아졌음을 나타내는 듯이 보이는데, 아무리 물의 온도가 높다고 하더라도 액체 상태의 물은 100℃를 넘지 못한다. 물이 요리할 때 좋은 점은 끓는 것만 확인하면 아무리 가열해도 계속 100℃의 온도를 유지한다는 것이다. 끓는 물을 계속 가열하면 물은 수

냉동인간

꽁꽁 얼어서 얼음덩어리가 되어 버린 로빈을 따뜻한 물로 다시 되살려 낼 수 있을까? 여러분은 혹시 생고기와 냉동고기를 녹였을 때 고기에 어떤 차이가 있는지 본 적이 있는가? 고기를 냉동실에 넣고 완전히 얼렸다가 녹이면 고기는 흐물흐물해진다. 즉, 탱탱했던 고기의 탄력을 잃어버리게 된다. 로빈도 완전히 꽁꽁 얼어 버렸다면 다시 녹인다고 해도 살아날 수 없다. 물은 얼면 부피가 증가하기 때문에 세포 속의 물이 얼었다면 그 부피가 증가해 세포막을 찢어 버리기 때문에 세포는 망가진다.

얼어 죽어서 몸이 굳었다고 하면 흔히 몸속의 물이 얼어서 그렇다고 생각할 수 있지만, 사실은 그렇지 않다. 동사하는 것은 몸 속의 물이 얼어서 그럴 수도 있지만, 그렇게 되기 위해서는 체온이 -10℃ 이하가 되어야 한다. 그러나 사람은 체온이 27℃ 이하만 되면 언제든지 동사할 가능성이 있다. 동사는 체온이 10℃ 이상 내려가면 몸의 기능이 떨어져서 발생하기 때문이다.

증기로 바뀔 뿐 온도는 더 이상 올라가지 않는다. 물론 수증기를 계속 가열하게 되면, 수증기의 온도는 올라간다. 즉, 레이저로 가열한다면 일단 물은 끓어야 하고, 끓기 시작하면 물의 온도는 더 이상 올라가지 않는다. 금속과 같이 녹는점이 높은 물질의 경우에는 가열하면 스스로 빛을 내기 때문에 붉은색에서 노란색, 흰색으로 색이 변하지만 물은 녹는점이 낮아서 스스로 빛을 내기 전에 상태 변화를 하기 때문에 붉게 빛을 내지 못한다.

〈쉬리〉에서 연구 중이었던 CPX가 북한 공작원에 의해 탈취되는 사건이 발생한다.
OP의 연구실에서 한 연구원이 유중원(한석규)에게 CPX가 열과 빛에 의해 반응을 한다면서 실험을 해 보이고 있다. 가열을 하고 몇 분이 지난 후 CPX에서 기포가 발생하는 것이 보이고, 옆에서 구경을 하던 한 요원(낙하산)은 겁을 먹고 뒤로 물러선다. 용기 속에 담겨있는 물질은 순물질일까?

쉬리 CPX가 열에 의해 반응하는 것을 보여주는 실험

용기의 내부에서 기포가 생기는 것으로 봐서 **CPX**가 끓고 있다는 것을 알 수 있다. 만약 **CPX**가 **순물질**이라면 끓는 상태에 도달했을 때 더 가열해도 온도는 올라가지 않는다. 이 액체는 붉게 변하는 유리구 속의 물질과 혼합이 되면 바로 폭발하게 되어 있는데, 유리구는 열을 잘 전달하기 때문에 끓기 시작하면 얼마의 시간이 지나지 않아 바로 폭발하든지, 아니면 아예 폭발하지 않아야 한다. 물론 유리구 밖의 용액이 **혼합물**이라면 끓기 시작해도 열만 가하면 온도가 올라가기 때문에 어느 정도 가열한 후 폭발하게 된다. 달걀을 삶을 때 계속 가열하면 온도가 올라가기 때문에 달걀이 삶긴다고 생각하는 사람이 있는데, 이것은 잘못된 생각이다. 일단 물이 끓기 시작하면 아무리 가열해도 물은 100℃를 넘지 않는다. 단지 계속 가열하는 이유는 달걀의 흰자가 익기 시작해도 노른자까지 열이 잘 전달되지 않기 때문에 계속 가열하는 것이다. 사실 달걀의 흰자는 63℃가 넘어가면 익기 시작한다. 90℃가 되면 달걀의 노른자까지 완전히 익기 때문에 물을 끓일 필요가 없지만, 대부분의 경우 물이 끓을 때까지 불을 켜 놓고 요리를 한다.

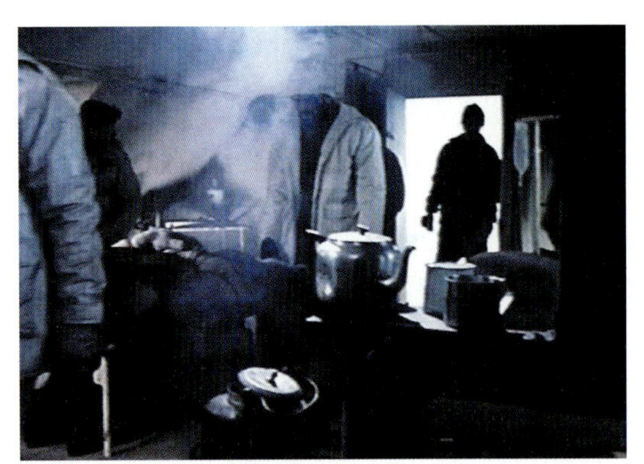

버티칼 리미트 막사에서 끓고 있는 주전자

〈버티칼 리미트〉에서 사진을 찍던 피터(크리스 오도넬)의 동료가 하산 도중 부상을 입는 바람에 헬기로 베이스캠프까지 수송을 하게 된다. 베이스 캠프는 파키스탄 군사 기지와 같이 있는데, 히말라야 산맥의 높은 고지에 설치되어 있다. 옆 장면에서 보이듯이 이 기지에 있는 막사 안 주전자에 물이 끓고 있는데, 이 주전자 속의 물의 온도는 얼마나 될까?

높은 곳으로 올라가면 갈수록 공기의 양이 적어지기 때문에 기압이 낮아진다. 공기의 양이 적다는 것은 숨을 쉴 수 있는 산소의 양도 적다는 것을 뜻하기 때문에 등반가들은 베이스캠프에서 산 정상에 올라가기 전에 적응 기간을 거친 후 등정을 하게 된다. 이것은 높이 올라갈수록 기압이 낮아지기 때문인데, 산소가 부족한 산 정상까지 바로 올라간다면 기절하거나 사망할 수 있기 때문에 적응과정을 거쳐야 하는 것이다. 여기서 막사 안의 커피포트에 물이 끓는 장면이 있는데, 이곳의 물도 해수면 근처와 같이 100℃에 끓을까? 흔히 '물은 100℃에 끓는다.'라고 말하는데, 좀 더 정확하게 이야기한다면, '물은 1기압 하에서 100℃에 끓는다.'라고 해야 한다. 즉, 기압이 달라지면 물뿐만 아니라 다른 물질들의 끓는점도 달라진다. 이것은 외부 기압이 물질의 기화에 영향을 주기 때문인데, 기압이 높을수록 기화하기 어렵기 때문에 더 높은 온도에서 끓게 된다. 따라서 높은 산에서는 물이 더 낮은 온도에서 끓게 된다. 그렇다면 압력이 더 높아지면 어떻게 될까? 당연히 더 높은 온도에서 끓게 된다. 이러한 원리를 이용한 것이 압력솥이다. 압력솥은 끓을 때 생기는 수증기의 일부를 내부에 잡아 둠으로써 속의 압력을 높인다. 따라서 물은 더 높은 온도(대략 120℃)에서 끓게 된다. 이를 실험하고 싶으면, 끓는 물을 80~90℃로 식힌 후 주사기에 넣고 끝을 고무마개로 막은 후 잡아당겨 보면 된다. 주사기 속의 물은 주사기를 잡아당길 때는 끓어오르고 놓으면 끓지 않는 것을 관찰할 수 있을 것이다.

〈라이터를 켜라〉의 주인공 허봉구(김승우)는 동창회에서 친구들의 놀림을 받을 정도로 사회의 낙오자이지만, 라이터를 찾는 과정에서 자신감을 얻어 완전히 새 사람이 된다. 친구들이 봉구를 놀리기 위해 라이터의 가스 조절 밸브를 '+'로 돌려서 갑자기

불이 세게 올라오게 하는 장면이 있다. 1회용 가스 라이터의 연료로는 부탄을 사용하는데, 부탄은 −0.5℃에서 끓기 때문에 상온에서 기체 상태로 존재해야 한다. 하지만, 라이터 안의 부탄은 어떻게 액체 상태로 있는 것일까? 이것은 라이터 안의 기압이 높아 끓는 점이 높아졌기 때문이다.

라이터를 켜라 갑자기 화력이 세진 라이터

〈로스트 인 스페이스〉는 새로운 행성으로 탐사를 떠나는 로빈슨 가족이 우주에서 길을 잃게 되면서 겪게 되는 모험을 그린 영화이다. 탐사를 떠나기 전 로빈슨의 작은 딸 페니는 과학 영재인 그의 남동생에게 우주로 갔을 때 일어날 수 있는 일을 가지고 놀리고 있다. 페니는 동생에게 우주에 던져지게 되면 피가 끓는다고 겁을 주는데, 왜 우주에서 우주복이 없으면 피가 끓을까?

로스트 인 스페이스 동생을 놀리고 있는 페니

　사이다의 병마개를 갑자기 열면 사이다 내부에서 기포가 올라오는 것을 볼 수 있다. 이것은 사이다 속에 높은 압력으로 이산화탄소를 용해시켰지만, 병마개를 열어 압력이 낮아지자 사이다 속의 이산화탄소가 기포로 빠져 나오기 때문이다. 우주는 매우 추운 것(−270℃)으로 알려져 있는데, 피가 끓는다니 뭔가 이상하다. 하지만, 우주공간과 같이 압력이 낮은 곳에 사람이 갑자기 노출되면 피는 끓어오르게 된다. 이것은 표현의 차이로 생기는 혼란이다. 피에 기포가 생기기는 하지만 끓는 것은 아니고 핏속에 용해되었던 질소의 압력이 낮아지면서 기포로 빠져 나오고 있는 것으로 끓는 것과는 차이가 있다. 끓는 것은 액체 상태의 물질이 열에너지를 받아서 기체로 바뀌는 것으로 용해된 기체가 기포로 빠져나오는 것과는 다르다.

　〈맨 오브 오너〉는 해군 심해 잠수부들의 이야기인데, 여기서 해저 잠수를 하고 올라온 선데이 상사(로버트 드 니로)를 감압실로 데려가는 이유도 바로 잠수병을 일으킬 수

용해와 용액

용해와 용액은 영어로 'solution(물론 해답이라는 뜻도 있다)'이라고 한다. 용해는 어떤 물질이 다른 물질에 섞여 들어가는 현상, 용액은 두 순물질이 균질하게 섞여있는 것을 말한다. 흔히 용해라고 하면 설탕이 물에 녹는 것과 같이 고체 물질이 액체에 섞이는 것만 생각하는 경우가 많은데 공기는 기체끼리 섞여 있는 용액이며, 강철은 철과 탄소가 섞여있는 고체 상태의 용액이다. 우리가 용액이라고 하면 액체라고 생각하는 것은 아마도 용액의 '액(液)'이라는 글자 때문일 것이다.

맨오브오너 해저 작업을 마치고 올라오는 선데이

있기 때문에 감압실로 가서 서서히 감압을 하는 과정을 거치게 되는 것이다. 즉, 공기로 호흡을 하는 경우 바다 속으로 들어갈수록 수압이 높아지기 때문에 더 많은 공기가 혈액 속에 녹아들게 된다. 이렇게 녹아 있는 공기(특히 질소)는 바다 속에서 작업을 하는 동안은 혈액 속에 녹아 있다가 서서히 압력을 낮추면서 올라오면 폐를 통해서 다시 빠져나오지만, 감압의 과정 없이 갑자기 올라오면 혈관이나 조직에서 바로 기포가 되어 버린다. 이 기포가 혈관이나 조직을 상하게 하는 것이 바로 잠수병이다. 〈어비스〉에서는 해저에 있던 기지가 순식간에 해수면으로 올라오는 데 아무런 이상이 없다고 놀라워하는 장면이 있는데, 정확한 지적이다.

2 밀 도

〈타이타닉〉에서 초호화 유람선 '타이타닉'호는 첫 출항에서 빙산과 충돌하여 침몰하게 된다. 남극에서 생성된 빙하가 바다를 떠다니다가 배와 충돌하게 된 것이다. 무거운 빙하가 어떻게 바다에 뜰 수 있을까?

타이타닉 빙산과 충돌 직전의 타이타닉

타이타닉호는 빙산과 충돌해 다섯 개의 방수구획이 물에 잠김으로 인해서 침몰하게 된다. 배가 빙산과 충돌하게 되자, 배의 설계자인 앤드류는 선장에게 쇠는 가라앉기 마련이라며, 다섯 개의 방수구획이 침수되어 이 배는 더 이상 뜰 수 없으니 배를 버리라고 이야기한다. 실제로 초호화 유람선 타이타닉호는 군함에 비길 수 있을 정도로 튼튼하게 만들어졌으며, 16개의 방수구획 중 4개의 구획에 물이 차도 뜰 수 있도록 설계되었었다. 차라리 정면충돌을 했었더라면 침몰하지는 않았을 것이다.

타이타닉 선장에게 배의 상태를 설명하는 설계자

이에 비해 〈로빈슨 크루소〉에서는 난파된 배의 조각들이 물에 떠서 바닷가로 밀려 나와, 로빈슨 크루소(피어스 브로스넌)는 갑판 판자를 이용해 물건을 실어 나르기도 한다. 타이타닉과 같이 쇠로 만든 배는 항상 침몰할 위험성이 있으나, 나무로 만들거나 구명정과 같이 고무로 만든 후

로빈슨 크루소 갑판 판자로 물건을 나르는 장면

공기를 채운 배의 경우 쉽게 침몰하지는 않는다. 이것은 배를 만드는 재료들의 밀도가 다르기 때문인데, 나무의 밀도는 $0.85\,g/cm^3$, 철의 밀도는 $7.9\,g/cm^3$이다. 따라서 물의 밀도보다 낮은 나무는 물에 뜨고 철은 물에 가라앉는다. 쇠로 만든 배가 물에 뜨기 위해서는 상자 모양으로 만들어서 속을 비워야 한다.

U-571 수면 위의 잠수함

〈U-571〉은 '이니그마'라는 독일군의 암호 해독기를 탈취하기 위한 미국 잠수함 요원들의 활약을 그린 영화이다. 영화에서 알 수 있듯이 미국의 잠수함은 독일의 잠수함인 U보트에 비하면 성능이 많이 뒤쳐진다. 잠수함은 필요에 따라 물 속과 물 위를 마음대로 오갈 수 있는데, 어떻게 그렇게 할 수 있을까?

우리는 흔히 수영을 못하는 사람을 가리켜 '맥주병'이라고 한다. 즉, 물에 던진 맥주병과 같이 쉽게 물에 가라앉는다는 뜻이다. 하지만, 이러한 맥주병도 속에 편지를 넣

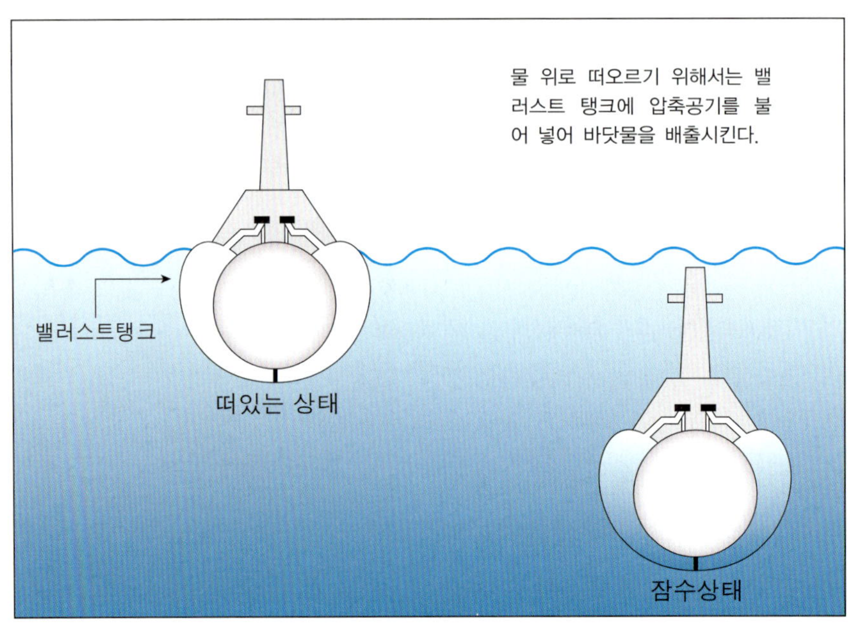

〈잠수함의 밸러스트 탱크〉

어서 코르크 마개로 입구를 막고 바다에 던지면 멀리까지 편지를 전할 수 있다. 같은 맥주병인데 뜨고 가라앉는 것의 차이는 어디서 생기는 것일까? 맥주병의 입구를 막지 않고 물에 던지면 병 속으로 물이 들어오기 때문에 맥주병의 밀도는 당연히 증가하고, 입구를 막으면 속에 공기가 들어 있기 때문에 전체 밀도는 작아진다. 밀도의 차이는 부력을 만들고 부력에 의해서 맥주병은 뜨거나 가라앉게 된다. 즉, 무게보다 부력이 더 크면 물에 뜨고, 무게가 더 크면 가라앉는다. 잠수함의 부피는 일정하지만 무게는 달라진다. 무게는 밸러스트탱크에 물을 넣거나 공기를 넣음으로써 조절을 한다.

〈007언리미티드〉에서 007은 범인을 쫓기 위해 모터보트를 타고 쫓아간다. 그러다가 장애물이 나타나자 보트가 잠수정으로 변신하여 물 속으로 들어갔다가 다시 물 위로 올라오는 묘기를 부린다. 이렇게 물 속으로 잠수를 했다가 다시 물 위로 올라오기 위해서는 보트의 밀도에 변화가 있어야 한다. 즉, 물 위에 떠 있을 수 있다는 것은 보트가 물의 밀도보다 작다는 것이고, 물 속으로 잠수를 했을 때는 물보다 밀도가 크다는 뜻이기 때문이다. 따라서 보트는 순간적으로 보트 속으로 물을 흡입했다가 다시 배출하는 방식을 사용했을 것으로 생각된다.

007언리미티드
007보트를 타고 범인을 추격하는 007

007은 열기구를 타고 도망가려고 하는 악당을 쫓아서 기구에 매달린다. 열기구가 지상에 있을 때는 주위의 공기보다 밀도가 높다. 하지만, 뜨거운 공기를 불어넣기 시작하면 서서히 떠오르게 되는데, 이렇게 되면 밀도가 낮아져서 부력에 의해 위로 올라갈 수 있는 것이다. 우리의 온돌방이 우수한 난방 방식으로 인정을 받는 것도 방바닥에서 따뜻하게 데워진 공기는

007언리미티드 기구를 타고 달아나는 범인

잠수함

근대적인 잠수함의 설계를 한 사람은 영국의 수학자 윌리암 부른으로 그는 잠수함에서 가장 중요하다고 할 수 있는 밸러스트 탱크의 원조격인 장치를 생각해냈다. 하지만, 그는 실제로 잠수함을 만들지 못했으며, 최초의 잠수함은 1623년 네덜란드의 코넬리우스 드레벨(C. Drebbel)이 목재로 된 선체에 그리스를 바른 가죽을 씌워서 노를 저어 항해를 할 수 있게 만든 것이 처음이다. 압력솥의 발명가로 유명한 프랑스의 물리학자 파팽은 부른의 아이디어를 실행에 옮겨 두 척의 잠수함을 만들었지만, 한 척은 침몰하고 한 척은 끝내 완성하지 못했다. 1776년 미국 독립전쟁 때 미국의 부시넬은 파팽의 잠수함을 기초로 하여 터틀(Turtle)이라는 잠수함을 만들어 뉴욕만에 정박 중이던 하우어 경이 지휘하는 영국 함대를 공격하였다. 잠수함(submarine)이라는 말은 터틀의 개발자인 부시넬이 만든 말로 'sub(아래)'와 라틴어의 'marine(물)'을 합쳐서 만들어 낸 말이다. 최초의 잠수함은 인간이 노를 저었으나, 이후 증기 기관과 디젤기관을 거쳐 현재는 원자력 잠수함이 바다를 누비고 있다.

밀도가 낮아서 위로 올라가게 되고, 식어서 밀도가 높아진 공기는 바닥으로 내려오는 훌륭한 대류 방식 때문이다.

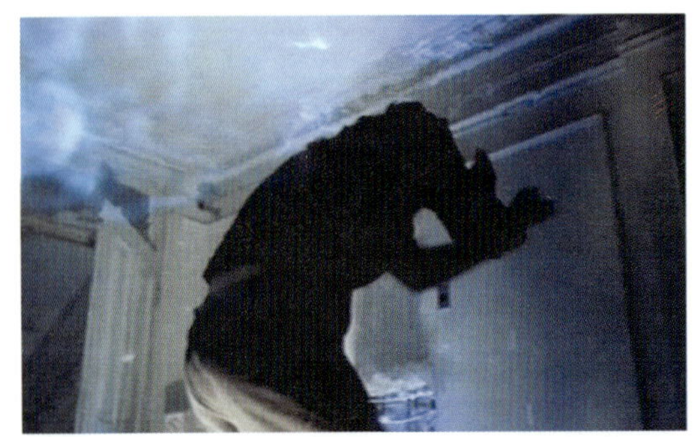

패닉룸 패닉룸으로 주입된 가스의 폭발

〈패닉룸〉에서 패닉룸(안전한 방)에 있는 모녀를 협박하여 문을 열게 하기 위해, 도둑들은 환기통에 가스통을 연결하여 가스를 주입한다. 가스는 환기구를 통해 방 안으로 들어오게 되고, 멕(조디 포스터)은 테이프로 막아보려고 하지만 아무런 소용이 없자, 불을 붙여 가스를 폭발시켜 위기를 모면하게 된다. 그런데 일반 가정용 가스로 사용되는 것은 LPG로 프로판과 부탄이 주성분이다. 프로판과 부탄은 공기보다 밀도가 높기 때문에 누출이 되면 바닥에 깔리지 천장에 모이지는 않는다. 따라서 영화에서와 같이 환기구를 통해 가스가 주입이 되면, 가스는 바닥에 깔리기 때문에 폭발 시 당연히 모녀가 큰 화를 당하게 된다. LPG는 무색, 무취이기 때문에 누출시 확인이 어려워 냄새가 나는 성분을 섞는다.

〈리베라메〉에서는 방화범 희수(차승원)가 경찰 특공대의 출동을 미리 짐작하고 자신의 작업장에 폭발 장치를 해 놓았다. 경찰 특공대가 들어오자 천장에서는 가스가 새어 나오고 잠시 후 스파크가 일어나 폭발과 함께 경찰은 큰 피해를 입는다. 이것은 영화상의 큰 실수이다. 천장에서 가스가 새어나오는 모습을 보면 공기보다 밀도가 낮은 가스라는 것을 알 수 있다. 가스가 아래로 흘러내리는 것이 아니라 천장을 타고 퍼져 가기 때문이다. 그러나 희수가 설치해 놓은 폭발 장치는 바닥의 레코드플레이어에 장착이 되어 있기 때문에 가스를 폭발시킬 수 없다. 그러므로 범인의 뜻대로 되지 않고 경찰 특공대는 무사해야만 한다. 공기보다 밀도가 높은 가스라면 주입구로부터 가스가 흘러내리듯이 내려오게 되며, 공기보다 밀도가 낮은 가스는 더 높은 곳으로 가기 위해 천장에 붙어서 옆으로 퍼지게 된다.

지구와 별

<뷰티플 마인드>에서 천재 수학자 존 내쉬(러셀 크로우)와
그를 좋아하는 알리샤(제니퍼 코넬리)는
밤하늘의 별을 바라보며 이야기를 하고 있다.
알리샤가 밤하늘의 별을 세어 본 적이 있다며
별의 개수를 이야기하자,
내쉬는 즉석에서 별자리를 만들어
그녀를 놀라게 한다.
하늘의 별은 오랜 세월 사람들의 관심을 끄는 대상이었다.

지구의 모양과 크기

아폴로 13 달에서 본 지구의 모습

〈아폴로 13〉에서 달에 간 우주인들이 지구를 바라고 보고 있다. 이렇게 지구 밖에서 지구를 바라보면 지구의 모양이 둥글다는 것을 알 수 있다. 이렇게 지구를 떠나 우주선이나 달에서 보면 지구의 모양을 쉽게 알 수 있지만, 우주선이 없었던 옛날에도 지구의 모양을 알고 있었던 사람들이 있었다. 그들은 어떻게 지구의 모양을 추정할 수 있었을까?

아주 옛날 사람들은 지구가 평평하다고 생각했다. 지구의 크기에 비해 사람의 눈이 인식할 수 있는 범위는 한정되기 때문에 지구가 둥글다고 생각하는 사람은 별로 없었다. 들판은 항상 평평하게 보이며, 바닷가에서 멀리 수평선을 바라보면 끝이 있는 듯이 보인다. 항해 기술이 발달하지 못한 옛날에는 멀리까지 나갔다가 돌아온 사람이 없기에 바다에는 끝이 있고, 그 끝은 신의 영역이라고 생각했다.

지구가 둥글다고 추측한 최초의 사람은 피타고라스이다. 물론 그는 과학적인 추론을 통해 지구의 모양을 추리한 것은 아니었다. 원과 구형이 완벽한 도형이라고 믿었기 때문에 지구는 당연히 구형이라고 생각했던 것이다. 또한 아리스토텔레스는 위도에 따라 북극성과 별의 고도가 달라지는 것, 월식 때 달에 비친 지구의 그림자 모양을 통해 지구의 모양이 둥글다고 주장을 하였다. 〈동감〉에서 월식 장면을 볼 수 있는데, 월식을 통해서 지구의 모양을 간접적으로 알 수 있다.

〈타이타닉〉에서 타이타닉호의 두 선원이 빙산을 찾기 위해 높은 전망대에 올라가 있다. 더 멀리 보기 위해서이다. 그러나 지구가 평평하다면 높은 곳이건 낮은 곳이건 보이는 것에는 별 차이가 없을 것이다. 하지만, 지구는 둥글기 때문에 높이 올라가면 갈수록 더 멀리까지 보게 된다. 이와 같이 지구가 둥글다고 추정할 수 있는 증거들이 많이 있지만, 가장 확실한 증거는 〈아폴로 13〉에서와 같이 우주선에서 찍은 지구 사

진일 것이다. 백문이 불여일견이라고 했
던가? 직접 보는 것보다 더 확실한 증거
는 없는 법이다.

타이타닉 빙산을 감시하는 선원

〈로스트 인 스페이스〉에서 새로운 행성으로 탐사
를 떠나던 우주선이 지구 전복단에 의해 고장이
난다. 고장난 우주선은 태양을 향해 돌진을 하게
되고, 점점 가까워질수록 우주선이 뜨거워지자, 그
들은 태양을 뚫고 지나는 방법을 선택한다. 태양을
통과한 후 그들은 다른 곳으로 이동하게 되면서,
길을 잃어버린다.
우주선이 태양을 향해 다가가자 온도가 올라갔는
데, 과연 태양의 온도는 얼마나 될까?

로스트 인 스페이스 태양을 향해 가는 우주선에서 본 태양

〈로스트 인 스페이스〉에서 로빈슨 가족
을 태우고 새로운 행성으로 탐사를 떠나
던 우주선이 출발에서부터 문제가 생겨 태양을 향해 돌진하는 사고가 발생한다. 금속
중 가장 녹는점이 높은 텅스텐의 경우 3400℃가 되면 녹아 버리는데, 태양의 표면은
무려 6000℃나 된다. 따라서 우주선이 태양 가까이 간다면 도저히 견뎌낼 재간이 없
다. 영화에서는 더 이상 우주선이 견딜 수 없게 되자, 태양을 뚫고 지나가는 방법을 이
용하는데, 물론 직접 관통해서 지나가는 것은 아니고 다른 경로를 통해서 날아가게 된
다. 태양을 직접 관통했다면, 그것은 더욱더 죽음을 자초하는 일일 것이다. 태양의 중
심부는 1500만℃에 30억 기압으로 이러한 조건을 견뎌낼 우주선은 없다. 영화에서 우
주선이 태양에 가까이 가면서 태양의 활동적인 모습을 잘 보여준다. 태양은 태양계 질
량의 대부분을 차지하며, 태양계에서 스스로 빛을 내는 유일한 별(항성)이다. 태양은
오랫동안 많은 사람들에게 숭배의 대상이었다. 태양은 지상의 모든 생명활동의 근원을
이루는 에너지 공급원이기에 이러한 숭배는 당연한 것이었는지 모른다. 오늘날의 태양
은 더 이상은 숭배의 대상도 아니며 우리가 생각해 온 만큼 위대한 별도 되지 못한다.
알고 보면 태양은 밤하늘의 많은 별들 중에서 중간 정도 밝기에 해당하는 평범한 별이

우주여행

태양계 내의 여행이 아니라 태양계를 벗어나 우주여행 을 하기 위해서는 오랜 우주여행 동안에도 인간이 생존할 수 있는 방법과 먼 거리를 날아갈 수 있는 빠른 우주선이 필요하다. 지금과 같은 화학추진 로켓으로는 도저히 태양계를 벗어날 수 없다. 시속 6만km의 보이저 우주선으로 가장 가까운 이웃 항성인 센타우르스자리 알파별까지 가는데, 8만년이 걸린다. 아마 로켓을 크게 만들면 가능하지 않겠느냐고 생각할지 모르지만, 로켓을 크게 만들면 연료를 많이 실어야 하기 때문에 로켓의 질량이 증가하고, 무거워진 로켓을 가속시키기 위해 연료는 또 다시 더 많이 실어야 하는 악순환이 계속 되기 때문에 로켓을 크게 만드는 데는 한계가 있다. 따라서 거대한 우주선의 경우에는 지구가 아니라 우주 공간에서 만들어서 발사하는 계획을 세우게 된다. 화학 로켓의 문제점을 해결하기 위해 제안된 것이 핵폭탄을 추진력으로 사용하는 '오리온 계획'이나 핵융합 기술을 이용한 '다이달로스 계획'이다. 또한 연료 탱크의 문제를 해결하기 위해 우주 공간에 널려있는 수소를 연료로 사용하는 '항성간 램제트' 도 제안되고 있다. 여하튼 아직 실용적인 방법이 개발되지는 못했지만 언젠가는 우주여행 을 할 수 있는 날이 올 것이다. 또한 지금의 우리가 알지 못하는 새로운 우주여행 방법이 제시 될수도 있다.

다. 표면은 대류에 의해 항상 변화하며, 온도가 낮은 지점에는 **흑점**이 생겨 옛날 사람들이 생각한 것과 같이 완벽한 모습을 가지고 있지 않다는 것을 알 수 있다. 우주선이 태양에 접근하자 태양 표면에 쌀알을 뿌려 놓은 듯이 보이는 작은 무늬들을 관찰할 수 있다. 이런 태양의 표면을 **광구**라고 하며, 흑점도 광구 표면에 분포한다. 광구의 바깥쪽에 두께가 약 1만km 정도인 대기층을 **채층**이라고 한다. 그리고 태양에는 위로 치솟아 오르는 불기둥이 있는데, 이것을 **홍염**이라고 한다.

슈퍼맨 4 태양이 불타는 원리를 설명하는 루더

〈슈퍼맨 4〉에서 악당 랙스 루더(진 핵크만)는 매번 실패를 하면서도, 슈퍼맨을 없앨 궁리만 한다. 이번엔 태양을 이용해 핵인간을 만들 계획을 세웠다. 이에 세계의 무기 상인들 앞에서 태양에 대해 설명을 하고 있는 중이다. 이때 그는 태양이 거대한 핵폭탄이라는 말을 한다. 그의 이러한 설명은 옳은 것일까?

태양은 막대한 양의 에너지를 방출하고 있다. 이러한 에너지는 어디서 오는 것일까? 바로 핵융합 반응으로부터 얻어지는 것이다. 즉, 태양의 중심에서 네 개의 수소핵이 융합하여 한 개의 헬륨핵을 만드는 수소핵 융합반응이 일어나며, 이 때의 질량 결손 만큼이 에너지로 전환되어 방출되는 것이다. 수소 폭탄 또한 이러한 원리로 막강한 위력을 지닌 무기가 된다.

2 태양계

〈미션 투 마스〉에서 화성으로 간 탐험대원들은 화성인이 남겨 놓은 건물을 발견하고 안으로 들어간다. 건물 안에는 화성의 대기와는 달리 지구와 같은 공기가 있어, 그들은 헬멧을 벗고, 화성인이 만들어 놓은 태양계의 역사(?)에 대해 이야기를 듣는다. 태양계는 어떻게 구성이 되어 있으며, 행성이란 무엇일까?

미션 투 마스 태양계의 모습을 지켜보는 우주인들

태양계는 유일한 별인 태양과 그 주위를 돌고 있는 아홉 개의 행성과 행성에 속해 있는 위성, 소행성, 혜성으로 구성되어 있다. 하늘에 빛나는 모든 천체를 별이라고 부르지만, 별이라고 해서 모두 같은 것은 아니다. 태양과 같은 항성의 경우에는 스스로 빛을 내지만, 나머지 천체들은 항성의 빛을 받아서 내기 때문이다. 망원경이 발명되기 전에는 다섯 개의 행성만 관측할 수 있었으며, 단지 이들 행성은 '다른 별과 달리 움직인다.'라는 정도를 구분하였을 뿐 모두 별이라고 불렀다. **행성**(行星)이라는 것도 '떠돌이 별'이라는 뜻이며, **항성**(恒星)은 항상 그 자리에 있는 '붙박이 별'이라는 뜻이다.

앞의 장면에서 탐사대원들은 태양계의 모습을 홀로그램으로 보고 있는데, 이 장면에서 뛰어난 기술을 지닌 화성인은 두 가지 작은 실수를 하고 있다. 첫번째는 태양계의 축척으로 행성들의 크기와 거리의 비율이 전혀 맞지 않는다는 것이다. 물론 비율대로 그린다면 한 화면 안에 모두 그릴 수 없기 때문에 대부분의 책에서도 거리와 크기의 축척이 맞지 않게 표시를 하기도 한다. 두번째는 분명한 실수인데, 공전 방향이 거꾸로 되어 있는 것이다. 태양계 행성들의 공전 방향은 반시계 방향인데, 여기서는 시계 방향으로 움직이고 있다. 이것은 변명의 여지가 없다.

국내에서 TV로 방영되어 인기를 끌었던 애니메이션 〈세일러 문〉에서 주인공들의 이름은 모두 행성의 이름에서 따온 것이었다. 또한 그들이 사용하는 요술 무기들도 모두 그 행성의 신들과 관련된 것으로 흥미로왔다.

툼레이더 라라가 망원경을 통해본 행성들

〈툼레이더〉에서 악당들은 5000년 만에 한번씩 행성들이 일직선으로 배열되면서 일식이 일어날 때 어떤 특별한 힘(시간을 지배하는 힘)을 얻고자 한다. 주인공 라라 크로포드는 그런 그들을 막기 위해 싸운다는 것이 이 영화의 줄거리이다. 이 영화뿐만 아니라 고대 이래로 천문현상이 인간사에 커다란 영향을 끼친다고 믿는 경우는 많이 있었고, 지금도 그러하다. 합리적인 사고방식을 따르지 않고 점성술 따위를 믿는 것이 모두 이러한 예에 속하는데, 한때 행성이 십자형으로 배열되는 1999년이 되면 세계가 멸망할 것이라는 예언이 떠돌던 때가 있었다. 1910년 헬리 혜성이 76년 만에 다시 지구에 찾아왔을 때도 일부 사람들은 혜성이 지구와 충돌하여 모두 죽을 것을 생각하고 흥청망청 세월을 보내다가 낭패를 보기도 했었다. 행성의 이러한 배열을 그랜드 크로스라고 하며, 이것은 하나의 재미있는 천문현상일 뿐 그 이상도 그 이하도 아니다. 즉, 행성이 어떠한 배열을 가진다고 해서 지구에 어떤 힘을 미친다는 것은 미신일 뿐이다. 그랜드 투어 계획(Grand tour project)이라고 하여, 목성을 비롯한 외행성들이 호의 형태로 배열을 하는 1970~80년대에 이들 행성을 탐사하기 위한 계획을 세웠었다. 대표적인 것이 보이저 계획이다. 라라는 개인 천문대를 가지고 있는데, 앞의 장면은 그때 본 태양계 행성의 모습이다. 천왕성, 해왕성, 명왕성의 모습이 한 망원경에 잡혀 있는데, 사실 이렇게 관찰하기는

태양계의 행성들

수성은 행성 중에 가장 작고 표면이 달과 비슷하게 생겼다. 금성은 금성의 영어명인 비너스(사랑의 여신)와 달리 이산화탄소의 짙은 대기에 의한 온실효과로 인해 납이 녹을 정도의 고온으로 생지옥에 가깝다. 하지만 태양과 달을 제외하면 하늘에서 가장 밝은 별로, 겉보기와는 다른 여인의 이중성(?)을 나타내는 명칭인지도 모른다. 달이 항상 같은 면을 지구에 향하고 있는 것과 같이 수성과 금성은 태양의 강한 조석력 때문에 자전주기와 공전주기가 비슷하게 되어 버렸다. 화성은 그 붉은 빛깔 때문에 전쟁과 관련된다고 여겼으며, 극관이 있다. 목성은 대적점이라고 불리는 거대한 폭풍이 몰아친다. 토성은 아름다운 고리로 유명하고, 밀도가 1보다 작기 때문에 토성 크기만한 바다가 있다면 실제로 물에 뜬 것이다. 토성은 보유하고 있는 위성의 숫자도 가장 많으며, 태양계 위성 중 유일하게 대기를 가지고 있는 타이탄 위성이 있다. 천왕성은 자전축이 공전궤도와 거의 일치한 상태, 즉 누워서 공전을 하고 있는 게으른 녹색 거인이다. 천왕성의 궤도가 교란되는 것에 착안하여 또 다른 행성이 있을 것이라고 예상이 되었고, 해왕성이 발견되었다. 명왕성 또한 천왕성과 해왕성 궤도의 교란 때문에 찾기 시작해서 발견한 행성이다. 명왕성은 이심률이 크기 때문에 해왕성의 궤도 안쪽까지 들어오는 재주를 피운다. 물론 열 번째의 행성이 있을 수도 있지만, 있다고 하더라도 너무나 어둡고 움직임이 느리기 때문에 찾기가 쉽지 않을 것이다.

어렵다. 명왕성의 경우 너무 멀리 있는데다가 어두워서 적어도 지름이 50cm 이상 되는 망원경으로 겨우 관찰이 가능하기 때문에 1930년까지 발견이 어려울 정도였다. 실제로 명왕성을 바라보면 주변의 별과 잘 구분이 가지 않지만 이 장면에서는 확실히 부피를 가진 행성으로 보인다.

〈미션 투 마스〉에서 소형탐사 로봇이 붉은 행성(Red Planet)을 탐사하고 있다. 영화의 배경이 되는 붉은 행성은 어디를 지칭하는 말이며, 왜 이렇게 붉게 보일까? 지구와 환경을 비교해서 과연 생명체가 있을까?

미션 투 마스 화성을 탐사하는 로봇

우주를 배경으로 한 많은 영화가 있지만, 이들 영화에 가장 많이 등장하는 단골 메뉴는 아마 화성일 것이다. 팀버튼의

〈화성침공〉은 H.G. 웰즈의 소설을 라디오 드라마로 만들면서 벌어졌던 20세기 초의 해프닝을 소재로, 현대의 미국 사회를 비꼬고 있다. 〈미션 투 마스〉와 〈레드 플레닛〉은 화성개발에 도전하고 있는 인류의 모험을 그리고 있고, 〈토탈리콜〉은 화성 식민지에서 벌어지는 모험을 다루고 있다. 금성이 지구와 크기도 비슷하고, 화성보다 거리도 가깝지만 이산화탄소의 짙은 대기로 둘러 쌓여있을 뿐 아니라 납이 녹을 정도로 온도가 높기 때문에 개발이 쉽지 않다. 따라서 악조건의 금성보다는 화성을 제2의 지구로 만들 계획을 꾸미는 것이다. 화성은 지구 크기의 절반 정도밖에 되지 않지만, 지구 이외에 사람이 거주할 수 있는 유력한 후보지로 거론되고 있을 만큼 개발 가능성도 있고, 이웃 행성으로 거리도 다른 행성에 비해 멀지 않다. 화성-지구-태양의 순서가 되는 것을 **충**이라고 하며, 화성은 780일마다 충의 위치에 온다. 이것은 지구와 화성의 공전주기가 다르기 때문에 생기는 현상이다. 화성은 이심률이 크기 때문에 지구와 가장 가까울 때(대접근)는 오천만km까지 가까워지며 이 때가 화성 탐사선을 보낼 적기이다. 화성 표면에도 달의 지형과 같은 크레이터가 있으며, 태양계에서 가장 큰 산인 올림푸스 산이 있다. 올림푸스 산은 지상 고도가 23km로 지구에서 제일 높은 에베레스트산(8.8km)보다 무려 세 배나 높다. 화성은 희박하지만, 대기를 가지고 있고 물이

화성인

인간은 언제부터인지 다른 행성에도 생명이 있기를 원하는 것 같다. 이중 가장 많은 사람들의 상상력을 자극하는 것은 단연코 화성이다. 화성은 자전주기가 24시간 37분으로 지구의 하루와 비슷하며, 자전축이 기울어 있어 지구와 같이 4계절이 있고, 소량이지만 얼음 상태의 물(최근에 NASA에서 대량의 얼음 호수를 발견했는데, 이것을 모두 녹이면 화성 표면을 500m나 덮을 만큼의 양이라고 한다)이 있는 등 다른 행성에 비해 지구와 닮은 점이 많아 화성인의 존재나 인간이 거주할 수 있는 제2의 지구로 거론되기도 한다. 화성인에 대한 논쟁에 불을 당긴 것은 이탈리아의 과학자 G. 스키아파렐리가 화성에서 직선으로 된 망상조직을 발견하여, 이것에 카나리(수로)라는 이름을 붙인 것이 카널(운하)로 잘못 알려진 이후부터이다. 흔히 생각하는 문어 형태의 화성인 이미지의 원조는 H.G. 웰즈의 소설 '우주전쟁'에서 비롯되었다. 이 소설은 많은 사람들의 사랑을 받았고, 미국의 라디오 프로에서 실감나게 방송을 하는 바람에 진짜로 화성인들이 침공하는 줄 알고 한바탕 소동이 일었었다고 한다. 아직도 많은 사람들이 정부의 음모론을 제기하면서 화성인이 있다고 생각하지만 화성에서 온 운석조각에서 밝혀진 미생물의 흔적을 제외하고는 아직까지 고등생물이 존재한다는 어떤 증거도 없다.

흘렀던 흔적이 있을 뿐 아니라 **극관**에 드라이아이스와 얼음이 있기 때문에 화성에 거주할 경우 물을 자체적으로 조달할 수도 있어 화성은 개발하기에 너무나 매력적인 곳이다.

3 별

〈뷰티플 마인드〉에서 천재 수학자 존 내쉬(러셀 크로)와 그를 좋아하는 알리샤(제니퍼 코넬리)가 밤하늘의 별을 바라보며 이야기를 하고 있다. 알리샤가 밤하늘의 별을 세어 본적이 있다며 별의 개수를 이야기하자, 내쉬는 즉석에서 별자리를 만들어 그녀를 놀라게 하고 있다. 별자리는 어떻게 만들어진 것일까? 별자리에 대해 조사를 해 보자.

뷰티플 마인드 별자리를 그려 보이는 내쉬

〈뷰티플 마인드〉에서 내쉬가 알리샤에게 별자리를 즉석에서 만들어 보여주는 장면에서 알 수 있듯이, 별자리는 과거 많은 사람들의 상상력에서 나온 역사적 산물이다. 현재 천문학에서 사용하고 있는 별자리는 1922년 국제천문연맹 총회에서 결정하여 정해진 것이다. 과거 그리스 로마신화에 등장하는 이름들이 별자리에 붙여진 것은 서양의 천문학자들에 의해 정해졌기 때문으로 순수한 우리의 별자리가 없는 것은 결코 아니다. '천상열차분야지도'는 조선 태조 때 만들어진 천문도로 우리의 별자리가 잘 나타나 있다. 이와 같이 별자리는 보는 사람의 상상력에 따라 다른 모양으로 나타날 수 있기 때문에 민족마다 다른 별자리들이 많이 있다. 뛰어난 수학자인 내쉬는 그의 상상력으로 알리샤가 기뻐할 만한 쉬운 별자리를 그 자리에서 그려내고 있는 것이다. 〈로스트 인 스페이스〉에서 우주에서 길을 잃어버리자 주변의 알려진 별자리를 찾아서 위치를 확인하는 장면이 나온다. 별자리는 우주에서도 위치 확인에 유용하게 사용되겠지만, 예로부터 선원이나 여행자들의 위치를 확인시켜 주는 중요한 역할을 했

항해술

낯선 도시에서 목적지를 찾기 위해서는 지도와 도로 표지판만 읽을 수 있으면 된다. 또한 자신이 어디로 가고 있는지도 알 수가 있다. 하지만, 바다 한 가운데서 배가 난파 된다면 여러분은 자신이 어디에 있으며 어디로 가야하는지 어떻게 알 수 있겠는가? 육지에서는 지형과 지물을 이용해서 자신이 어디로 움직이고 있다는 것을 알 수 있지만 망망대해에서는 자신이 어디로 움직이고 있는지 도저히 알 수 없다. 바다는 어디를 봐도 같게 보이기 때문이다. 고대로부터 육지가 보이지 않는 먼 바다에서 항해를 하여 목적지를 찾아가는 항해술은 많은 사람들의 관심사였다. 뛰어난 항해술을 가졌던 해적민족 바이킹은 8세기에서 11세기에 걸쳐 유럽과 러시아의 해안을 주름 잡았다. 플로키 빌페르다손은 바이킹을 이끌고 아이슬란드로 건너간 용사로 항해 시에 까마귀를 데리고 다녀, '까마귀의 플로키(Labe Floki)'라는 별명을 가지고 있었다. 그는 까마귀를 풀어주고 까마귀가 날아간 방향을 보고 육지를 찾아갔다고 한다. 만약 까마귀가 배위에서 원을 그리며 날아가지 않으면 아직도 육지가 보이지 않는 것이며, 까마귀가 날아가면 날아간 쪽에 육지가 있는 것으로 생각했다는 것이다. 바이킹들은 이 외에도 태양이나 북극성뿐만 아니라 구름의 모양이나 육지 냄새, 파도의 모양을 보고도 항해를 했다고 하며, 전해오는 이야기로는 아메리카 대륙도 바이킹이 발견했다고 한다. 바이킹의 이야기에 앞서 호메로스의 대서사시 '오디세이아(Odysseia)'에서 영웅 오디세우스가 항해를 하는데 별자리를 이용했다는 이야기가 나오는 것으로 봐서 선원들이 별자리를 이용하여 항해했다는 것을 알 수 있다. 또한 별자리는 움직이지만 북극성은 움직이지 않는다는 것을 이용해 북극성의 고도를 보면서 항해를 하기도 했다. 하지만 이러한 방법을 알고 있다고 해도 정확하게 측정을 하지 않는다면 원거리 항해는 어렵다. 따라서 대양을 항해할 수 있게 된 것은 나침반이나 육분의와 같이 방향을 알 수 있는 도구, 크로노미터와 같이 시간을 잴 수 있는 기구들의 개발, 아울러 지도 제작 기술이 발달한 이후에나 가능했다. 육분의는 태양이나 별의 고도를 재는 기구로 움직이는 배에서 정확성이 떨어지기는 했지만 항해하는데 많은 도움을 주었다. 요즘은 GPS에 의해 위치를 정확하게 알 수 있지만 이러한 전자 장비들이 없는 시절의 항해는 목숨을 건 사나이들의 모험일 수밖에 없었다.

다. 하지만, 태양계를 멀리 떠나서 우주를 바라보게 된다면 지구에서 보는 별자리와 다른 별자리를 보게 될 것이다. 별자리는 지구에서 바라보면 무한히 멀리 떨어진 벽면에 붙어 있는 것 같이 보이지만 실제로는 같은 별자리를 이루는 별 끼리도 상당히 멀리 떨어져 있는 경우가 많기 때문이다. 따라서 보는 위치에 따라서 별자리는 달라질 수밖에 없다. 하지만 지구 내에서 달라지는 것은 별자리의 고도나 종류가 달라질 뿐이지 별자리의 모양이 달라지는 것은 아니다. 이것은 우주의 크기에 비하면 지구의 크기가 너무 보잘것없기 때문이다.

〈패트리어트 : 숲 속의 여우〉에서 언니는 동생에게 엄마가 하늘의 별이 되어 자신들을 살펴보고 있다고 설명하며, 북극성이 어디 있는지 설명을 하고 있다. 이렇게 별은 과거 인간의 운명과 밀접한 관계가 있다고 생각하였기 때문에 점성술이 널리 퍼져 있었다.

패트리어트 : 숲 속의 여우 북극성에 대해 이야기하는 자매

〈타이타닉〉에서 침몰하는 배에서 탈출한 두 주인공이 차가운 바닷물 속에서 하늘을 쳐다보자, 은하수가 흘러가고 있는 장면이 보인다. 물론 두 주인공은 은하수를 볼 수 없는 장소에 있으므로, 지적을 받은 장면이다. 은하수는 여름 밤하늘을 가로질러 아름답게 빛나는 수많은 별들의 모임이다. 즉, 은하수가 뿌옇게 보이는 것은 별들이 너무 많이 모여 있기 때문인 것이다. 여름철에 은하수를 보면 별들이 쏟아질 듯이 많이 보이는데, 북반구에서는 여름일 때 우리 은하의 중심을 바라보기 때문으로 여름철 은하수의 별들이 겨울철보다 더 많아 보인다.

〈드래곤 하트〉에서 드라코는 악당과 함께 최후를 맞이함으로써 용들의 전당으로 올라가 하늘의 별자리가 되는데 영화에서는 이것을 '용자리'의 기원이라고 이야기 하고 있다.

〈딥 임팩트〉에서 별자리를 관찰하고 있는 장면이 있는데, 여기서 고등학생인 비더만(엘리자 우드)은 혜성을 발견하여 유명해진다. 천체 관측을 하기 위해서는 야외로 나가는 것이 일반적인데, 이것은 도시의 불빛이 별을 관측하는데 방해가 되기 때문이다. 관측을 하러 나갈 때는 망원경 뿐 아니라 붉은 필터가 장착된 손전등과 성도를 필히 가지고 나가야 한다. 성도를 기초로 평소에 관찰되던 별이 아니라 다른 별이 관찰되면 이를 추적해서 혜성인지 알아내고 궤도를 계산할 수 있다. 혜성의 경우 태

딥 임팩트 고등학교 야외 천문관측 시간

혜성

태양 둘레를 타원 또는 포물선 궤도를 따라 도는 먼지와 얼음 덩어리로 이루어진 천체를 혜성이라고 한다. 혜성(彗星)의 '혜(彗, 빗자루 혜)' 자는 빗자루, 꼬리별의 뜻을 가지고 있으며, 서양에서는 혜성을 재난의 징조로 생각하여 검(칼)으로 묘사하기도 하였다. 흔히 혜성의 꼬리가 혜성의 진행 방향의 뒤쪽이라고 생각하는 경우가 많은데, 이것은 지상에서 머리카락이 날리듯이 바람에 의해 날리는 경험을 혜성에 확대 적용했기 때문에 생기는 오류이다. 지상에서 바람에 의해 머리카락이 날릴 때는 운동 방향과 반대 방향으로 머리카락이 날리는 것과는 달리, 혜성의 꼬리가 생기는 것은 태양의 복사압에 의해 분출된 가스가 태양풍에 의해 날리는 것이기 때문에 항상 태양의 반대편으로 향한다. 즉, 혜성이 태양을 향해 올 때는 꼬리가 뒤로 가지만 태양에서 멀어질 때는 꼬리가 먼저 가고 머리가 그 뒤를 쫓아가게 된다. 혜성의 핵은 얼음과 먼지로 되어있어 '더러운 눈덩이' 이라고 불리기도 하며, 태양에 접근하면 핵 표면으로부터 얼음과 눈이 기화하여 지름이 약 10^5km인 코마(coma)를 형성하게 되고, 핵과 코마를 혜성의 머리라고 한다. 혜성의 꼬리는 가늘고 긴 가스 꼬리와 넓게 퍼진 먼지 꼬리로 나뉘고, 꼬리의 길이는 $10^6 \sim 10^9$km에 이른다. 이렇게 혜성은 태양을 한번씩 찾아 올 때마다 많은 물질을 분출하기 때문에 수명이 오래가지 못한다. 특히 단주기 혜성의 경우 더욱더 심하다. 혜성의 수명을 생각하면 지금쯤이면 혜성이 거의 사라지고 없어야 하지만, 매년 새로운 혜성이 찾아오는 것으로 봐서 혜성의 고향이 있을 것으로 추정되며, 혜성의 고향으로 거론되는 곳이 카이퍼 벨트와 오르트 구름이다.

양에서 멀리 떨어져 있을 때는 꼬리가 없기 때문에 일반 별들과 구분하기 힘들고, 태양에 접근할수록 꼬리가 길어져 우리가 흔히 생각하는 혜성의 모습을 갖추게 된다.

배트맨과 로빈 고담시에 있는 독특한 망원경

〈배트맨과 로빈〉에서 배트맨은 프리즈를 유인하기 위해 고담시에 거대한 망원경을 기증하는 행사를 가진다. 이 망원경 기증행사에서 아나운서는 이런 이야기를 한다. "이 망원경으로 지구의 모든 곳을 볼 수 있나요?" 이러한 질문을 하는 것으로 봐서 이 아나운서는 망원경이 무엇을 하는 기구인지도 모른다는 것을 알 수 있다. 그리고 이 망원경은 지구 주위의 위성으로부터 빛을 받아 관측하도록 설계되어 있다. 과연 이러한 망원경이 제대로 작동할 수 있을까?

허블우주망원경(Hubble Space Telescope : HST)은 미국 항공우주국(NASA)과 유럽우주국(ESA)이 주축이 되어 개발하였다. 이 망원경은 1990년 4월 24일 우주왕복선 디스커버리(Disco-very)호에 의해 우주 공간에서의 천체관측을 목적으로 지상 610km의 지구선회궤도에 올려진 직경 90인치(2.4m)의 우주망원경이다. 이렇게 망원경을 지상에 설치하지 않고 막대한 예산(30억불)을 들여 우주로 쏘아 올린 것은 그만큼 우주의 관측 조건이 지상보다 좋기 때문이다. 허블망원경은 우주에서 빛을 반사하여 지상으로 보내는 것이 아니라 관측 자료를 지상으로 보내는 것이다. 빛을 반사시켜 지상으로 보낸다면 지상에서 관측한 것보다 못할 것이다. 반사하면 어차피 대기권을 지나야 하는 데다가 지상에는 허블망원경보다 훨씬 더 큰 구경의 망원경들이 있기 때문이다. 영화에서와 같이 빛을 받아 관찰한다는 것은 바보같은 짓이다.

영화에서 고담시를 녹이기 위해 위성을 통해 빛을 반사시키고 있다. 빛을 반사시킬 때는 한 번이라도 적게 반사시키는 것이 좋다. 아무리 좋은 반사경이라도 완전히 반사되지는 않기 때문이다. 그런데, 영화에서 보면 옆의 위성에 일부 반사하고 고담시에 반사시키고 있다. 이렇게 여러 번 거쳐서 반사한다고 빛의 양이 늘어나는 것이 아니기에 이럴 필요가 없다.

자극과 반응

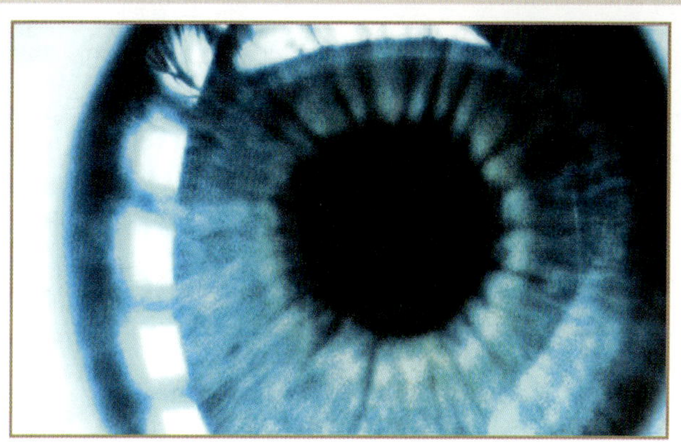

<마이너리티 리포트>에서 앤더톤(톰 크루즈)은
'프리 크라임'의 경찰 반장이다.
그는 예언자들을 통해 범죄가 일어나는 것을
미리 알아냄으로 인해서
범죄를 예방하는 일을 한다.
예언이라고 하는 비과학적인 요소가 포함되어 있기는 하지만,
곳곳에 등장하는 첨단 테크놀러지가 볼만한 영화이다.
영화 초반부에서 예언자의 놀란 눈동자가 보이는데,
눈은 어떤 자극을 받아들일까?
또 다른 자극은 어떤 것이 있으며,
눈은 이에 대해 어떻게 반응할까?

1 자극과 감각

할로우맨 눈을 감지 못하는 케인

〈할로우맨〉에서 케인(케빈 베이컨)은 고릴라의 투명과 불투명 실험에 성공하자, 자신이 투명인간 1호가 되기 위해 자원을 한다. 투명 혈청을 주사하자, 그 또한 고릴라와 마찬가지로 투명인간이 된다. 케인은 잠에서 깨어, 눈이 안 감긴다며 전등이 너무 밝다고 말한다. 눈꺼풀까지 투명해 졌기 때문이다. 이렇게 온 몸이 투명해진다면, 아무도 그를 볼 수 없을 것이다. 그렇다면 그는 남들을 볼 수 있을까?

〈할로우맨〉에서는 혈청을 이용해 투명하게 되는데, 해부학 실습시간을 연상할 만큼 상세하게 묘사된 인체 내부 기관을 보여주는 장면은 이 영화의 압권이다. 케인이 투명하게 되어 눈이 부시다고 이야기하듯이, 투명인간에는 결정적인 문제점이 있다. 완전 투명해진다면 굴절률이 공기와 같아서 빛을 전혀 굴절시키지 않고 완전히 통과시킬 것이다. 그러면 위의 장면에서와 같이 눈을 감을 수 없을 뿐 아니라 빛을 감지할 수도 없다.

인간의 눈은 각막, 안방수, 수정체 그리고 유리체의 상호작용에 의해 물체의 상을 맺게 된다. 즉, 눈의 제일 밖에 있는 각막은 빛의 속도를 25% 정도 저하시켜, 빛이 중심으로 꺾이도록 한다. 이 각막에서 빛이 가장 많이 굴절하게 된다. 최근 유행하고 있는 라식 수술은 바로 각막을 깎아서 굴절률을 조절하여 시력을 회복시켜 주는 수술이다. 각막을 지난 빛은 안방수를 지나 수정체를 통과하면서 정밀하게 초점이 조절된다. 수정체는 콩알만한 크기이고, 2000개 이상의 탄성 박막 구조로 되었다. 나이가 들어가면 수정체의 크기가 젊은 사람의 50% 정도로 커지게 되고, 탄력을 읽어서 가까운 물체를 잘 볼 수 없게 된다. 수정체를 지난 빛은 유리체를 지나 망막에 상을 맺게 된다. 유리체는 얇은 섬유성 막으로 싸여 있는 투명한 공 모양으로 성분의 99%는 물이며 계란 흰자보다 조금 단단한 구조물이다. 이렇게 상을 맺는 일을 담당하는 눈의 각 부분의 굴절률은 각막이 1.337, 수정체는 1.44~1.45로 모두 공기보다 굴절률이 높다. 물체를 보기 위해서는 상을 맺어야 하며, 상을 맺기 위해서는 빛을 굴절시켜야 한다. 이렇게 되면 굴절된다는 것을 느끼게 되지만 영화에서는 전혀 그러한 것을 고려하지 않고 있다. 눈까지 완전히 투명하게 된다는 것은 투명인간에게도 다른 것을 보는데 치명적이다. 앞서 지적한 눈의 여러 구조물의 굴절 문제 뿐 아니라 암실역할을 하는 맥락막까지 투명해졌으니, 사방에서 빛이 쏟아져 들어와 굴절이 되었다하여도 선명한 상을 맺을 수가 없다. 따라서 물체를 보기 위해 약간의 굴절률을 가질 필요가 있을 것이지만, 맥락막이 없다면 이렇게 어렵게 맺은 상도 별로 선명하지 못하게 된다.

〈아폴로 13〉에서 러벨(톰 행크스)의 부인은 남편이 아폴로 13호를 타고 달에 가는 것을 불안해한다. 그녀는 잠을 자다 놀라 일어나 눈을 번쩍 뜨게 된다. 이렇게 크게 눈을 뜸으로 인해서 여러분은 영화를 통해 또 하나의 과학적 사실을 접해 볼 수 있는 기회를 얻는다. 자세히 살펴보면 동공의 변화를 살펴 볼 수 있는 것이다.
이렇게 동공의 변화가 일어나는 이유는 무엇일까?

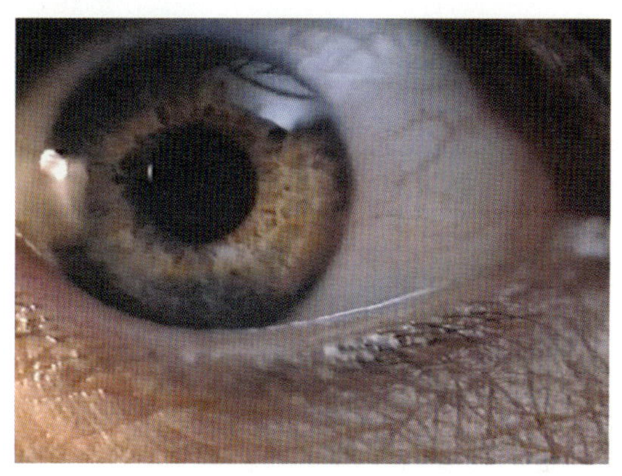

아폴로 13 악몽 때문에 잠에선 깬 러벨의 부인

홍채(iris, 虹彩)는 동공(瞳孔 : 눈동자)의 주위에 있는 고리 모양의 막으로 커텐처럼 동공 주위에 쳐 있다. 홍채는 빛의 양을 조절하는 기관으로 이완과 수축에 의해 동공의 크기를 조절한다. 즉, 밝은 곳에서는 동공이 작아지고, 어두운 곳에서는 동공이 커지게 된다. 이는 상을 맺기 위한 빛의 양이 부족하기 때문이다. 또한 홍채는 교감신경과 부교감신경에 의해 조절되는데, 교감신경이 흥분하면 동공이 확대된다. 즉, 놀라면 동공이 커지게 된다는 이야기다. 하지만 홍채는 임의로 조절할 수 없다. 중뇌가 홍채에 있는 동공괄약근과 동공산대근을 수축·이완함으로써 동공의 크기가 조절되는 것이다. 홍채의 색을 보면 한국인은 갈색이 많고, 백색 인종은 청색이나 회색이 많다. 파란 눈동자는 홍채의 마지막 층을 제외한 부분의 색소세포가 결핍되어 있기 때문이며, 완전히 색소가 결핍되어 있는 경우는 혈관색이 그대로 드러나 적색으로 보인다. 흰토끼의 눈이 빨간 이유도 홍채에 색소가 없

어 혈관이 그대로 드러나기 때문이다. 참고로 홍채의 '채' 자를 '체'로 잘못 표기하는 경우가 많은데, 홍채의 '채'는 무지개 '채(彩)' 자이다. 홍채의 영문 표기 iris는 붓꽃을 뜻하며, 그리스 신화에서는 무지개의 여신을 뜻한다. 거울을 가까이 가져가서 자신의 홍채를 들여다보면 이 말이 실감이 날 것이다. 지금 당장 자신의 눈을 뚫어지게 보라.

배트맨과 로빈 페로몬을 뿌리는 포이즌 아이비

〈배트맨과 로빈〉에서 포이즌 아이비(우마 서먼)는 로빈에게 페로몬 가루를 뿌린다. 페로몬으로 유혹해서 배트맨과 싸우게 하려는 의도에서 그리 한 것인데, 페로몬이 무엇이기에 사람을 흥분시킬까? 또 다른 흥분제에는 어떤 것이 있을까?

페로몬(pheromone)은 같은 종(種) 동물의 개체 사이의 커뮤니케이션에 사용되는 분비물질이다. 즉, 다른 개체에게 정보를 전달하기 위해 동물의 몸에서 분비되는 물질을 말한다. 페로몬은 콧속에 서골비(鋤骨鼻) 기관(VNO, vomeronasal organ)이라고 불리는 제2후각 수용기에 의해 감지되는 것으로 알려지고 있다. VNO는 서골이라고 하는 콧속의 호미 모양의 뼈(그래서 서골이라 불린다) 위에 위치한 한 쌍의 움푹 팬 곳을 말한다. 페로몬은 개미나 벌과 같은 곤충들이 무리에 위험을 알리거나, 길을 안내할 때 사용할 뿐 아니라 후각이 발달한 포유류의 의사소통에서도 중요한 역할을 한다. 예전에는 후각에 의존도가 낮은 인간에게는 이러한 페로몬이 없는 것으로 알려져 있었지만, 최근에는 인간 페로몬에 대한 여러 가지 실험적 자료들이 제시되어 있다. 미국 록펠러 대학의 신경유전학자 이반 로드리게스 박사는 코의 점막에 있는 페로몬 수용체를 관장하는 것으로 믿어지는 유전자를 발견했다고 해서 화제가 되기도 했다. 많은 사람들은 페로몬이 이성을 유혹하는 물질이라고 알고 있으므로 인간의 페로몬을 추출하거나 합성하여 향수에 첨가해 판매하는 회사도 있다.

하지만 과학자들은 인간 페로몬이 진짜인지에 대해서는 많은 논란의 여지가 있다고 보고 있으며, 그러한 향수를 사용한다고 해도 실제로 이성을 유혹하는데 효과가 있다는 데에는 더욱더 큰 회의적 반응을 보인다. 즉, 페로몬의 향수가 효능이 있다고 해도,

달콤한 말과 믿음이 가는 그러한 행동이 뒷받침되지 않는다면 큰 효과가 없을 것이라는 것이다. 이유도 모르게 순간적으로 끌리는 것은 페로몬이 콧속의 서골비 기관을 통해 뇌로 전달되어 무의식적으로 성적 본능을 자극하여, 호감을 느끼게 하기 때문이다. 사랑의 결실을 얻는 행동이 없다면 아무런 소용이 없다는 것이다. 영화에 나오는 포이즌 아이비의 페로몬 가루는 매우 강력한 듯 하다. 곤충이라면 모를까 인간 페로몬은 이렇게 강력한 효과를 보이지는 않는다.

<슈퍼맨>에서 클라크는 로이스와 함께 길을 걸어가다가 총을 든 강도를 만난다. 로이스는 핸드백을 강도에게 건네주는 척 하다가 땅에 떨어뜨린다. 강도가 백을 주우려고 하는 순간 로이스는 강도를 발로 차고, 놀란 강도가 로이스를 향해 총을 쏴버린다. 이때 옆에 있던 클라크가 강도의 총으로부터 날아오는 총알을 잡고, 손에 쥐고는 놀란 척 쓰러진다. 이때 슈퍼맨이 총알을 잡는데는 얼마의 시간이 걸렸을까? (단, 도둑의 총에서 로이스까지는 약 1m 정도이고, 총알의 빠르기는 음속과 비슷한 초속 350m라 하자)

슈퍼맨 날아오는 총알을 잡는 슈퍼맨

속력은 이동거리를 시간으로 나누어 준 양이다. 로이스가 총알에 맞기 전에 슈퍼맨이 먼저 총알을 잡아야만 한다. 그렇게 하기 위해서는 총알이 도착하는데 걸리는 시간을 구하면 된다.

$$t = \frac{s}{v} = \frac{1\text{m}}{350\text{m/s}} = 0.002857s$$

슈퍼맨이니까 이렇게 엄청난 빠르기를 자랑한다고 해도 문제를 제기할 수는 없다. 하지만 우리의 **신경전달 속도**(15~25m/s)를 고려하여 반응시간을 따져 보면 인간의 신경전달 체계로는 도저히 짧은 시간 동안에 반응할 수 없다. 날아오는 총알을 봤다하더라도 손이 말을 듣지 않는다는 이야기다. 야구에서 타자에게 공을 칠 것인지 말 것인지 판단하는데 주어지는 시간은 0.5초가 되지 않는다. 이것도 훈련에 의해서 겨우 칠 수 있는데, 슈퍼맨이 이렇게 짧은 시간에 그 작은 총알을 잡는 것을 보면 뭔가 달라도 많이 다른 존재이다.

2 신경

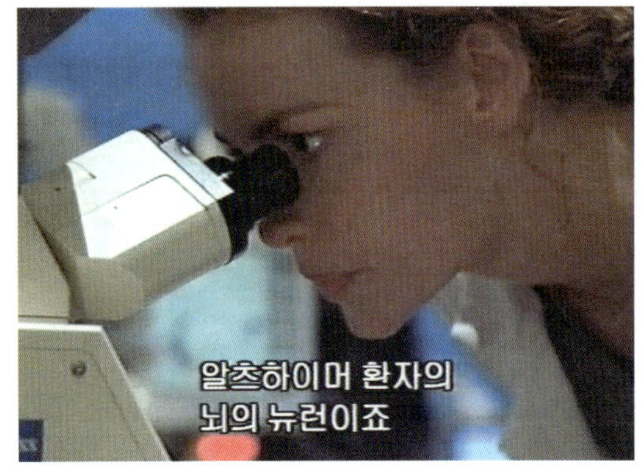

딥 블루 시　뇌의 뉴런을 살펴보는 수전

〈딥 블루 시〉에서 상어 한 마리를 잡아 그 놈의 머리로부터 단백질을 추출한다. 이를 알츠하이머 환자의 뇌에 있는 뉴런에 투입을 하여 경과를 지켜보고 있다. 잠시 후 그들은 실험에 성공했다며 좋아하는데 갑자기 상어가 깨어나 연구원의 팔을 문다. 이때부터 연구소의 재난은 시작된다.
이 장면에 등장하는 뉴런이란 무엇일까?

　　뜨거운 것을 만졌을 때 재빨리 손을 떼고, 얼굴을 향해 날아오는 공을 순식간에 피하는 행동은 어떻게 일어나는 것일까? 이러한 우리의 모든 행동은 외부의 자극을 받아들이고 운동기관에 명령을 전달하는 신경이 있기 때문이다. 이렇게 신경계는 생물체 내에서 정보를 전달하는 기능을 담당하며, 이는 고도로 특수화된 세포인 **뉴런**(neuron)에 의해 이루어진다. 뉴런은 신경신호를 발생시키고 한 곳에서 다른 곳으로 신호를 전달하는 역할을 한다.

　뉴런의 모양이나 크기는 다양하지만, 정보를 받아들이는 곳인 수상돌기와 신경세포체, 정보를 보내는 역할을 하는 축색돌기의 세부분으로 구성되어 있다.

　신경세포체는 핵과 세포질로 되어있는 둥근 부분이며 뉴런이 살아가는 데 필요한 물질 대사 등의 생명활동을 담당하는 부분이다. 신경세포체에서 뻗어 나온 가지에는 두 가지가 있는데, 수상돌기와 축색돌기이다. **수상돌기**는 신경세포체에서 사방으로 번개 맞은 모양 같이 뻗어 있는 줄기들이며, **축색돌기**는 신경세포에서 길게 뻗어 나온 가지이다. 즉, 뉴런에는 수상돌기는 많이 있지만, 축색돌기는 하나밖에 없다. 이는 여러 곳으로부터 신호를 받아들이지만, 보낼 때는 한 곳으로만 보낸다는 뜻이다. 축색돌기는 짧은 것은 1mm도 안 되지만, 기린의 경우 3m나 되는 것도 있다. 뉴런은 기능에 따라 **감각뉴런, 연합뉴런, 운동뉴런**의 세 가지로 구분한다. 감각뉴런은 주변에서 발생하는 정보를 받아들이는

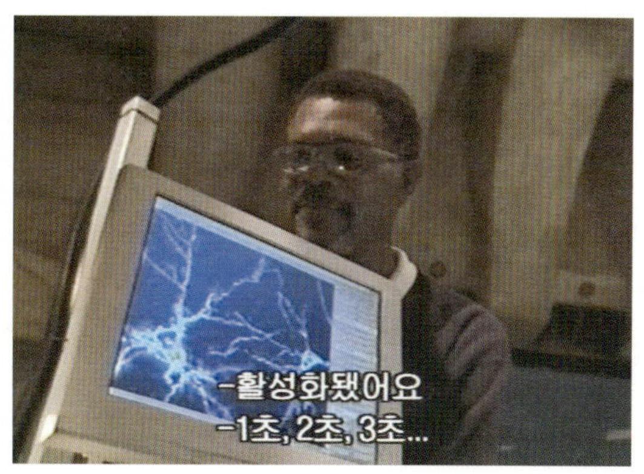

딥 블루 시 상어에서 추출한 단백질로 실시한 실험

뉴런으로 감각수용기로부터 올라온 신호를 전달하는 역할을 한다. '얼굴을 향해 공이 날아온다'는 정보는 시각수용기를 통해 감지가 되고, 이것이 뉴런을 통해 뇌로 전해져야 우리는 인식을 하게 된다. 연합뉴런은 다른 뉴런과의 신호를 이어주는 역할을 하는 것으로 척수와 뇌에 가장 많이 분포되어 있다. 연합뉴런의 복잡한 회로에서 '날아온 공을 피하라'는 명령을 발생시키고, 이것을 운동뉴런으로 전달하는 역할을 한다. 운동뉴런은 연합뉴런으로부터의 신호를 운동기관에 전달하여 운동을 하게 하는 역할을 한다. 운동뉴런이 근육에 전기적 신호를 전달하여 근세포를 수축시키면, 근육을 움직여 공을 피하게 되는 것이다. 영화에서 뉴런의 전기적 신호가 전달되는 모습을 모니터를 통해 확인하는 모습이 보이는데, 뉴런의 신호는 전기화학적 신호이지 빛에 의한 신호가 아니다. 따라서 영화에서와 같이 현미경을 통해 전기적 신호가 전달되는 모습은 모니터를 통해서만 관찰할 수 있다. 위의 장면에서 알 수 있는 것은 알츠하이머병 환자의 뇌에서 빼낸 신경세포는 연합뉴런이며, 주위의 빈 공간은 신경교세포가 차지하고 있다는 것이다. 척추동물의 뇌는 90%가 신경교세포로 이루어져 있다.

〈바이센터니얼맨〉에서 앤드류(로빈 윌리엄스)는 포샤(엠버스 데이비츠)에 대한 사랑을 느끼고 인간이

바이센터니얼맨 중추신경계를 설계하는 앤드류

되고자 한다. 앤드류는 뛰어난 기억력으로 엄청난 지식을 습득하게 되고, 인간이 되기 위한 작업에 들어간다. 인간의 장기를 만들고 드디어 신경계를 이식하려고 연구 중이다. 그러면 앤드류가 설계한 중추신경계란 무엇인가?

인간의 신경계는 **중추신경계**와 **말초신경계**로 구성되어 있다. 이 중 중추신경계는 뇌와 척수로 구성이 되어 있고, 이외의 모든 신경계는 말초신경계이다. **뇌**는 신경계의 한쪽 부분이 고도로 발달하여 기능이 향상된 부분이라 할 수 있으며, 인간의 진화에서 가장 큰 변화를 겪은 부분이다. 뇌는 인간이 등장한 후 10만년에 1세제곱인치만큼 크기가 증가하고 있다. 화면에서 길게 뻗어 있는 모양을 한 것은 **척추**로 그 속에 척수가 들어있다. 척수는 뇌와 말초신경계를 연결해 주는 역할을 한다. 말초신경계는 대뇌의 지배를 받는 체성신경계와 자율적으로 활동을 하는 자율신경계로 나눌 수 있다. 영화에서 앤드류가 인간의 중추신경계를 만들었다고 하는데, 이 정도면 인간을 만들 수도 있다. 그렇다면 앤드류의 경우 원래 신경계가 없었을까? 그건 아니다. 앤드류는 중추신경계를 설계할 만큼 인간을 앞지른 뇌의 기능을 갖고 있으며, 그의 몸에 부착된 각 부분의 센서로부터 모든 정보를 전달받는 회로계를 갖추고 있다. 단지, 그가 중추신경계를 만든 이유는 인간이 되기를 원했기 때문이지 기능 향상을 위한 것은 아니다.

〈화성침공〉에서 화성인의 모습은 엽기적이라 할 만큼 독특하다. 바싹 마른 몸매에 머리는 불안할 정도로 거대하며, 대뇌의 모습이 그대로 드러나 있다. 우리의 머리와 달리 두개골이 없는데, 두개골이 없으면 어떤 문제점이 있을까? 또한 대뇌의 이 주름은 어떤 역할을 하는 것일까?

사람의 뇌는 남자 1,400g, 여자 1,200g 정도로 몸무게의 2% 정도밖에 되지 않는 작은 기관이지만, 심장에서 나오는 혈액의 15%를 사용할 만큼 많은 일을 하는 중요한 부분이다. 뇌는 약 140억 개의 신경세포

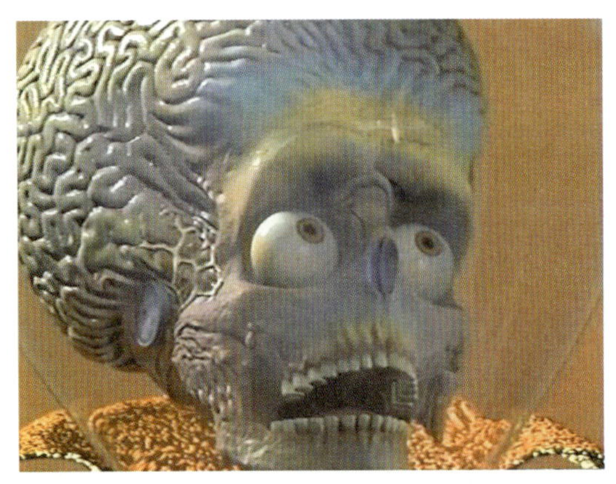

화성침공 대단히 큰 머리를 가진 화성인

와 열 배 정도 많은 신경교세포로 이루어져 있으며, 두부나 젤라틴 같은 상태의 물질로 되어 있다. 따라서 뇌는 충격에 대단히 약하여, 보호가 필수적이다. 머리카락과 피부가 1차적으로 충격을 완화시키며, 단단한 두개골과 질긴 3겹의 뇌척수막이 뇌를 감싸고 있다. 그리고 뇌는 뇌척수액이라는 액체에 떠 있는 상태로 있다. 물통 속에 계란을 넣어서 떨어뜨리면 계란이 깨지지 않듯이 뇌척수액이 충격을 흡수하게 된다. 이렇게 우리 인간의 뇌는 3단계의 보호 장치에 의해 보호를 받는 반면 화성인의 뇌는 밖으로 노출이 되어 있다. 이런 모습으로는 언제 죽을지도 모르는 생명의 위협을 느끼며 항상 살아가야 할 뿐 아니라 뛰거나 머리를 흔들 수도 없다. 또한 화성인의 머리에서 특징적인 것은 발달한 대뇌피질이다. 대뇌는 고등정신 기능을 담당하는 부분으로 진화상 발달한 생물일수록 그 중요성이 증가하는 경향을 보인다. 즉, 하위 척추동물인 개구리는 대뇌를 제거해도 큰 장애를 겪지 않지만, 개나 원숭이의 경우 대뇌를 제거하면 아무것도 하지 못하게 된다. 인간의 뇌는 신체의 크기와 비교했을 때 다른 척추동물과는 비교도 되지 않을 만큼 크다. 일반적으로 뇌가 큰 것이 동물의 많은 기능을 향상시킬 수 있지만, 무작정 뇌의 크기를 증가시킬 수는 없다. 이러한 문제를 해결해 주는 것이 대뇌피질의 주름이며, 어류에서 포유류로 갈수록 대뇌피질의 주름은 증가한다. 인간의 경우 다른 동물보다 현저하게 대뇌피질이 발달하였기 때문에 인간은 다른 동물이 지니지 못한 높은 지능을 가지게 되었다.

〈딥 블루 시〉에서 수전 박사(섀프론 버로즈)는 그의 연구에 대한 중요성을 회장에게 설명하고 있다. 박사는 자신의 연구를 통해 뇌세포를 재생할 수 있다고 주장하고 있다. 연구비를 지원하는데 주저하는 회장에게 주변에 알츠하이머병에 걸린 사람이 있냐며 감동적인 연설을 한다. 이 연설에 넘어간 회장은 돈을 대기 위해 연구소로 향하게 된다. 그렇다면, 박사가 주장하는 것과 같이 뇌세포는 재생이 힘든 것일까? 또한 뇌세포 재생과 알츠하이머병의 관련은?

딥 블루 시 뇌세포 재생 실험에 대해 설명하는 수전 박사

뇌의 신경세포는 몸의 다른 세포와는 달리 태아기 때 만들어진 세포가 전부이며, 한 번 손상을 받으면 재생되지 않는다(최근에는 뇌세포가 재생된다는 연구결과도 발표되었다). 따라서 살아 있는 동안 계속 신경세포의 수는 줄어들게 되는데, 1000억 개의 뇌세포 중 하루 10만 개 정도를 잃는다고 해서 뇌 기능에 이상이 생기지는 않는다. 하지만 어떤 원인에 의해 하루에 수십만~수백만 개의 신경세포가 죽어 뇌 기능이 뚝 떨어지는 것이 치매이며, 이러한 치매의 중요한 원인 중의 하나가 바로 퇴행성 뇌 질환인 알츠하이머병이다. 치매는 서서히 기억이 망가져, 마지막에는 사람을 잘 알아보지 못하며 무엇을 해야 하는지에 대한 자각이 없어질 뿐 아니라 인격에 심각한 파탄을 가지고 와, 환자 뿐만 아니라 환자 가족에게도 큰 고통을 안겨주는 무서운 병이다. 우리나라에선 65세 이상 노인 265만 여명의 8.3%인 22만 명이 치매이며 이 중 60% 정도가 알츠하이머병이다. 미국에서는 65~74세 인구의 약 3%, 75~84세 인구의 약 19%, 85세 이상 인구의 50% 정도가 이 병을 앓고 있으며, 세계보건기구(WHO)에서는 세계에 최소 1200만 명의 환자가 있으며 2050년이 되면 세 배로 늘 것이라고 예상하고 있다. 얼마전 일본 게이오대 의학부 연구팀이 알츠하이머병에 따른 뇌세포 파괴를 막을 수 있는 물질과 이 물질을 만드는 유전자를 발견했다고 발표하였지만, 아직까지 뚜렷한 치료약이 없는 것이 현실이다. 한편 알츠하이머병과 관련된 가장 유명한 유전자는 19번 염색체의 $ApoE_4$ 유전자이며, 이 외에도 몇 개의 유전자가 더 발견되었다. 따라서 유전자 검사를 하면 자신이 알츠하이머병에 걸릴 가능성에 대해 알 수 있다. 또한 머리를 많이 쓸 경우 치매에 걸릴 가능성을 줄일 수 있으며, 머리에 충격을 많이 주는 행위(예를 들면, 권투나 축구)를 많이 하면 치매에 걸릴 가능성이 높아진다.

딥 블루 시 연구소의 업적을 듣고 있는 러셀

〈딥 블루 시〉에서 러셀(샤무엘 잭슨)은 연구소 사람들이 이루어낸 업적에 대해 감탄을 하고 있다. 물론 내심 드디어 이 연구에 대한 성과물을 얻을 수 있다는 기쁨도 있을 것이다. 그는 유전자를 조작하지 않고 호르몬 강화제를 사용하여 상어의 전뇌를 키우고 있다는 설명을 듣고 있다. 호르몬이란 무엇일까? 또한 전뇌는 뇌의 어느 부분일까?

　호르몬(hormone)은 신체 내의 내분비선에서 분비되어 체액에 의하여 체내의 다른 기관으로 운반되어 그 기관의 활동이나 생리적 과정에 특정한 영향을 미치는 화학물질을 말한다. 생명체가 살아가기 위해서는 항상성을 유지해야 하며, 이러한 일은 신경계와 면역계, 내분비계를 통한 신체의 조절 기능을 통해 이루어진다. 체온 조절이나 식욕, 출산에 이르기까지 인간의 많은 생리 작용들이 호르몬의 도움을 받아 이루어지는 것이다. 신경계에 의한 반응이 신속하게 이루어지고, 제한된 경로를 통해서만 이루어지는 반면, 호르몬에 의한 반응은 다소 느리고 지속성을 가지며, 혈액을 통해 멀리까지 전달되는 특성을 가지고 있다. 신경계가 전기적인 신호로 정보가 전달된다면, 호르몬은 화학적 전달자에 의해 일을 하게 된다. 호르몬은 그리스어로 '자극한다', '흥분시킨다', '각성시킨다'는 뜻에서 따온 이름으로, 호르몬이 특정한 표적 세포를 자극시키기 때문에 붙여진 이름이다(기관 특이성). 미량으로 생리작용을 조절한다는 측면에서는 비타민과 비슷하지만, 비타민은 체내에서 합성이 되지 않아 체외에서 흡수를 해야 한다. 그러나 호르몬은 체내에서 형성되기 때문에 외부에서 공급할 필요가 없다. 지금까지 알려진 사람의 호르몬은 100여가지가 넘고, 이는 종마다 다르다. 같은 호르몬이면 종이 달라도 같은 기능(즉, 종특이성이 없다)을 하는 것이 일반적이지만, 일부 호르몬은 종특이성이 있어 다른 종에는 작용하지 않는 것도 있다. 예를 들면 티록신의 경우 사람에게는 체내의 물질대사를 촉진하고, 양서류의 경우에는 올챙이의 변태를 촉진하는 등의 비슷한 기능을 한다. 하지만, 소의 생장 호르몬은 올챙이에게는 효력이 있지만, 사람에게는 효력이 없다.

　호르몬을 화학적으로 분류하면 뇌하수체, 이자, 갑상선, 부신 수질 호르몬 등의 단백질계 호르몬, 성호르몬이나 부신피질 호르몬 등의 스테로이드계 호르몬 등으로 나뉜다. 호르몬의 분비에 의한 항상성 조절은 호르몬 상호간의 음성되먹임(hegative feedback), 양성되먹임(positive feedback), 길항작용에 의해 조절이 된다. 음성되먹임은 호르몬의 과다나 부족을 막는 작용을 하며, 혈당량이나 체온 조절 작용이 여기에 속한다. 양성되먹임은 태아의 출산시 옥시토신(자궁수축 호르몬)의 작용이 여기에 속하는데, 자궁이 수축되면 옥시토신이 분비되고 이는 다시 자궁의 수축을 가져와서 더욱더 많은 양의 옥시토신이 분비되게 된다. 길항작용은 같은 표적 기관을 가지지만 작용이 서로 반대인 두 호르몬이 경쟁적으로 작용하는 것으로, 갑상선에서 분비되는 칼시토닌

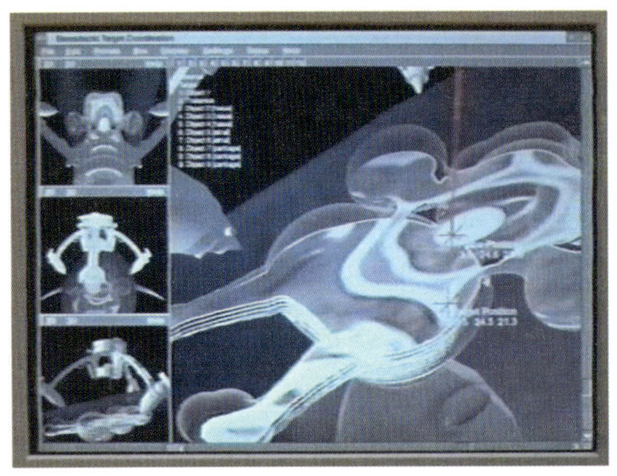

딥 블루 시 상어의 뇌

과 부갑상선에서 분비되는 파라토르몬이 여기에 속한다. 만약 호르몬의 과잉 및 결핍시에는 각종 증상이 나타나게 되는데, 한때 클레오파트라도 호르몬 이상이라는 주장이 있어 화제가 되었다. 캐나다의 의사 하트는 클레오파트라의 부은 목과 날씬한 몸매는 갑상선 기능 항진증이라는 갑상선 호르몬의 분비 과다 때문에 생긴 것이라는 주장이다. '바세도씨병'으로도 불리는 갑상선기능항진증은 과잉 분비된 갑상선호르몬이 체내에서의 화학반응을 가속화시킨다. 따라서 신진대사가 과도하게 활발해짐에 따라 많은 에너지가 필요해지고, 식욕은 왕성해지지만 체중은 오히려 줄어든다. 또한 유년기에 생장 호르몬이 과다하게 분비가 되면 거인증이 되어 키가 2미터가 넘게 자라게 되고, 적게 분비되면 난쟁이가 된다.

발생학에서는 척추동물의 개체발생에 있어 신경관이 형성되고 그 앞쪽이 뇌형성구역으로 구별되기 시작한 후의 뇌를 전뇌(forebrain), 중뇌(midbrain), 능뇌(hindbrain)로 구분한다. 전뇌는 대뇌반구와 간뇌가 되고, 능뇌는 소뇌와 연수로 나누어지며, 중뇌는 그 후 발달하지 않는다. 어류의 경우 전뇌가 작고 능뇌의 크기가 상대적으로 크다. 따라서 영화에서도 상어의 작은 전뇌의 크기를 호르몬 투여를 통해 키웠다고 말하는 것이다. 위의 사진에서 알 수 있듯이 대뇌가 상당히 커져있는 것을 볼 수 있다. 사진에서 앞에 튀어 나온 부분이 후각엽이고 이것과 연결된 것이 대뇌이다.

배트맨과 로빈 독액이 주입된 죄수

〈배트맨과 로빈〉에서 아이슬리 박사의 독액을 훔쳐 그것으로 슈퍼 솔저를 만들어 팔려는 우드루 박사는 "인간의 가장 원초적인 부분인 대뇌 변연계에 접근할 수 있다"고 이야기 한다. 대뇌 변연계가 무엇일까?

1973년 미국의 폴 매클린은 사람의 뇌가 진화과정에서 차례대로 발달한 세 부위로 구성되어 있다는 '3부 뇌'(triune brain) 가설을 발표했다. 즉, 인간의 뇌는 파충류형 뇌, 변연계, 대뇌피질의 세 부분으로 되어 있다는 것이다. 파충류형 뇌는 최초의 뇌로 뇌간의 윗부분이 확장되어 발달된 구조로 되어 있다. 이 영역은 원초적인 생존을 담당하는 부분으로 권력성향과 공격성을 나타내며, 짝짓기와 연관이 있다. 대뇌 변연계(limbic system)는 대뇌반구의 안쪽과 밑면에 해당하는 부위를 말하며, 개체 및 종족유지에 필요한 본능적 욕구와 직접 관계가 있으므로 '본능의 자리'라고도 한다. 시상하부와 밀접하게 연결이 되어서 시상하부가 받아들인 충동이 여기서 통합된다. 여기를 자극하면 체성운동계 및 자율계에 넓은 범위로 영향을 미치고, 식욕·성욕 등의 욕구행동에 일련의 영향을 나타낸다. 해마와 편도는 대뇌피질의 측두엽과 함께 기억에 관계되는 역할을 담당하는 것으로 생각된다. 냄새가 기억과 관련이 있는 것은 측두엽이 후각과 청각을 담당하고 있고, 해마가 이 부분과 인접해 있기 때문이다. 대뇌피질은 사고의 영역으로서 인간을 다른 동물과 달리 스스로 생각할 수 있는 존재로 만드는 부분이다.

〈배트맨과 로빈〉에서 두개골에 뚫은 구멍을 통해 우드루 박사는 자신이 개발한(실지로는 아이슬리 박사가 개발함) 독액을 실험 대상의 죄인에게 집어넣고 있다. 독액의 성분은 스테로이드와 독소라고 하는데, 스테로이드란 무엇일까?

배트맨과 로빈 독액을 주입하는 우드루 박사

스테로이드(steroid)는 세 개의 육각형 고리와 한 개의 오각형 고리 구조의 스테로이드핵($C_{17}H_{28}$)을 가지는 화합물이다. 콜레스테롤은 대표적인 스테로이드로 성호르몬의 중요한 구성성분이다.

최근 미국에서는 남녀 할 것 없이 근육질 몸매를 과시하기 위해 남성호르몬 테스토스테론제제에 몰입한다고 한다. 특히 청소년들 사이에서 스테로이드제제를 불법으로 사용해 심각한 부작용을 일으키고 있다.

예전에 종종 운동선수들의 약물 복용이 문제가 되고는 했는데, 이 약물이 스테로이드이다. 하지만, 여러 가지 부작용이 있어 선수 보호를 위해 복용을 금지시키고 있다.

영화에서도 미국 사회의 스테로이드제제 중독 현상을 반영하듯 스테로이드 불법 제제를 판매하려고 한다. 물론 복용한다고 해서 엄청난 괴력을 가지게 되는 것은 절대 아니다.

지구의 역사와 지각

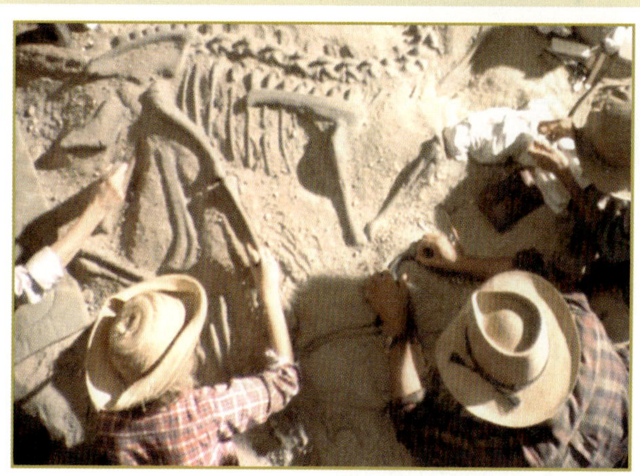

<쥬라기 공원>은 공룡을 부활시켜 공원을 만든다는
독특하지만 매우 과학적인 상상력을 기반으로 하여,
공룡에 대한 일반인의 관심을 증폭시키는데
지대한 공을 한 영화이다.
거의 완벽하게 재현해 낸 살아 있는 공룡의 모습 뿐 아니라,
공룡 화석의 발굴에서부터 공룡의 생태까지
다양한 공룡에 대한 정보도 얻을 수 있다.
이 영화와 같이 공룡을 부활시키지 않는다면 과학자들은
어떻게 공룡의 모습을 재현해 낼 수 있었을까?

1 화 석

쥬라기 공원 발굴된 공룡 화석을 설명하는 그랜트 박사

몬타나주 스테이크 부근 불모지에서 공룡학자인 그랜트(샘 닐)는 화석을 발굴하고 있다. 그는 동료들과 함께 화석의 보존 상태가 좋다며 이리저리 살펴보고 있다.
화석은 어떻게 생기며, 화석을 통해 어떠한 사실을 알아낼 수 있을까?

〈쥬라기 공원〉에서 공룡 부활 프로젝트는 도미니크의 호박광산에서 호박 속에 갇힌 모기 화석을 캐내는 것에서 시작이 된다. 이 영화는 모기를 통해 공룡을 부활시킨다는 놀라운 아이디어 뿐 아니라, 공룡의 생태에 관한 최신 공룡 이론의 격전장이라 할 만큼 많은 과학적인 내용을 포함하고 있어 과학을 공부하는데 매우 유익한 영화이다. 이 영화만큼 공룡을 대중들에게 확실히 인식시킨 영화도 없을 것이다. 아직까지 많은 과학자들은 이러한 방식으로 공룡을 부활시키는 것이 어렵다

쥬라기 공원 모기가 포함되어 있는 호박

고 생각을 하지만, 완전히 불가능하다고 결론이 내려진 것은 아니다(이것과 관련된 것은 랍 드사르와 데이빗 린드레이의 'DNA와 쥬라기 공원'이라는 책을 참고하기 바란다).

호박 속의 곤충이나 공룡의 뼈처럼 생물의 몸체가 남아있는 것 뿐 아니라, 발자국이나 배설물과 같이 생물의 흔적들도 과거를 알아내는데 중요한 단서가 된다. 이러한 것들을 **화석**(fossil)이라고 한다. 화석은 역사시대 이전인 지질시대의 것만을 말하며, 〈고질라〉에서의 거대한 고질라 발자국이나 〈미이라〉에서 이모텝의 미이라는 역사시대

의 것들이기 때문에 화석으로 분류하지 않는다. 화석은 '땅을 파다'라는 라틴어에서 온 말로 땅에서 파낸 기묘한 물건이라는 뜻이다. 지금은 이렇게 포괄적인 의미로 사용하지는 않고 지질 시대 **생물의 유해와 흔적**만을 화석이라고 인정한다. 하지만, 18세기만 하더라도 화석의 의미가 명확하게 확립되지 않았었다. 공룡이라는 명칭도 겨우 160년 전에 붙여진 것이다.

고질라 고질라의 발자국

〈쥬라기 공원〉에서 호박 속 모기가 화석이 되는 과정이 상세하게 설명이 되어 있는데, 이와 같이 생물의 사체가 빨리 매몰되어야 화석이 될 가능성이 높아진다. 만약 지표상에 노출이 되어 있으면, 다른 동물의 먹이가 되거나 세균들에 의해 분해가 되기 때문에 화석이 되지 못한다. 송진 속의 모기나 얼음 속의 매머드 새끼와 같이 특별한 경우를 제외하면, 대부분은 몸에서 제일 단단한 뼈가 화석화되는 것이 일반적이다.

미이라 2 이모텝의 미이라

그렇다면 우리가 화석을 연구하는 이유는 무엇일까? 그것은 화석이 과거 생물이나 그 생물이 살았던 환경을 알려주기 때문이다. 공룡과 같이 현재 멸종한 생물은 화석을 통해서 연구를 할 수밖에 없는 것이다. 이와 같이 화석을 연구하면 그 생물

쥬라기 공원 화석 발굴 현장

체에 대한 정보뿐만 아니라 화석을 통해서 생물이 살았던 시대와 환경을 알 수 있다. 삼엽충은 고생대, 공룡과 암모나이트는 중생대, 화폐석은 신생대에 번성하였다가 모두

쥬라기 공원 호박 속에 모기가 갇힌 이유

배트맨과 로빈 공룡들이 죽은 이유를 설명하는 프리즈

멸종하였기 때문에 이들 화석은 각 생물이 살았던 시대를 알려준다. 이렇게 특정 시기에 넓은 지역에 걸쳐 생존했던 생물화석을 **표준화석**이라고 하며, 표준화석은 지질시대를 알려준다. 산호 화석이 발견되는 곳은 과거에 따뜻하고 얕은 바다였다는 것을 말해주는데, 이와 같이 생물체가 살았던 환경을 알려주는 화석을 **시상화석**이라고 한다.

〈배트맨과 로빈〉에서 프리즈는 자신을 잡기 위해 출동한 배트맨과 로빈에게 공룡들이 전멸한 이유를 묻는다.
공룡들이 왜 죽었을까? 프리즈는 "빙하기 때문이다."라고 했는데, 과연 맞는 이야기일까?

공룡은 고생대 트라이아스기 후기(2억 2000만년 전)에 양서류에서 진화하였으며, 중생대 쥐라기와 백악기에 번성을 하였다가, 백악기 말인 6500만년 전에 멸종하였다. 공룡은 골반구조에 따라 크게 용반목과 조반목으로 구분하며, 약 6000종 정도가 알려져 있다. 이렇게 많은 공룡이 갑자기 백악기에 멸종한 것은 아니며, 마지막 1000만년의 기간 동안 멸종되어간 것으로 추정된다. 이렇게 공룡이 멸종한 것과 같이 생물이 일제히 멸종한 사건은 6억 5000만년 전의 선캄브리아기 후기의 멸종 이래 11회나 있었다고 알려져 있다. 이러한 생물의 멸종에 대한 많은 설이 제기되고 있으며, 빙하에 의한 공룡의 멸종설도 그 중의 하나이다. 빙하설의 증거가 되는 것은 공룡이 멸종한 백악기 지층에 극지방의 빙하가 발달한 흔적이 있기 때문이다. 빙하가 발달하게 되면 알베도(빛을 반사하는 정도)가 증가하여 지구의 기온이 내려가게 되고, 기온이 내려가면 더욱더 빙하가 발달하며 기온이 저하되는 것이다(참고 : 양성되먹임 p.149). 이렇게 기온이 저하되어 환경이 변하자, 덩치가 큰 공룡은 잘 적응하지 못하여 멸종하게 되었다는 것이다. 이 영화에서는 기온저하설로 공룡의 멸종을 이야기하고 있지만, 〈아마겟돈〉에서는 운석충돌에 의해 공룡이 멸종했다고 주장하고 있다. 그러나 두 가지 모두 공룡 멸종에 대한 가설일 뿐 아직 어느 것이 정답이라고 할 수 없다.

이외에도 '화산 활동설', '종의 노화설', '알칼로이드 중독설', '2600만년 주기설', '태양계의 섭동설', '행성 X설', '네메시스설', '혜성설', '공룡의 자체 멸종설' 등 이론도 가지가지이다. 공룡은 죽어서까지도 많은 사람들의 관심의 대상이라고 하겠다.

〈아마겟돈〉에서 해리(브루스 윌리스)는 갑자기 시추구 게이지의 압력이 올라가자 밸브를 잠그며 대원들을 빨리 대피시키라고 한다. 구경 온 일본 주주들은 위기 상황인지도 모르고 멋있다고 난리다. 오른쪽의 장면은 해리와 A.J(벤 애플렉)가 원유를 뒤집어쓰고 겨우 밸브를 잠그는 장면이다. A.J는 자기 덕분에 석유를 발견했다고 해리에게 자랑을 하지만, 해리는 하마터면 모두가 위험해질 뻔 했다며 그를 해고시킨다. 이렇게 위험하게 캐내고 있는 석유는 무엇이며, 어디에서 나오는 것일까?

아마겟돈 석유 시추를 하는 도중 솟아나오는 석유

우리나라는 해마다 엄청난 양의 석유를 해외에서 들여다쓰고 있다. 석유는 원유와 천연가스를 가리키는 말로 화학적으로 보면 탄화수소 화합물일 뿐이다. 하지만 화학공업의 근간이 될 뿐 아니라 에너지원으로서 중요하기 때문에 이렇게 시추를 하고 캐내기 위해 노력하는 것이다(물론 경제적인 이익도 큰 이유가 된다).

석유는 구약성서에도 나올 만큼 사용해 온 역사가 오래되었으며, 고대 이집트인은 석유를 상처에 바르고 미이라를 만들 때도 사용했다고 한다. 19세기 산업시대에 접어들면서부터는 대량으로 석유를 채굴했고 사용량도 급격히 증가했다.

우리는 석유와 석탄을 **화석연료**라고 한다. 이것은 석유가 과거 생물의 유해가 변해서 생겼기 때문이다. 육상 동식물의 유해나 해양 생물의 유해가 지하에 매몰되어 오랫동안 열과 압력을 받아 생성된 것이 석유인 것이다. 따라서 석유는 사암이나 석회암과 같은 퇴적암에서 발견이 되며, 지질구조로 보면 배사구조에서 발견이 된다. 석유가 묻혀있다고 무작정 채굴하는 것은 아니며 채산성이 맞아야 할 수 있다. 영화에서와 같이 굴착을 해서 가스층을 지나 석유가 있는 곳에 도달하게 되면 압력에 의해 석유가 뿜어져 나온다.

2 지각 변동

버티칼 리미트 날씨가 나빠지고 있는 산

〈버티칼 리미트〉는 히말라야 산맥에서 조난된 사람들을 구출하는 영화이다. 히말라야는 알려진 바대로 세계에서 가장 높은 산들이 있는 곳이다. 어떻게 이렇게 높은 산들이 생겼을까? 그리고, 이 산에서 바다에 살던 암모나이트 화석이 나온다는 것은 무엇을 의미하는 것일까?

조상 대대로 선산을 지켜왔다는 어르신의 말씀을 듣고 있으면 산이라는 것은 변함 없이 항상 그대로 있는 존재처럼 생각될 수 있다. 하지만 이것은 사람의 감각으로 판단했을 때의 이야기이다. 사람의 인생이나 역사는 지구의 역사에 비하면 말 그대로 찰나에 지나지 않는다. 비와 바람, 산사태나 빙하 등에 의해 산은 사람이 느끼지 못하는 아주 적은 양만큼 매년 깎이고 있다. 아주 적은 양이라고 하더라도 오랜 시간이 흘러가면 산은 틀림없이 많은 부분이 깎여나가 작아졌을 것이 틀림없다. 즉, 수십억 년 지구의 역사를 고려할 때 산이 새로 만들어지지 않았다면 육지에는 언덕이 조금 있을 뿐 대부분의 산은 없어졌어야 했다. 그런데 아직 많은 산들이 있는 것을 보면 산은 새로 생겨난다고 할 수 있을 것이다.

산이 만들어지는 원인에는 여러 가지가 있다. 화산이나 주변이 깎여서 남은 돌산을 제외하면 산은 대부분 산맥을 이루고 있는 경우가 많다. 이렇게 산맥이 만들어지는 전과정을 **조산운동**이라고 하며, 산맥이 형성되는 지역을 조산대라고 한다. 〈버티칼 리미트〉의 배경이 되는 히말라야 산맥은 곤드와나 대륙에서 분리된 인도 판이 북상하면서 유라시아 판과 충돌하여 생긴 것이다. 히말라야와 같이 큰 습곡산맥들이 대륙 주변부에 분포하는 것은 이 지점이 바로 판과 판의 충돌지점이기 때문이다.

〈반지의 제왕〉에서 가상의 대륙 지도를 보면 모르도르 땅은 외부와 고립이 되어 있는데, 사방이 산맥으로 둘러 싸여 있다. 이 지형은 주위의 다른 판이 중앙의 모르도르 땅을 이루는 판과 충돌한다면 생길 수 있을 것이다.

다시 현실의 이야기로 돌아와서 히말라야의 경우, 바닷속의 두꺼운 퇴적층이 습곡작용을 받아 형성이 되었기 때문에 산에서 바다 생물의 화석이 발견되는 것이다. 마치 차전놀이를 할 때 동채가 양쪽에서 서로 밀어 올려지는 것과 흡사하다.

〈미션 임파서블 2〉에서 IMF 요원인 이단 헌트는 암벽 타기를 하고 있다. 아슬아슬한 이단 헌트에게 시선이 집중되지만, 주변의 지형을 한 번 살펴보자. 우리나라에서는 볼 수 없는 독특한 지형이 펼쳐져 있음을 확인할 수 있다. 탁자와 같이 생긴

반지의 제왕 모르도르가 표시되어 있는 지도

미션 임파서블 2 맨손으로 암벽을 타고 있는 이단 헌트

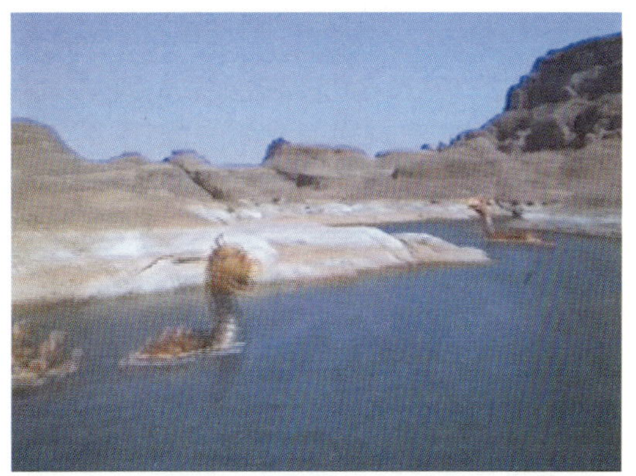

고인돌 가족 플린스톤 옛날의 그랜드캐니언

바위산이며, 뒤쪽에 펼쳐져 있는 계단 모양의 지형을 잘 보라. 어떻게 이런 모습을 하

그랜드캐니언(Grand Canyon)

그랜드캐니언은 미국 애리조나 주(州) 북부에 있는 콜로라도 강 중류 지역에 위치한 대협곡으로 1919년 국립 공원으로 지정되었다. 그랜드캐니언과 유타주에 이르는 지역은 빼어난 자연 경관 때문에 영화나 광고의 배경으로 많이 등장한다. 2차 대전 당시 통신병으로 활약한 나바호족의 활약을 그린 <윈드토커>, 톰크루즈의 암벽타기가 일품인 <미션임파서블 2>, 화재의 드라마 <올인>에도 등장하는 등 이곳을 배경으로 하는 영화는 한두 편이 아니다. 하지만 그랜드캐니언의 가치는 그 빼어난 경관에만 있는 것이 아니다. 그랜드캐니언은 지구 지질 역사책이라고 할 만큼 다양한 시대의 지층이 존재한다. 정상 부근에는 2억 5천만 년 전 고생대 말기의 화석이 발견되는가 하면, 아래쪽에는 17억 년 전의 선캄브리아대 화석도 발견이 된다. 콜로라도 강에 의한 하안단구 지형을 극명하게 보여주는 등 지질학 종합 선물 세트라고 해도 과언이 아니다.

게 되었을까? 계단 모양으로 생긴 이런 지형을 단구라고 하며 오랜 세월 동안 땅이 서서히 융기하여 해안의 절벽(해안 단구)이나 강의 측면(하안 단구)을 깎는 경우에 생긴다. 이와 같은 지층의 융기와 침강을 조륙운동이라고 한다. 〈고인돌 가족 플린스톤〉에는 과거의 그랜드캐니언에 공룡들이 놀고 있는 장면이 나오는데, 〈미션 임파서블 2〉와 비교해서 많이 다름을 볼 수 있다. 그랜드캐니언은 미국 애리조나주에 있는 거대한 협곡으로 길이 350km, 깊이 약 1,600m이다. 계곡 벽에는 영화에서 볼 수 있듯이 많은 단구가 계단 모양을 이루며, 계곡의 아래에는 콜로라도 강이 흐른다.

바이센터니얼맨 해안가에서 노는 앤드류와 가족들

〈바이센터니얼맨〉에서 주인공 앤드류는 로봇이라 늙지 않지만, 사람들은 순식간에 늙어간다. 앤드류에게는 시간이 크게 중요하지 않지만, 사람들은 그렇지 않다. 12년 전 꼬마아가씨와 놀던 해안에 이제는 성인이 된 꼬마 아가씨의 아이들과 함께 왔다.

해안가에는 절벽이 멋지게 버티고 있는데 이러한 지형은 어떻게 생기는 것일까?

파도에 의해 지속적인 침식 작용을 받게 되면 해식 동굴이 생성된다. 해식 동굴이 생긴 후에도 지속적인 침식을 받게 되면 동굴의 윗부분이 무너져 내리는데, 이렇게 해서 생긴 지형이 **해안 절벽**이다. 즉, 해안 절벽은 파도와 중력의 합작품이다. 육지 쪽에는 이렇게 해안 절벽이 생기고 해안 절벽 아래까지 깎여 생긴 평평한 대지는 **해식 대지**라고 한다. 만약, 이러한 해안 절벽이 융기를 하게 되고, 다시 침식을 받게 되면 계단형 지형인 **해안 단구**가 생기게 된다. 이렇게 해안선에서 튀어

몬테크리스토 백작 해안 절벽

나온 곳을 **곶**이라 한다. 곶은 파도의 에너지가 집중되어 침식을 받는다. 모래사장이 펼쳐진 안으로 쑥 들어온 부분은 **만**이라고 하며, 모래의 퇴적이 일어나서 모래사장을 이루게 된다. 같은 해안임에도 한 쪽은 침식작용을 받아서 해안 절벽이 형성이 되고, 다른 쪽은 퇴적 작용에 의해 모래 해변이 된다.

〈진주만〉에서 레이프는 독일과의 전투를 위해 영국 공군에 자원 입대한다. 그는 영국 해안에서 스핏파이어(Spitfire)를 몰고 독일의 메서슈미트(Messer-schmitt) BF109와 전투를 벌인다. 멋있는 전투신을 뒤로 하고 과학 공부를 위해 조금만 왼쪽으로 시선을 돌려 보자.
새하얀 영국의 절벽을 볼 수 있다. 이 지층은 어떤 지층일까?

진주만 영국 해안에서 독일과 영국의 전투

　영화에서 보면 절벽은 온통 흰색이다. 이것은 미세한 부유성 바다 미생물의 탄산염 껍질이 모여서 된 석회암의 일종으로 **백악(chalk)**이라고 한다(Chalk는 분필을 의미한다).
　중생대의 마지막 시기인 백악기는 바로 그 시기의 유럽 지층에서 백악이 많이 발견되기 때문에 붙여진 이름이다.

3 움직이는 대륙

슈퍼맨 산 안드레아스 단층을 표시한 지도

〈슈퍼맨〉에서 악당 렉스 루스(진 해크만)는 핵무기를 탈취해서 산 안드레아스 단층에 쏘아 버린다. 그는 슈퍼맨(크리스토퍼 리브)을 유인해서 자신의 계획을 알려주는데, 로스앤젤레스 부근의 해안을 바닷속으로 가라앉히겠다는 것이다. 이렇게 되면, 그가 헐값에 사들인 로스앤젤레스 뒤쪽의 사막 땅이 해안을 바라보기 때문에 땅 값이 오른다는 것이다. 그렇다면 렉스 루스가 핵무기의 공격 목표로 선택한 산 안드레아스 단층은 어떤 것일까?

매년 로스앤젤레스는 수 cm의 속도로 샌프란시스코 쪽으로 가까워지고 있다. 지질학자들은 이런 식으로 이동한다면 아마 1000만 년 후에는 두 도시가 가까이 인접하게 될 것이라고 말한다. 또한 6000만 년 후에는 렉스 루스의 희망대로 아예 로스앤젤레스가 속해 있는 곳은 대륙으로부터 분리가 되어 버릴 것이다. 그러면 그는 핵폭탄을 터트리지 않아도 되겠지만, 그러기에는 너무 오랜 세월을 기다려야만 한다.

〈고인돌 가족 플린스톤〉에서 영화를 보는 장면이 나온다. 유니버설사의 로고와 현재 영화에서 사용되는 로고를 비교해 보면 재미있는 것을 발견할 수 있다. 배경으로 보이는 지구의 모양이 지금의 모양과 다르다는 것이다. 왜 이렇게 지구의 육지 분포를 다르게 했을까?

영화 속에서 이렇게 대륙이 움직인다는 사실을 패러디 할 정도로 땅이 움직인다고 믿고 있지만, 이러한 생각을 받아들이게 된 것은 그리 오래되지 않았다. 1912년

고인돌 가족 플린스톤 원시 시대의 유니버설사의 로고

판의 경계

판구조론에 의하면 판의 경계에서는 다음과 같은 지각 변동이 일어난다.

① 해령 : 새로운 판이 생성되어 해저가 확장되는 곳으로 지진이 발생한다.

② 해구 : 오래된 해양판이 대륙판 아래로 침강하는 곳으로 지진과 화산이 발생한다.

③ 두판이 충돌하는 곳 : 히말라야 산맥과 같은 습곡산맥이 형성된다.

독일의 기상학자이자, 지구물리학자인 베게너(Alfred Wegener)는 지리학적 증거, 지질학적 증거, 고생물 화석의 증거, 고기후학적인 증거를 들어 대륙이 이동하고 있다고 주장했다. 이러한 그의 이론은 학계에서 바로 받아들여지지 않고, 많은 논란을 불러 일으켰다. 베게너가 여러 가지 증거를 제시했음에도 불구하고, 그의 이론이 거의 50년간 빛을 보지 못한 것은, 결정적으로 대륙을 이동시키는 원인(힘)이 무엇인지에 대해 명확하게 설명하지 못했기 때문이었다. 2차 대전이 끝나고 해저에 대한 각국의 관심이 증가하면서 해저 지형의 연구로부터 대륙 이동에 대한 결정적인 증거가 나오게 되었다. 이렇게 베게너의 대륙이동설이 다시 부활하게 되고, 헤스와 디츠의 해저 확장설이 등장하게 된다. 그리고 해저 확장설에 지구의

쥬라기 공원 3 유니버설사의 로고

볼케이노 화산 폭발을 설명하는 지질학자

암석권이 여러 개의 판으로 구성되어 있다는 생각을 추가하여 판 구조론이 등장하였다. 아직도 논의가 진행되고 있는 부분이기는 하지만, 많은 사람들은 맨틀 대류에 의해 대륙 이동이 일어난다고 생각을 하고 있다. 최근에는 플룸 구조론이 등장하여 거대한 플룸(plume ; 연기나 구름 기둥이라는 뜻)의 상승과 하강에 의해 맨틀 대류가 일

어난다고 이야기하는 학자도 있다.

어찌하였든 판구조론에서는 판과 판의 경계에서 지진이나 화산활동이 활발히 일어나는 현상을 잘 설명해 주고 있다. 앞의 〈볼케이노〉 장면에서 지질학자(앤 헤이시)가 재난 대책반장인 주인공(토미 리 존스)에게 판구조론으로 용암이 분출될 수 있다는 것을 설명하고 있다.

일과 에너지

<미션 임파서블 2>에서 IMF 요원인 이단 헌트는
휴가 기간 중에 보기에도 아슬아슬한 암벽타기를 하고 있다.
그가 이 절벽을 오르면서 한 일은 어떤 것일까?
일상생활에서 일의 의미와 과학적인 일의 의미에 대해
생각해 보자.

1 일

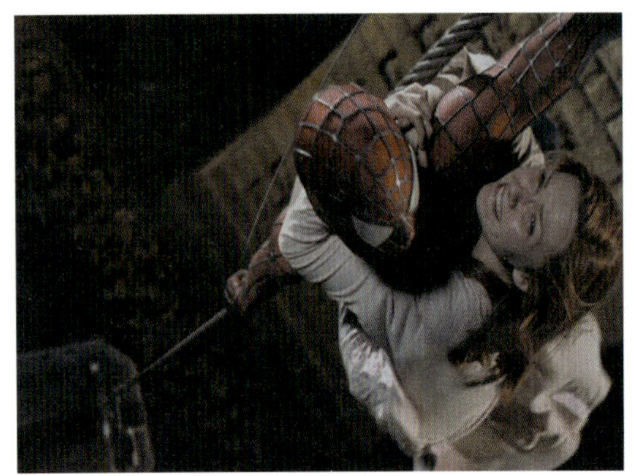

스파이더맨 케이블카를 잡고 있는 스파이더맨

〈스파이더맨〉에서 스파이더맨은 떨어지는 케이블카를 붙잡고 있다. 이 장면에서 스파이더맨은 보통 사람이라면 어림도 없는 큰 힘을 주고 있다. 그렇다면 과학적으로 볼 때 이렇게 큰 힘으로 물체를 잡고 있는 스파이더맨은 많은 일을 한 것일까?

“회사에서 일을 많이 했다.”라든지 “이 샷짐을 2층으로 운반하는 일을 했다.”라는 식으로 우리는 일상생활에서 ‘일’이라는 단어를 많이 사용한다. 이와 같이 일상생활에서 흔하게 사용하는 말은 과학에서 사용될 때 친근하게 느껴지기도 하지만, 때로는 흔히 사용하는 말이기 때문에 오히려 과학적인 개념과 혼동될 수 있다. 일상적인 의미로 일을 한다고 할 때는 정신적인 활동과 육체적인 활동을 모두 포함하지만 과학적인 일의 경우에는 정신적인 일을 포함하지는 않는다. 또한 육체적인 활동이라고 하더라도 물건을 단순히 들고 있거나 벽을 미는 것과 같이 힘을 주었으나 힘의 방향으로 움직임이 없었을 때는 과학적으로 일을 하지 않은 것이다. 과학적으로는 힘의 방향으로 물체를 움직였을 때만 일을 한 것이다. 이 장면에서 스파이더맨은 큰 힘(그의 팔에 있는 근육들은 엄청나게 많은 에너지를 소비하고 있을 것이다)을 주고 있지만, 물체가 힘의 방향으로 움직이지 않았기 때문에 한 일의 양은 ‘0’이다.

과학에서의 일은 다음의 식으로 나타낼 수 있다.

$$\text{일} = \text{힘의 크기} \times \text{이동한 거리}$$
$$(W = Fs)$$

일의 단위는 ‘J(줄)’을 사용하며, 1J은 1N의 힘으로 물체를 1m 이동시켰을 때 한 일의 양을 나타낸다.

$$1J = 1N \times 1m$$

떨어지는 케이블카를 잡고 있는 스파이더맨의 경우, 작용한 힘의 크기는 매우 크지만 힘의 방향으로 이동한 거리가 없기 때문에 과학적으로는 일을 하지 않은 것이라고 하였다. 하지만, 옆 장면에서와 같이 가벼운 식판이라고 하더라도 힘의 방향으로 물체를 이동시켰을 때는 일을 한 것이 된다. 어떻게 그 무거운 케이블카를 잡고 있는 것은 한 일의 양이 '0'이고 가벼운 식판을 당기는 것은 한 일이 있다는 것인지 이상할 것이다.

스파이더맨이 케이블카를 잡을 때 작용한 힘의 크기(F)는 지구가 케이블카를 잡아당기는 중력(ω)과 같다. 따라서 두 힘의 합력의 크기는 '0'이기 때문에 한 일은 아무것도 없는 것이 된다. 하지만 식판의 경우 합력이 '0'이 아니기 때문에 한 일의 양이 있는 것이다. 이 경우 스파이더맨이 20N의 힘으로 2m를 이동시켰다면, 40J의 일을 한 셈이다.

스파이더맨 거미줄에 딸려 오는 식판

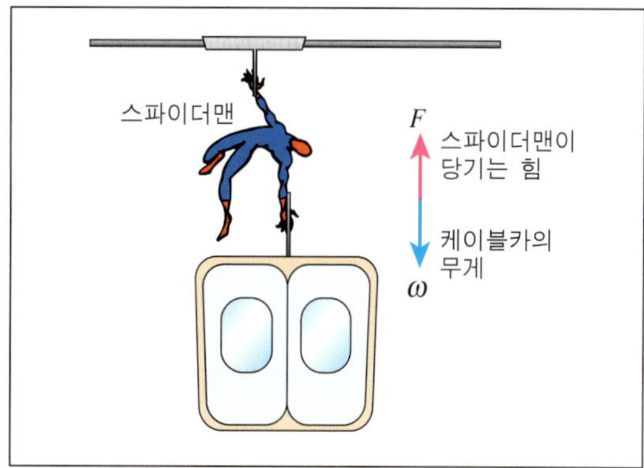

〈스파이더맨이 한 일〉

〈미션 임파서블 2〉에서 이단(톰 크루즈)은 키메라라는 치명적인 바이러스를 훔쳐 많은 돈을 벌려고 하는 전직 IMF 요원 앰브로스를 잡기 위해 그녀의 애인을 이용하고자 한다. 인공위성을 이용해 애인 나이아(탠디 뉴튼)의 위치를 파악한다. 이 인공위성은 지구 주위를 계속 운동하고 있는데, 인공위성의 한 일은 얼마나 될까?

미션 임파서블 2 나이아의 위치를 추적하는 인공위성

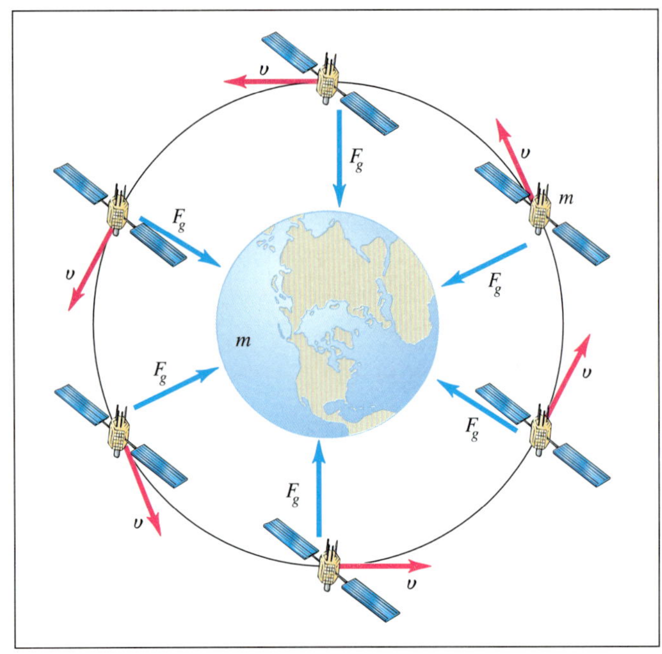

〈인공위성의 운동과 힘의 방향〉

　인공위성은 지구의 중력에 의해 지구 주위를 원운동하고 있다. 인공위성의 경우, 지구가 인공위성에 작용하는 구심력의 방향(F_g)과 인공위성의 운동 방향(v)은 항상 직각이기 때문에 힘의 방향으로 이동한 거리는 없다. 따라서 지구가 인공위성에 한 일은 0J이다. 이와 마찬가지로 스파이더맨이 줄에 매달려 건물 사이를 이동하는 것도 한 일의 양은 0J이다. 스파이더맨의 운동은 진자운동으로 볼 수 있는데, 진자운동 또한 힘의 방향과 이동방향이 직각이기 때문이다.

② 일의 원리와 일률

〈꼬마돼지 베이브 2〉에서 베이브의 주인은 우물 속의 펌프를 수리하기 위해 도르래에 판자를 달아서 조심스럽게 우물 속으로 내려가고 있다. 이때 펌프가 얹혀져 있는 판자 위에 베이브가 뛰어내리는 바람에 그만 주인이 우물 속으로 떨어지는 사고를 당하게 된다. 베이브는 펌프와 자신의 무게가 주인의 몸무게

보다 적었으면 이러한 일이 벌어지지 않았을 것이라고 자책하고 있다. 이 장면에서 베이브의 주인은 왜 도르래를 사용하고 있으며, 어떤 경우에 도르래를 사용하는가?

꼬마돼지 베이브 2
주인이 매달린 판자 위로 뛰려는 베이브

〈블루〉에서 해군의 해난구조대(USS)는 바다에 빠진 미사일을 건져 올리기 위해 잠수를 한다. 잠수한 대원들이 바다에 빠진 미사일에 로프를 연결하고 인양선에서 당겨 미사일을 건져 올린다. 이때 인양선에 매달린 도르래는 힘의 방향을 바꿔주는 역할을 한다. 〈꼬마돼지 베이브 2〉에서 우물로 펌프를 가지고 내려가기 위해 농부가 사용한 것은 고정 도르래이다. **고정 도르래**는 힘의 방향을 바꾸어 주는 역할을 하기 때문에 매달린 채로 내려갈 수 있다. 하지만, 도르래에 농부와 펌프가 서로 다른 판자에 놓여 있다는 것은 별로 좋은 방법이 못된다. 왜냐하면 영화에서와 같이 무게의 균형이 깨어지면 바로 당겨져

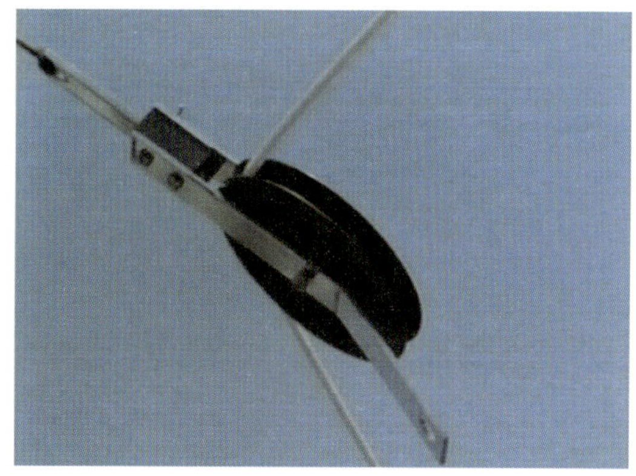

블루 미사일을 인양하는데 사용하는 도르래

올라가거나 아래로 떨어져 버릴 수 있기 때문이다. 이와 같이 고정 도르래는 힘의 이득을 얻기 위한 것이 아니라 방향을 바꿀 때만 사용하기 때문에 힘의 균형이 깨어지게 되면 곧바로 움직이게 된다.

다음 장의 삽화와 같이 고정 도르래 양쪽에 같은 무게를 가지고 있는 두 추를 매달고 높이를 약간 다르게 한 후, 높은 쪽의 추를 잡고 있다가 놓으면 어떻게 될까? 만약 높이 매달린 추가 위쪽으로 끌려 올라간다고 생각된다면 관성에 대해 다시 공부하기 바란다. 작용한 힘(합력)이 '0'인 경우 물체는 그 운동 상태를 유지하려고 한다. 두 추의 무게가 같기 때문에 추의 위치에 상관없이 추에 작용하는 힘은 '0'이다. 따라서 같은 높이에 추가 있든지 더 높은 위치에 있든지 상관없이 추는 움직이지 않는다.

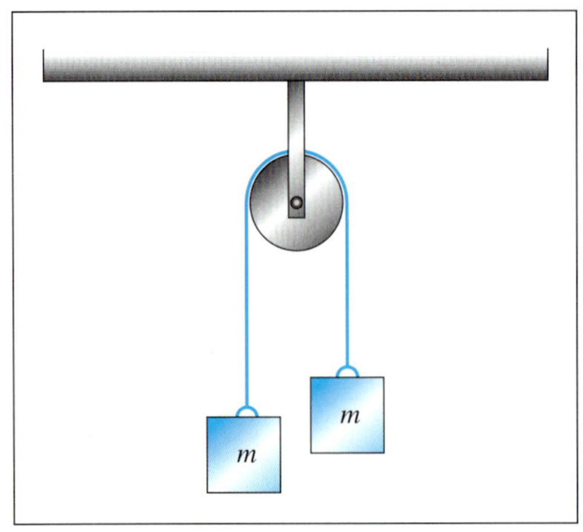

〈고정 도르래에 달린 같은 무게의 두 물체〉

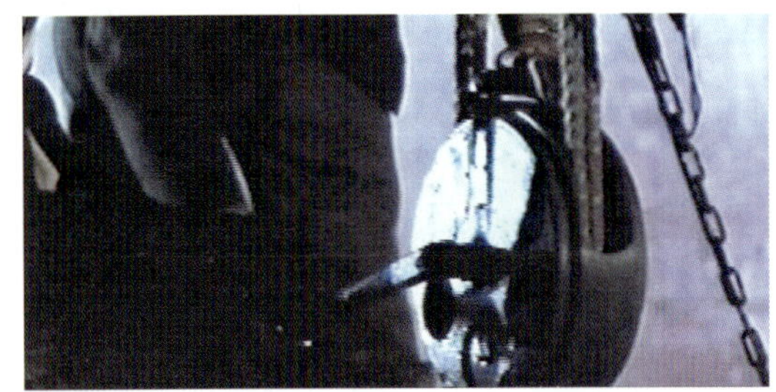

진주만 호이스트

〈진주만〉에서는 체인 호이스트에 달린 구명정 안에서 레이프(벤 애플렉)와 에블린(케이트 베켄세일)이 데이트를 하고 있는 장면이 나온다. 데이트 중 에블린이 그만 호이스트를 건드려 배가 갑자기 기울어진다. 호이스트는 도르래의 원리를 이용한 것으로 작은 힘으로 큰 무게의 물체를 움직일 수 있게 되어 있다. 체인 호이스트는 일종의 **움직도르래**로, 움직도르래를 사용하는 이유는 작은 힘으로도 큰 힘을 작용할 수 있기 때문이다.

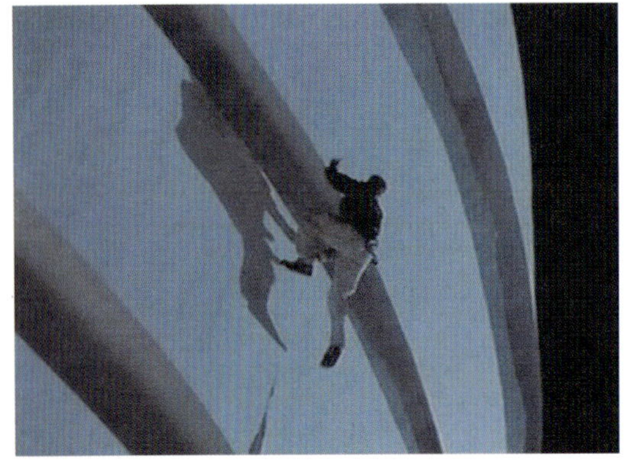

맨 인 블랙 건물벽을 기어오르는 외계인

〈맨 인 블랙〉은 일반 국민들 몰래 외계인과 관련된 여러 가지 문제를 해결하는 첩보 기관의 활약상을 그린 영화이다. 영화의 제목에서 알 수 있듯이 검은 옷을 입은 요원들은 외계인과 관련된 문제가 발생하면 어디든 나타나서 문제를 해결하고 사라진다.

LA 경찰인 제이(윌 스미스)는 범인을 잡으려고 추격을 한다. 이 범인은 외계인으로 건물의 벽을 타고 올라가고, 제이는 계단으로 뛰어올라가 범인을 잡는다. 건물의 벽을 타고 올라간 외계인과 건물의 계단을 따라 올라간 제이 중 누가 더 많은 일을 했을까?

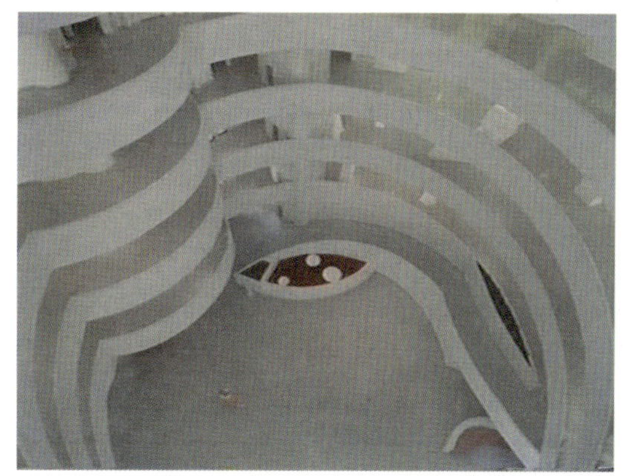

맨 인 블랙 빌딩 옥상으로 올라간 외계인을 쫓는 제이

어느 날 한적한 시골에 바퀴벌레 외계인의 우주선이 나타난다. 바퀴벌레 외계인은 구덩이에 바진 우주선을 올리기 위해 빗면을 따라서 굴린다. 자동차에 실을 때도 빗면을 이용하는데 이렇게 **빗면**을 이용하면 이동거리는 길어지지만 적은 힘으로 물건을 운반하거나 올라갈 수 있는 장점이 있다.

외계인이 빌딩벽을 타고 올라가지만 그를 쫓는 형사는 나선형의 계단을 따라 멀리 돌아서 올라간다. 빌딩벽을 통해 옥상으로 올라가려면 힘이 너무 많이 들기 때문에 보통 사람이라면 계단을 이용할 수밖에 없다.

〈미션 임파서블 2〉에서 이단 헌트의 맨손 암벽타기는 보는 이들로 하여금 손에 땀을 쥐게 하는 짜릿한 장면으로 유명하다. 산을 오를 때 절벽으로 올라간다면 올라가는 거리는 짧아지지만 영화에서와 같이 매우 힘들게 올라가야 할 것이다. 그래서 우리는 산에 올라갈 때 비스듬한 등산로를 따라서 올라가는 것이다.

〈미션 임파서블〉에서 이단 헌트가 랭글리의 **IMF** 본부에 침투하기 위해 환기통으로 들어가면서 나사못을 돌리는 장면이 있다. 나사못 역시 빗면의 원리를 이용한 것이다.

〈반지의 제왕〉에서 반지를 만드는 도가니를 잡기 위해 집게를 사용하는 장면이다. 물론 도가니의 온도가 매우 높기 때문에 손으로 잡을 수 없어서 집게를 사용하는데, 집게에는 **지레의 원리**가 숨어있다. 즉, 집게를 사용하면 사람이 작은 힘

반지의 제왕 뜨거운 도가니를 잡는 집게

윈드토커 포탄을 운반하기 위해 사용하는 집게

을 주어도 사람이 잡은 힘보다 더 큰 힘으로 잡을 수 있게 해주므로 도가니를 꽉 쥐고 있을 수 있어 떨어지지 않게 한다.

〈윈드토커〉에서 일본군은 대포로 미군을 위험에 빠트린다. 대포가 크기 때문에 들어가는 포탄도 네 명의 병사가 집게로 집어서 운반하고 있다. 이 집게는 잡으면 양쪽에서 들고 운반하기 쉬운 자세가 되도록 설계되어 있다. 구부리는 각도를 조절함으로써 무거운 물체를 잡는 동시에 운반할 수 있도록 만들어진 것이다. 이 집게 또한 지레의 원리에 따라 병사들이 잡는 힘보다 집게가 포탄을 잡는 힘이 더 크다.

뮬란 부채로 산유의 칼을 뺏는 뮬란

〈뮬란〉에서 뮬란은 지붕 위에서 산유와 격투를 벌이고 있다. 뮬란은 성난 야수와 같은 산유의 칼을 부채로 막고 부채를 돌려서 산유의 칼을 빼앗는다. 실제로 이러한 기술은 무술에서 볼 수가 있다. 이 기술이 가능한 이유는 무엇일까?

지레는 작은 힘으로 무거운 물체를 들어올릴 수 있는 도구이다. 이러한 지레의 원리를 이용한 기구 중에 축바퀴라는 것이 있다. 자동차나 자전거의 핸들, 드라이버, 스패너와 같은 공구, 문의 손잡이도 모두 축바퀴이다. 축바퀴는 작은 힘으로 큰 힘을 작용시킬 수 있다. 위 장면을 보라. 뮬란이 부채 사이로 칼을 끼워서 부채 끝을 잡고 돌리자 산유는 그만 칼을 놓치게 된다. 산유보다 상대적으로 약한 뮬란이 어떻게 거구인 산유의 칼을 뺏을 수 있을까? 산유가 잡고 있는 칼의 손잡이와 뮬란의 부채에서 칼의 중심까지의 거리를 생각해 보라. 누가 칼의 중심에서 거리가 더 먼가? 당연히 뮬란이다. 따라서 뮬란은 작은 힘으로 산유의 칼을 뺏을 수 있는 것이다. 이와 비슷한 상황은 〈러시아워 2〉에서도 등장한다.

룰렛판에 칼이 끼이자 룰렛판의 지름이 칼 손잡이의 지름보다 크기 때문에 칼을 잡은 리(장지이)는 카터(크리스 터커)가 룰렛을 돌리는 방향으로 휘청거리는 모습을 보여준다.

〈다이하드 3〉에서 악당들은 포트 녹스에 있는 금고를 털고 있다. 금고에는 엄청난 양의 금괴가 보관되어 있다. 금괴의 양이 너무 많아 이들은 중장비를 이용해서 털 계획을 세운다. 그러기 위해 악당들은 경찰들의 관심을 돌려야 했고, 도심에 폭탄을 숨겼다는 허위 신고를 한다.
도둑들이 굳이 중장비를 동원하여 덤프트럭에 금괴를 싣는 이유는 무엇일까?

〈라스트 캐슬〉에서 삼성 장군이었던 전설적인 군인인 어윈(로버트 레드포드)이 형무소의 죄수들 사이에서 존경을 받기 시작하자, 이를 시기한 소장이 어윈에게 무거운 돌을 운반하는 벌을 내렸다. 대부분의 죄수들이 그가 이 벌을 견뎌내지 못할 것이라고 하지만 어윈은 끝내 돌을 모두 운반한다. 영화의 후반부에 가면 죄수들이 손으로 돌을 가져다 날라 애써 만든 성을 소장이 불도저를 동원해 순식간에 부셔버리는 장면이 나온다. 이렇게 사람이나 기계나 모두 같은 일을 할 수 있지만 사람이 할 경우 기계가 할 때보다 시간이 더 많이 걸린다. 즉, 사람이 하는 것이 기

러시아워 2 리의 칼을 돌리는 카터

다이하드 3 금괴를 털고 있는 도둑

라스트 캐슬 무거운 돌을 운반하는 벌을 받고 있는 어윈

계가 하는 것보다 비효율적이다. 〈다이하드 3〉에서도 사람이 금괴를 운반해도 되지만, 사람이 운반할 경우 중장비를 사용할 때보다 시간이 훨씬 많이 걸린다. 이렇게 중장비가 사람보다 짧은 시간에 많은 양의 일을 할 수 있으므로 더 효율적이다. 만약 도둑들이 직접 금괴를 들고 운반을 했다면 그들은 금괴를 털다가 잡히고 말았을 것이다. 이와 같이 단위 시간 동안 한 일의 양을 일률이라고 하며, 단위로는 W(와트)를 사용한다.

$$일률 = \frac{한\ 일의\ 양}{시간}$$
$$\left(P = \frac{W}{t}\right)$$

1W는 1초 동안에 1J의 일을 할 때의 일률이다.

③ 일과 에너지

나 홀로 집에 썰매 타는 케빈

〈나 홀로 집에〉에서 케빈(맥컬리 컬킨)은 식구들이 모두 휴가를 떠나고 혼자 남은 집에서 장난을 치고 있다. 2층 계단 위에서 눈썰매에 앉아 썰매를 타고 있다. 케빈이 이렇게 썰매를 탈 수 있는 것은 무엇 때문일까?

〈007언리미티드〉에서 제임스 본드(피어스 브로스넌)는 산 위에서 스키를 타며 내려오고 있다. 헬기를 타고 산 위에서 뛰어내린 후 그는 계속 아래로 미끄러져 내려오면서 스키를 탄다. 그가 이렇게 스키를 탈 수 있는 것은 산꼭대기에 있기 때문이며, 산 아래에서 위로 올라가면서 스키를 탈 수는 없다. 산꼭대기에 있는 물체는 산 아래와 달리 그 높이에 해당하는 만큼의 에너지를 가지고 있어 물체가 내려오면서 운동을 할 수 있다. 이와 같이 지상으로부터 어떠한 높이에 있는 물체가 가지는 에너지를 **중력에 의한 위치에너지**라고 한다.

케빈이 계단에서 썰매를 탈 수 있는 것 또한 케빈과 썰매가 지면에 대하여 위치에너지를 가지고 있기 때문에 가능한 것이다.

<매트릭스>의 네오는 프로그램 속에서 훈련을 받는 도중 빌딩 아래로 떨어지게 된다. 실제 상황이었으면 아마 그는 큰 충격을 받거나 죽었을 것이다. 하지만, 그는 탄력이 있는 바닥 속으로 들어갔다가 다시 튀어 올라올 뿐이었다.

네오와 같이 가벼운(?) 물체가 그리 높지 않은 위치에서 떨어지면 자신만 다칠 뿐 바닥에 그리 큰 흔적이 남지 않겠지만, <아마겟돈>이나 <딥 임팩트>와 같이 거대한 소행성이나 혜성이 떨어진다면 이야기는 달라진다.

<아마겟돈>은 6천 5백만 년 전에 지름 10km 짜리의 소행성이 떨어져 공룡을 멸

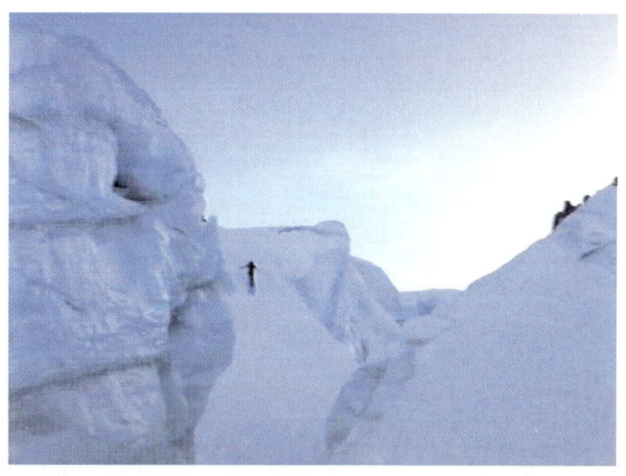

007언리미티드 스키 타는 제임스 본드

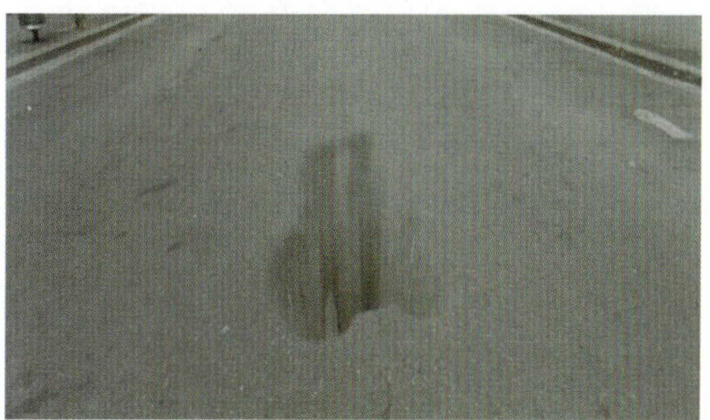

매트릭스 떨어지는 네오에 의해 들어간 도로

아마겟돈 6천 5백만 년 전 지구에 충돌한 소행성

종시켰다는 이야기에서 영화를 시작한다. 이 장면에서 소행성이 충돌하고 난 후 대륙 전체로 번져가는 불기둥은 엄청난 것이다. <딥 임팩트>에서 혜성의 조각이 바다에 떨어져 거대한 해일이 일어나 도시를 집어 삼키는 장면을 보면 높은 곳에서 떨어진 거대한 물체가 가지는 에너지의 크기를 실감하게 될 것이다. 이와 같이 위치에너지는 높이와 질량에 비례하며, 다음과 같은 식으로 나타낼 수 있다.

$$\text{위치에너지} = 9.8 \times \text{질량} \times \text{높이}$$
$$(E_p = 9.8mh)$$

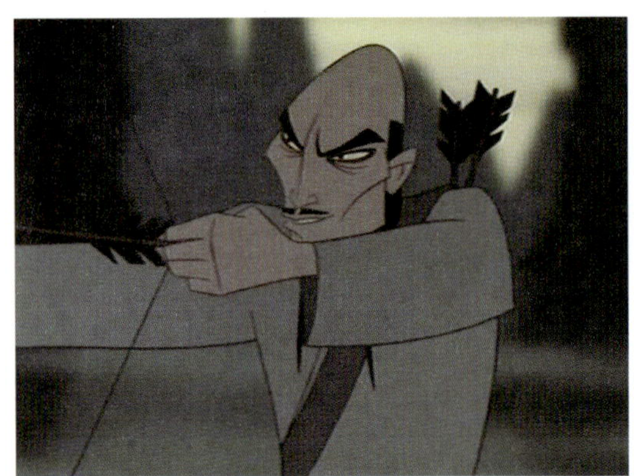

뮬란 활을 당기는 산유의 부하

〈뮬란〉에서 북방의 이민족인 산유와 그의 부하들은 만리장성을 넘어서 중국을 침략하고 있다. 이때 포로로 잡은 병사를 놓아주며 황제에게 자신이 왔다는 말을 하라고 한다. 옆의 장면은 자신의 부하에게 포로 중 한 명을 활로 쏘게 하는 장면이다. 산유의 부하가 활을 당기고 있는데, 이때 활에 저장된 **탄성에너지**는 화살을 앞으로 날아가게 하는 일을 하게 된다. 이와 같이 탄성을 가진 물체가 변형이 되면 원래 상태로 돌아가면서 외부에 일을 할 수 있는데, 이와 같은 에너지를 **탄성력에 의한 위치에너지**라고 한다. 이와 같이 위치에너지라는 것은 그 위치에 있기 때문에 일을 할 수 있는 잠재적인 능력을 가진 에너지라고 생각할 수 있다. 이때 위치라는 것은 단순하게 높이를 의미하는 것이 아니라 중력, 탄성력, 전기력, 자기력 등 그 힘에 대하여 일을 하였을 때 가지는 잠재적인 에너지라는 의미로 생각해야 한다.

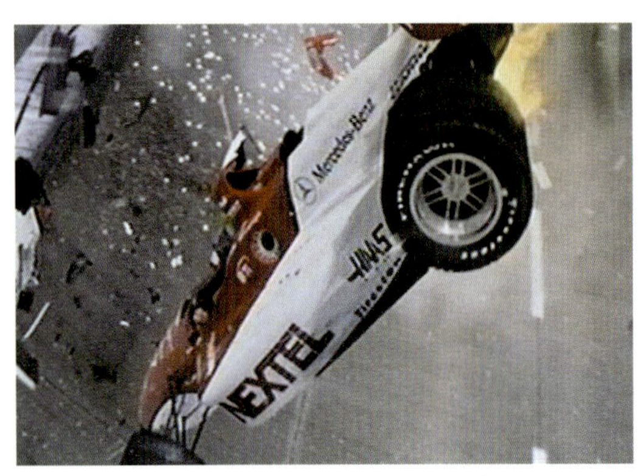

드리븐 F1 경주 도중 전복되는 자동차

〈드리븐〉에서는 F1 경주를 실감나게 그려냄으로써 관객들의 손에 땀을 쥐게 한다. 포뮬러 카들은 경기장을 정신없이 달리는데, 코너를 돌던 차들이 벽에 부딪혀 부서지기도 하고, 튕겨져 나가기도 한다. 경기를 보면 레이서들이 앞에 장애물이 나온 것을 보고도 피하지 못하고 사고가 나는 장면이 있는데, 최고의 레이서들이 왜 앞에 나타난 장애물들을 쉽게 피하지 못하는 것일까?

〈고인돌 가족 플린스톤〉에서 플린스톤(존 굿맨)은 볼링장에서 볼링을 치고 있다.

그만의 독특한 자세로 볼을 굴려서 핀을 모두 쓰러트린다. 움직이는 볼링공은 핀을 쓰러트리는 것과 같이 어떤 일을 할 수 있는데, 이와 같이 운동하는 물체가 가지는 에너지를 **운동에너지**라고 한다. 볼링공의 경우에는 질량이 작기 때문에 핀을 쓰러트리고 벽에 부딪힌 후 아래로 들어가 버리지만, 〈스피드 2〉에 등장하는 거대한 유람선은 덩치가 너무 크기 때문에 쉽게 멈춰 서지 못하고 육지까지 올라와서 정지한다. 〈스피드〉에서는 범인에게 탈취된 지하철이 속력이 너무 빨라 멈추지를 못하고 선로를 탈선해서 지상으로 올라와서 한참을 움직인 후 멈추어 선다.

고인돌 가족 플린스톤 볼링 치는 플린스톤

스피드 과속으로 인해 탈선하여 지상으로 올라온 지하철

〈드리븐〉에서 일류 레이서들은 자동차를 원하는 방향으로 움직이지 못하여 사고를 낸다. 이것은 자동차가 워낙 빠른 속력으로 달리고 있어 장애물을 감지하고 멈추고자 하지만 멈출 수가 없기 때문이다.(참고 : 여러 가지 운동 p.102)

〈스피드〉의 지하철과 〈스피드 2〉의 유람선은 덩치가 클 뿐 경주용 자동차만큼 빠르지는 않다. 하지만, 경주용 자동차와는 비교가 되지 않을 만큼 무겁기 때문에 지상으로 기차가 뚫고 올라오고, 유람선이 해안 마을까지 올라와서 마을을 쑥대밭으로 만들어 버린다. 이와 같이 무겁거나 속력이 빠른 물체는 다른 물체보다 더 많은 운동에너지를 가지고 있음을 알 수 있다. 운동에너지는 질량에 비례하고, 속력의 제곱에 비례하며, 아래의 식으로 표현할 수 있다.

$$\text{운동 에너지} = \frac{1}{2} \times \text{질량} \times (\text{속력})^2$$

$$E_k = \frac{1}{2}mv^2$$

슈렉 끊어진 다리에 매달린 슈렉 일행

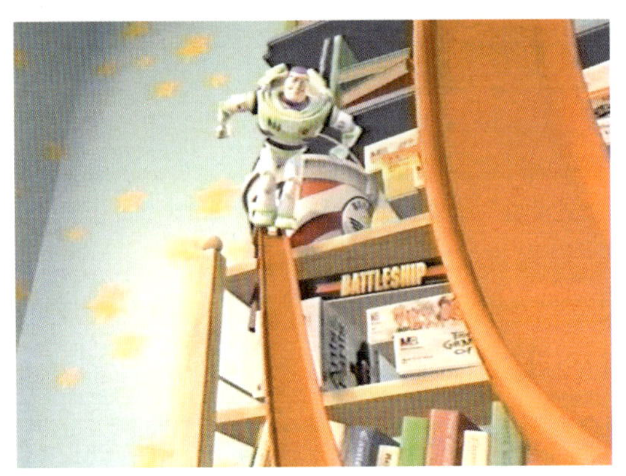

토이스토리 2 장난감 롤러 코스트를 타는 버즈

〈슈렉〉에서 슈렉과 동키는 불을 뿜는 용으로부터 피오나 공주를 구하는데 성공해서 성을 빠져 나오고 있다. 하지만, 다리에 불이 붙는 바람에 다리가 중간에서 끊어지고 만다. 미처 다리를 건너가지 못한 이들은 다리에 매달려 절벽에 부딪히게 된다. 왜 다리가 끊어지게 되면 다리에 있던 이들이 절벽에 부딪히게 되는 것일까?

이 장면에서 슈렉 일행은 다리 위에 있었지만, 다리가 끊어지는 바람에 매달려 절벽에 부딪히게 된다. 즉, 그들이 다리 위에 있었을 때는 위치에너지를 가지고 있었지만, 다리가 끊어져 아래로 내려오면서 위치에너지가 운동에너지로 바뀌게 되어 절벽에 부딪힌 것이다.

〈토이스토리 2〉에서 장난감 우주 용사 버즈는 롤러코스트 모형에서 미끄러져 내려오면서 점프를 한다. 버즈가 멀리 뛸 수 있는 운동에너지는 그가 높은 곳에서 가지고 있던 위치에너지가 미끄러져 내려오면서 운동에너지로 전환되었기 때문이다. 좀 더 자세하게 이야기를 하면, 위치에너지가 운동에너지로 바뀌었다가 점프하는 순간 다시 위로 올라가면서 위치에너지로, 또 내려오면서 운동에너지로 바뀌게 된다.

〈007골든아이〉에서 007은 거대한 댐 위에서 아래로 번지 점프를 하여, 소련의 화학 무기 연구소로 침투를 한다. 이 장면에서 댐 위에 있을 때 007의 위치에너지는 아래로

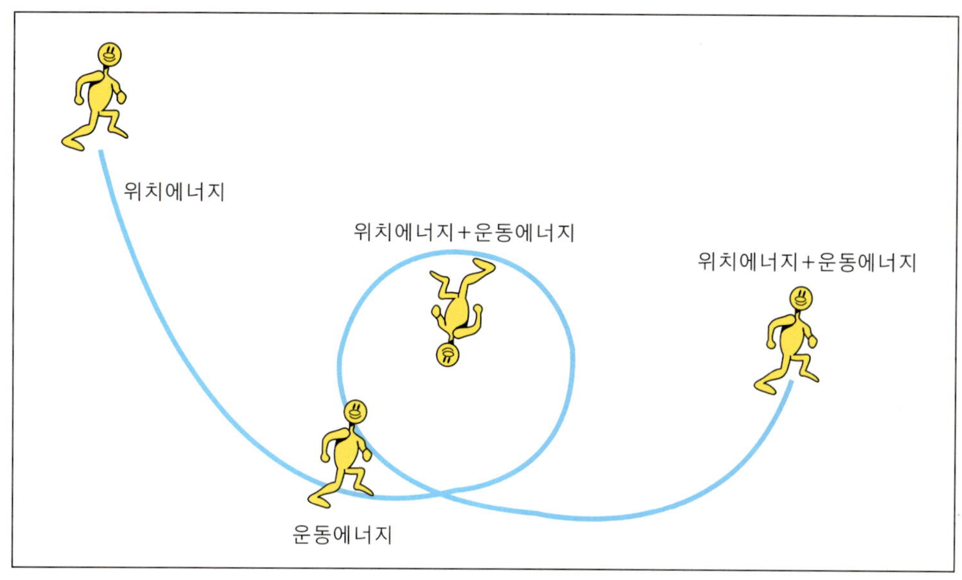

〈에너지의 변환〉

내려오면서, 감소한 위치에너지만큼 운동에너지로 전환되기 때문에 아래로 내려올수록 속력이 증가하는 것을 볼 수 있다. 뛰어내리는 순간에는 위치에너지밖에 없었지만, 이 위치에너지는 점점 운동에너지로 전환이 되면서 지면에 닿기 직전에는 모두 운동에너지로 전환되어 버린다. 이렇게 높은 위치에서 떨어지면 지면에 닿기 직전 가장 속력이 빠르고 운동에너지의 값도 최대가 된다.

007골든아이 댐 위에서 번지 점프를 하고 있는 007

　위치에너지와 운동에너지를 합하여 **역학적 에너지**라고 하며, 이 두 에너지는 서로 전환될 수 있다. 즉, 감소된 위치에너지의 양은 증가된 운동에너지의 양과 같으므로, 위치에너지와 운동에너지의 합인 역학적에너지는 일정하다.

위치에너지 + 운동에너지 = 역학적 에너지 = 일정

즉, 위치에너지와 운동에너지는 서로 전환이 가능하지만 항상 두 에너지의 합은 일정하게 보존되며, 이것을 **역학적 에너지 보존의 법칙**이라고 한다.

배트맨과 로빈 비행기에서 탈출하는 배트맨과 로빈

〈배트맨과 로빈〉에서 배트맨과 로빈은 고담 박물관을 턴 아이스맨을 잡기 위해 출동하지만, 오히려 배트맨이 아이스맨에게 잡혀 버린다. 아이스맨은 배트맨을 자폭 장치가 달린 비행기에 남겨두고 혼자 탈출을 한다. 비행기가 폭발하기 직전에 배트맨과 그를 구하러 온 로빈은 비행기 문짝을 뜯어서 타고 뛰어 내린다. 낙하산도 없는 배트맨과 로빈이 무사하게 착륙할 수 있었던 비결은 무엇일까?

배트맨과 로빈은 아이스맨의 비행기가 폭발하기 직전에 문짝을 뜯고 스카이 서핑을 하면서 탈출을 한다. 그리고 그들은 비스듬한 건물의 빗면을 따라 미끄러져 내려옴으로써 지상에 무사히 내려오게 된다. 만약 공중에서 그들이 가지고 있던 위치에너지가 모두 운동에너지로 전환되어 지면에 충돌했다면 그들은 살아남을 수 없었을 것이다. 그들이 살아남았다는 것은 위치에너지가 모두 운동에너지로 변환되지 않았고, 위치에너지와 운동에너지의 합이 줄어들었기 때문에 역학적에너지가 보존되지 않았다는 것을 의미한다. 즉, 역학적 에너지의 일부가 다른 형태의 에너지로 전환되었다는 것을 뜻한다. 이때 전환된 다른 형태의 에너지는 스카이 서핑을 하면서 공기와 마찰에 의해 발생한 열에너지와 지붕을 내려오면서 보드와 지붕 사이의 마찰에 의해 발생한 열에너지이다. 역학적 에너지가 보존이 되기 위해서는 공기의 저항이나 마찰이 없어야 한다. 일상생활에서 공기의 저항이나 마찰이 없는 경우는 없기 때문에 역학적에너지가 완벽하게 보존되는 경우는 없다고 할 수 있다.

이때 공기의 저항이나 마찰에 의한 에너지의 전환을 고려한다면 에너지의 총합은 일정하게 된다. 이렇게 역학적에너지 뿐만 아니라 여러 가지 형태의 에너지 전환을 모두 고려하면 에너지의 총량은 항상 일정하게 되며, 이것을 **에너지 보존 법칙**이라고 한다.

<뮬란>에서 거대한 종을 울리는 병사의 모습을 보자. 그는 힘차게 채를 잡고 휘두른다. 그의 채는 빠른 속력으로 운동을 하기 때문에 운동에너지를 가진다. 하지만, 종을 울리고 난 다음에는 멈춰 버리기 때문에 운동에너지는 0J이다. 이때 운동에너지는 사라진 것이 아니라 종을 울릴 때 나는 소리에너지와 채와 종 사이의 마찰에 의한 열에너지로 전환된 것이다. 그래서 연속으로 계속 종을 울리면 종은 따뜻해지게 된다.

뮬란 종을 울리는 병사

물의 순환과 날씨 변화

<퍼펙트 스톰>은 초대형 허리케인과 맞서 싸우는
어부들의 생활을 사실적으로 그린 영화이다.
한동안 슬럼프에 빠져 고기를 잡지 못한
안드레아 게일호의 빌리(조지 클루니)는 마지막으로
먼 바다에 고기를 잡으러 나간다.
그들은 만선의 기쁨을 누리며 돌아오는 도중
사상 최대의 허리케인과 마주하게 된다.
위의 그림은 이 때의 허리케인의 위성사진이다.
허리케인은 어떻게 발생하게 되며, 이러한 위성사진으로
어떻게 일기예보를 하게 되는 것일까?

1 물의 순환

미션 임파서블 컵에 맺힌 물방울

〈미션 임파서블〉에서 IMF의 특수요원인 이단 헌트는 이중간첩이라는 의심을 받게 되자 자신의 누명을 벗기 위해 CIA 본부에 침입을 하게 된다. CIA 본부에는 비밀번호는 기본이고, 온도, 압력, 소리에 반응하는 갖가지 경보 장치가 설치되어 있다. 이러한 장치들을 설명하는 장면에서 컵의 표면에 물방울이 많이 맺혀 있는 것을 볼 수 있는데, 이 중 한 방울이 바닥에 떨어지자 압력 변화가 감지되어 경보기가 울리게 된다. 이때 이 음료수 컵에는 왜 이렇게 많은 물방울이 맺히게 된 것일까?

주전자에 물이 끓을 때 생긴 김은 잠시 후에 사라진다. 빨래는 시간이 지나면 마른다. 이렇게 액체 상태의 물이 기체의 수증기로 바뀌는 현상을 증발이라고 한다(표면에서만 기화가 일어나면 증발이라고 하고, 액체의 내부에서도 기화가 일어나면 끓음이라고 한다). 물이 증발한다는 것은 기화되는 물의 양이 액화되는 양보다 많다는 뜻이지 일방적으로 기화만 일어나는 것을 뜻하지는 않는다. 따라서 증발이 활발하게 일어나기 위해서는 액화되는 물 분자의 개수가 적어야 하는데, 습도가 낮을수록 액화되는 물 분자의 개수는 적어진다. 공기에 의해 나타나는 압력을 기압이라고 하듯이 수증기에 의해 나타나는 압력을 **수증기압**이라고 하고, 수증기압이 높을수록 물이 잘 기화하지 않는다. 반대로 기화하는 양보다 액화하는 물 분자의 개수가 더 많다면 어떻게 될까? 당연히 물이 증가할 것이다. 컵의 표면에 물 방울이 맺혀서 커지는 것은 컵의 표면에 공기 중의 수증기가 액화하여 물로 바뀐 것이다. 그렇다고 아무 컵에나 물방울이 맺히지는 않는다. 차가운 컵을 따뜻한 공기 중에 두었을 때에 잘 생긴다. 이것은 차가운 컵 주위의 공기가 컵 때문에 차가워져서 컵에 수증기가 응결되기 때문에 나타나는 현상이다.

〈쥬라기 공원〉은 중생대의 공룡을 부활시켜 공원으로 만들고자 하는 인간의 욕심이 얼마나 위험한 것인지를 보여주는 영화이다. 영화에서 쥬라기 공원의 개장 전에 이 공원의 안전성을 진단하러 온 과학자 팀이 공원을 순시하고 있는데, 그만 전기가 나가서 전기 자동차가 멎어버리는 일이 발생한다. 빗속에 멎어버린 자동차에 오래 있게 되자 자동차 속에 김이 서리는데, 이러한 현상이 나타나는 이유는 무엇일까? 그리고 비 오는 날이나 겨울에 이러한 현상이 더 잘 생기는 이유는 무엇일까?

쥬라기 공원 차 유리에 서린 김을 닦아내는 말콤 박사

    대기가 최대한의 수증기를 포함하고 있는 상태를 **포화상태**라고 하며, 이 때의 공기 $1m^3$에 포함되어 있는 수증기의 양을 g수로 나타낸 것을 **포화수증기량**이라고 한다. 포화상태일 때는 더 이상의 물이 증발하지 않게 되며, 습도는 100%이다. 포화수증기량은 공기의 온도에 의해 좌우되며, 온도가 높을수록 더 커진다. 비가 온다는 것은 자동차 안이나 밖이나 전체적으로 습도가 높다는 것을 의미한다. 습도가 높은 상태에서 자동차 안의 사람들이 계속 호흡을 하게 되면, 습도는 더욱더 높아진다. 사람이 호흡할 때 많은 수증기가 포함되어 배출되기 때문이다. 이렇게 자동차 내부의 습도가 높아진 상태에서 유리창 주변의 공기는 냉각이 되어 유리창에 응결되어 김이 서리게 된다. 자동차 유리의 김을 없애는 방법으로는 앞 유리창 쪽으로 따뜻한 공기를 불어내는 방법과 에어컨을 켜는 방법이 있다. 따뜻한 공기를 불어내게 되면 공기의 온도가 올라가 포화수증기량이 늘어나기 때문에 유리창에 맺혔던 물방울이 다시 증발하여 김이 제거된다. 그렇다면 왜 에어컨을 켜면 김이 없어지는 것일까? 이것은 에어컨에 제습효과가 있어 습기를 없애기 때문이다. 추울 때는 자동차의 컨트롤러를 에어컨으로 두고 온도를 높여 놓으면 가장 빨리 김이 제거된다.

〈로빈슨 크루소〉에서 로빈슨 크루소는 사랑하는 여인 때문에 친구와 결투를 하게 되고 뜻하지 않게 친구를 죽이게 된다. 이 때문에 친구의 가족들을 피해 배를 타기 위해 새벽에 마차를 타고 달려가고 있다. 이 배경은 영국의 스코틀랜드 지방인데, 왜 새벽에는 안개가 가득 끼는 것일까?

로빈슨 크루소 새벽 안개 속을 달리는 마차

가을에 날씨를 잘 살펴보면, 안개는 저녁부터 새벽 사이에 끼어 있다가 해가 뜨면 사라진다. 해가 진 후부터는 기온이 낮아지게 되며, 기온이 낮아지면 포화수증기량이 작아진다. 이렇게 기온이 점점 낮아져서 공기의 습도가 100%가 되면 안개가 생기기 시작한다. 이 때의 온도를 **이슬점**이라고 하는데, 이슬점은 안개가 생기고 구름이 만들어지는 온도이며, 컵에 물방울이 생기기 시작할 때 컵 표면 공기의 온도이다. 이와 같이 이슬점이라는 것은 구름이 발생하는 온도를 나타내기 때문에 기상을 연구할 때 매우 중요한 자료가 된다.

이슬점이 낮다는 것은 낮은 온도에서 응결이 일어나 구름이나 안개가 생길 수 있다

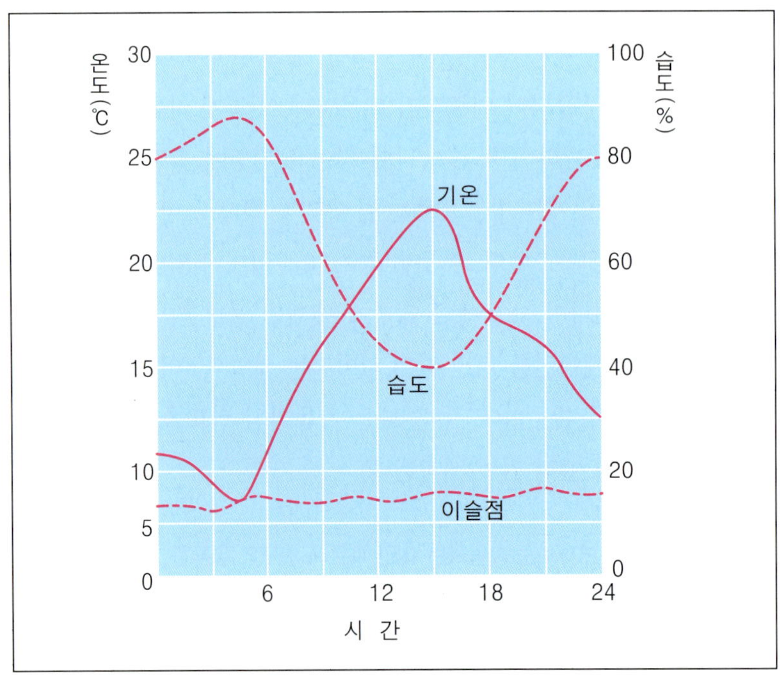

〈습도와 이슬점〉

는 뜻이며, 이슬점이 높으면 더 높은 온도에서도 구름이 생길 수 있다. 이슬점이 낮은 것은 그 공기의 습도(절대습도)가 낮기 때문이며, 따라서 온도가 낮아야 습도(상대습도)가 100%가 되어 안개가 발생하게 된다. 이렇게 냉각에 의해 발생하는 안개를 복사안개라고 하며, 공기가 냉각되면서 발생하기 때문에 다음날 해가 떠서 공기의 온도가 올라가면 사라지게 된다.

〈플러버〉에서 필립(로빈 윌리암스)은 신물질을 연구하는 대학교 교수이다. 그는 플러버라는 신물질을 만들어서 자동차에 넣어 차가 하늘을 날 수 있게 한다. 이 자동차를 가지고 악당들을 물리치고 사랑하는 사람과 결혼을 하여 신혼여행을 가게 된다. 자동차가 비행기처럼 날아다는 것이 황당하기는 하지만, 일단 이 자동차를 자가용 비행기라고 생각하자. 주변의 구름을 보면 안개와 비슷하게 생겼는데, 안개와는 어떤 차이가 있을까?

플러버 플러버를 이용해 하늘을 나는 자동차

　〈로빈슨 크루소〉의 안개와 〈플러버〉의 구름은 모두 공기 중의 수증기가 응결하여 만들어진 물방울로 구성되어 있다. 다만 구름은 지면의 공기가 상승하면서 냉각되어 하늘에 만들어지고, 안개는 지면의 냉각이나 수증기의 공급으로 지면에 만들어진다는 것이 차이점이다. 일반적으로 구름은 지표면에서 가열된 공기가 상승하면서 단열팽창에 의해 만들어지고, 안개의 경우에는 복사 냉각에 의해 만들어지는 경우가 많기 때문에 약간의 차이가 있다. 하지만, 구름이나 안개 모두 찬 공기와 따뜻한 공기가 만날

단열팽창

열의 출입을 막고 기체의 부피를 변화시키는 것을 단열과정이라고 하며, 단열과정에는 단열팽창과 단열수축이 있다. 단열팽창을 시키게 되면, 기체가 팽창하면서 주위에 대하여 일을 하게 되기 때문에 내부에너지가 감소하여 온도가 하강하게 된다. 휴대용 가스통에서 가스가 빠져나가면서 통이 차가와지는 것은 바로 이 때문이다. 건조한 공기(불포화 상태)가 상승하면서 온도가 낮아지는 비율(건조 단열 감률)은 1℃/100m이고, 포화 상태가 되면(습윤 단열 감률) 100m 상승할 때마다 약 0.5℃씩 기온이 내려간다.

경우에도 발생하기 때문에 안개를 땅에 생긴 구름이라고 생각해도 틀린 이야기는 아니다.

트위스터 토네이도 발생 징후인 구름

〈트위스터〉에서 조(헬렌 헌트)와 빌리(빌 팩스톤)는 토네이도를 추적하면서 열심히 하늘을 쳐다보고 있다. 하늘색이 아름답다느니, 유방운의 최상층이 4만 피트는 될 것이라는 등의 이야기를 하고 있다. 그들이 이야기하고 있는 유방운이라는 구름은 어떤 형태의 구름일까? 진짜로 유방운이라는 구름이 있을까? 그리고, 적운의 최상층이 4만 피트라는 그들의 야야기는 옳은 이야기일까?

구름의 과학적 분류는 1803년 L. 하워드(Luke Horward, 1772-1864)에 의해 이루어졌으며, 크게 층운형, 적운형, 권운형의 세 가지로 분류된다. 이것들이 기초가 되어 권적운과 난층운이 추가되었고, 1956년 국제기상회의에서 '국제구름도감 : International Cloud Atlas'에 현재 적용 중인 열 종의 기본형 구름이 정해졌다. 열 종의 기본형 구름에는 권운, 권적운, 권층운, 고적운, 고층운, 난층운, 층적운, 층운, 적운, 적란운이 있고, 그 외에 파상운, 탑상운, 렌즈운, 유방운, 수렴운 등의 변형 구름도 있다. 이와 같이 유방운은 구름의 기본형에는 속하지 않으나, 구름의 아래 밑면이 젖꼭지와 같이 몽글몽글하다고 해서 붙여진 이름이다. 유방운은 적란운이나 난층운에서 많이 발생하기 때문에 비 올 징조라고 할 수 있으며, 영화에서는 토네이도의 발생 징조로 이야기하고 있다. 유방운의 최상층이 4만 피트(약 12km)라고 하는데, 적란운 최상층의 경우 이 정도 고도가 된다.

트위스터 하늘을 덮고 있는 구름

〈트위스터〉에서 돌풍 추적대가 토네이도를 쫓아서

복사냉각

복사는 열의 전달방식 중 하나로서, 열을 가진 모든 물체는 복사선의 형태로 열을 방출한다. 복사냉각은 지표면이 복사선의 형태로 열을 방출하면서 식는 것을 말하는데, 이 때문에 지표부근에 있는 공기의 온도가 내려가면서 안개가 생기게 되며, 이렇게 발생한 안개를 복사안개 라고 한다. 복사안개는 공기의 이동이 없는 봄, 가을밤에 잘 생긴다. 맑은 날 밤에 복사 안개가 많이 생기는데 이것은 맑은 날에 지표면의 복사가 잘 일어나기 때문이다. 흐린 날에는 습도가 높아 복사된 열을 수증기가 흡수하여 온도 변화가 심하지 않기 때문에 복사 안개는 잘 생기지 않는다.

들판을 달리고 있다. 멀리 푸른 하늘과 흰구름, 검은 구름이 사이좋게 떠다닌다. 구름이 희게 보이거나 검게 보이는 이유는 무엇일까?

세상의 모든 색은 빛의 조화에 의한 것이다. 구름의 색이 흰색이라면, 이것은 빛을 모두 반사한다는 의미이며, 검다는 것은 빛이 우리 눈에 거의 도달하지 않는다는 의미이다. 흰구름은 빛이 물방울 속에서 굴절이 되어 그대로 우리 눈에 도달하기 때문에 흰 것이며, 검은 구름(적운이나 난층운)은 뒤쪽의 흰구름에 의해 빛이 가려지기 때문에 검게 보이는 것이다.

〈카멜롯의 전설〉에서 무모하리 만큼 용감한 란슬롯이 맬리건트에게 납치된 왕비를 구해서 탈출을 했다. 란슬롯은 한참을 달리다가 숲 속에서 떨어지는 빗물을 나뭇잎으로 받아서 왕비에게 건네 준다. 두 사람은 빗속에서 빗물을 마시며 좋아하는데, 그렇다면 이 비는 어디서 온 것일까?

카멜롯의 전설 빗물을 받고 있는 란슬롯

하늘에 있는 구름은 항상 구름으로 있을 수만은 없다. 구름 속의 물방울이 커지게 되면 비가 되어 내리기도 하고, 증발한 수증기에 의해 새로운 구름이 만들어지기도 한다. 구름을 이루는 물방울은 모두 강이나 바다, 땅, 식물의 증산 작용을 통해 공기 중으로 공급된 수증기가 응결되어 생기게 되고, 떨어진 빗방울은 강을 통해 다시 바다로 흘러간다. 이렇게 지구상에 존재하는 물은 항상 순환을 하기 때문에 지금 우리가 마시는 이 물 중의 일부는 오래 전에 이 땅에 존재했던 우리의 조상들이 마셨던 그 물이다. 물의 순환이 일어날 수 있는 근본 원인은 태양에너지의 공급에 있다. 태양으로부터 열에너지를 흡수한 물은 증발하여 수증기가 되고 수증기는 응결하여 구름을 형성하여 비가 되어 다시 땅으로 돌아온다. 이렇게 돌고 도는 것이 세상의 이치이다.

2 기압과 바람

딥 블루 시 내부로 물이 솟아오르는 아쿠아티카

〈딥 블루 시〉는 상어 연구를 하는 해저 연구소에서 상어의 공격으로 사람들이 대피를 하는 것을 그린 해양 생물 재난 영화이다. 여기서 연구소인 아쿠아티카는 수면 아래에 밀폐된 공간에 만들어져 있기 때문에 아래는 바다와 연결이 되어 있어도 물이 올라오지 않았다. 하지만, 탈출을 위해서 문을 열자 갑자기 물이 올라왔다. 왜 그럴까?

바가지나 컵을 물 속에 거꾸로 집어 넣으면 물이 올라오다가 더 이상 올라오지 않게 된다. 이렇게 더 이상 올라오지 않는 것은 물에 의한 수압과 공기에 의한 기압이 같기 때문이다. 〈딥 블루 시〉에서 연구실 대부분이 물에 잠겨 있지만, 일부 물에 잠기지 않은 부분이 있다. 공기가 미처 빠져 나가지 못하고 갇히게 되면 수압과 같아질 때까지 계속 압축이 되고, 수압과 같아지면 물이 더 이상 올라오지 못하게 되는 부분이 바로 이 부분이다. 연구소의 윗부분에 문을 열었을 때 갑자기 힘의 균형이 깨지면서 물이 올라오게 된다. 우리가 빨대를 통해서 음료수를 마실 수 있는 것이 이것과 같은 원리이다. 즉, 입 속의 기압을 낮춤으로 인해서 음료수가 위로 올라오는 것이다.

〈엑스맨〉의 스톰(할 베리)은 기후를 마음대로 조종할 수 있는 능력을 가지고 있다. 엑스맨과 매그니토가 이끄는 돌연변이들이 자유의 여신상에서 결투를 하고 있다. 스톰은 바람을 일으켜 파충류 돌연변이 인간을 건물 밖으로 날려 버린다. 이렇게 바람을 일으키자면 어떤 조건이 형성되어야 할까?

물은 높은 곳에서 낮은 곳으로 흐르고, 열은 온도가 높은 곳에서 낮은 곳으로 흐른다. 바람은 기압이 높은 곳에서 낮은 곳으로 분다. 따라서 영화와 같은 상황이 벌어지려면 스톰의 등 뒤쪽에는 고기압이 형성되고 악당 쪽에는 저기압이 자리를 잡고 있어야 한다. 왜냐하면 영화에서는 선풍기나 부채와 같은 물리적인 힘이 작용하는 것을 볼 수 없기 때문이다. 따라서 스톰의 등 뒤에서 바람이 불어오고 있기 때문에 앞에 있는 악당만 바람에 날리는 것이 아니라 스톰도 같이 바람에 휘청거려야 할 것이다.

〈슈퍼맨 4〉에서는 핵인간이 화산을 폭발시켜 용암이 흘러내려 마을을 덮치자 슈퍼맨이 입으로 바람을 불어 용암을 식혀 버리는 장면이 있다. 슈퍼맨이니까 엄청나게 입김을 세게 불 수 있다고 하더라도 바람을 불기 위해서는 그의 폐 안에 엄청나게 많은 양의 공기가 저장되어 있어야 한다. 그렇지 않다면 바람을 계속 내보낼 수 없다. 우리가 입으로 폐 안의 공

딥 블루 시 물이 차오른 연구실 내부의 빈 공간

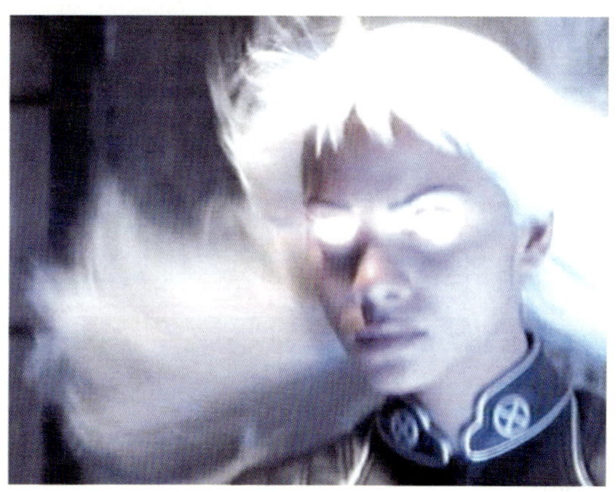

엑스맨 바람을 일으키고 있는 스톰

슈퍼맨 4 바람을 일으켜 용암을 식히는 슈퍼맨

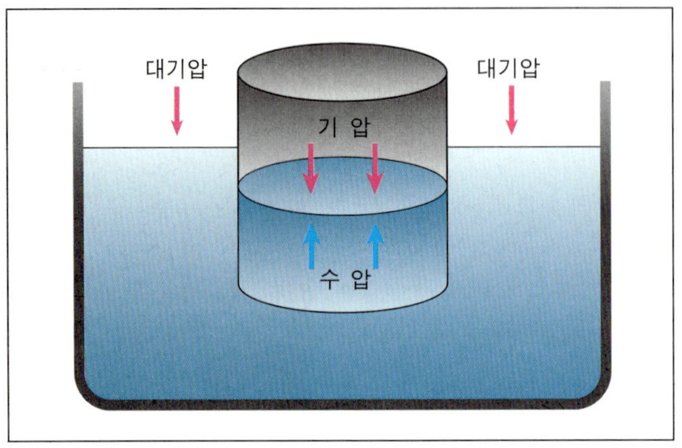
〈컵에 작용하는 힘〉

기를 빠르게 내보낼수록 숨을 내쉬는 시간이 짧아지는 것은 폐 안에 있는 공기의 양이 한정되어 있기 때문이다. 우리가 뜨거운 물을 식힐 때 입으로 부는 이유는 빨리 식히기 위해서이다. 뜨거운 물을 식혀 보면 알겠지만, 입으로 분다고 해서 뜨거운 물이 쉽게 식지는 않는다. 이것은 대류를 통한 열의 이동 속도가 그렇게 빠른 편이 아니기 때문이다. 슈퍼맨이 아주 온도가 낮은 바람을 대량으로 불지 않는 한 쉽게 용암이 식지 않는다는 이야기다. 물론 이 때도 슈퍼맨이 어떻게 차가운 공기를 만들 수 있을 것인가에 대한 의문이 꼬리에 꼬리를 물고 발생하지만 우리는 그가 단지 슈퍼맨이기 때문에 모든 것을 할 수 있다고 인정하고 넘어갈 뿐이다.

실제 상황에서는 일기를 조종하기커녕 일기 예보의 정확도를 높이는 것도 쉽지 않다. 액스맨도 슈퍼맨도 이 모든 상황이 영화니까 가능하다고 하면 할말이 없지만, 영화를 통해서 이러한 상황을 따져 보는 것도 재미있는 일이다.

트위스터 악천후 연구소의 위성 사진

〈트위스터〉에서 국립 악천후 연구소 위성 사진에 나타난 구름의 크기를 보고, 초특급 토네이도가 발생할 것이라고 예측하고 있다. 토네이도는 무엇일까?

　지표면에 대한 공기의 상대적인 움직임을 **바람**이라고 하며, 바람은 기압차이에 의해 발생한다. 그 규모에 따라 대규모, 중규모, 소규모 풍계로 나눌 수 있으며, 토네이도는 국지적으로 발생하는 소규모 풍계의 일종이다. 토네이도가 소규모 풍계라고 하여, 약한 바람은 아니며 규모가 작을 뿐 지구상에서 발생하는 바람 중 가장 빠른 바람이다. 토네이도라는 명칭은 미국의 동부에서 불리는 명칭이었으나, 지금은 토네이도와 같은 바람을 널리 통칭하여 부른다. 우리나라에서는 용이 승천할 때 생긴다는 뜻으로 '용오름'이라 부르는 회오리가 동해에서 간혹 관측된다.

　영화에서 지적했듯이 아직도 토네이도의 발생 원인에 대한 명확한 설은 없으며, 다만 온대 저기압에서 적운형 구름이 발생할 때 생긴다는 것과 일반적인 구조가 알려진 정도이다. 토네이도는 밖에서 안으로 들어갈수록 바람의 세기가 빨라지며, 이것은 각운동량 보존의 법칙에 의해 생기는 현상이다. 즉, 스케이트 선수가 회전할 때 팔을 접으면 더 빨리 회전하는 것과 같은 현상이다. 토네이도의 등급은 영화에서와 같이 F라는 수치로 표시하며, F5정도이면 500km/h 정도가 된다. 이 정도 바람이면 웬만한 집은 다 부서지고, 영화에서와 같이 자동차도 날아가 버린다. 과거에 어느 토네이도는 기차까지 끌어올렸다는 기록이 있다.

〈트위스터〉에서 빌리와 조는 차를 몰고 토네이도를 쫓아가고 있다. 토네이도에 가까이 가자 우박이 내리고 있다. 우박은 어떻게 생기는 것일까?

트위스터 토네이도에 의해 떨어지는 우박

　작년 스페인에서는 농구공만한 우박(4 kg 정도)이 떨어져 사람들을 놀라게 한 적이 있었다. 조금 큰 우박의 경우 밤톨만한 크기의 것이 떨어지는 경우가 있기는 하지만 농구공만한 큰 것이 떨어지는 일은 매우 드문 일이다. 중위도 지역의 구름 상층부는 주로 얼음과 눈으로 되어있다. 이것이 하강기류와 함께 아래로 내려오게 되면 아래쪽이 기온이 높기 때문에 녹게 된다. 녹아서 그대로 내려오면 비가 되지만, 이것이 강한 상승기류와 함께 상승하게 되면 다시 얼게 되고, 이러한 과정이 반복되면 우박이 성장하게 된다. 우박의 크기는 이러한 성장과정이 얼마나 반복되었는가에 달려있다. 따라서 우박이 생성되기 위해서는 강한 상승기류가 필요하며, 영화에서와 같이 뇌운이 발달할 때 자주 발생한다.

태양계의 운동

<미션 투 마스>에서 화성으로 임무를 띠고 간 대원들이
화성인이 만들어 놓은 태양계 모형을 보며 감탄하고 있다.
이 장면에서 볼 수 있는 태양계의 행성들에는 어떠한 것들이
있으며, 정확한 축척대로 만들었다면
이와 같은 장면을 볼 수 있을까?
또한 이 장면은 행성들의 운동을 정확하게 묘사한 것일까?

1 지구의 운동

미이라 유적지로 가는 길을 찾는 발굴단

〈미이라〉에서 사람들은 이모텝이 묻혀있는 유적지를 찾아서 탐험을 떠난다. 그들은 태양이 떠오르면 유적지로 가는 길이 열린다는 것을 알고 태양이 뜨기를 기다리고 있다. 이 장면을 보고 있노라면 지구가 움직이는 것이 아니라 태양이 운동을 하고 있는 듯이 보인다. 옛날 사람들은 왜 태양이 움직인다고 생각했을까?

옛날 사람들(지금 사람들도 마찬가지)은 지구가 자전한다는 것을 느낄 수 없었기에 태양이 뜨고 진다고 생각했다. 사실 지구의 자전을 배우거나 안다고 할지라도 태양이 떠오르는 모습을 보면 지구가 움직인다기보다는 태양이 이동하는 것 같이 느껴진다. 이와 같이 지상의 관측자가 바라 본 태양의 움직임을 태양의 **겉보기 운동**이라고 한다. 영화에서도 태양이 떠오르기를 기다리고 있으며, 마치 태양이 운동하고 있다는 생각이 든다. 하루에 한번씩 태양이 뜨고 지는 것을 **태양의 일주운동**이라고 한다. 하루를 주기로 하는 운동이라는 뜻이다. 별의 경우에도 마찬가지여서 하루에 한번씩 뜨고 지기 때문에 **별의 일주운동**이라고 한다. 이러한 태양과 별의 움직임을 지구의 자전을 몰랐던 예전에는 천구의 운동으로 설명하였으며, 사람들의 느낌과도 잘 일치하였기 때문에 오랜 세월 동안 **천동설**은 확고한 위치를 차지하였다.

〈미이라 2〉에서 오코넬(브랜든 프레이저)의 아들은 스콜피온 킹의 팔지를 끼는 바람에 1주일 안에 스콜피온 킹의 피라미드로 들어가지 못하면 죽게 되는 저주를 받게 된다. 마침내 오코넬 일행은 피라미드에 도착하지만, 1주일째의 마지막 태양이 떠오르고 있기 때문에 시간 내에 피라미드로 들어가기 위해 필사적으로 아들을 안고 뛴다. 태양은 떠올라 빛이 점점 그들을 향해 다가오지만 오코넬이 조금 더 빠르게 피라미드 안으로 들어가게 된다. 과연 영화에서처럼 태양이 뜨는 것을 피해서 이렇게 뛸 수 있을까? 태양이 뜨는 이유는 무엇일까?

박명

천문이나 기상에서는 해가 진 후에도 빛이 남아 완전히 어둡지 않은 시기 또는 현상을 박명(薄命 : twilight)이라 부른다. 박명 현상이 생기는 이유는 지평선 아래의 태양 광선이 상층의 공기분자에 의해 산란되기 때문이다. 천문학에서는 박명을 좀더 세분화시켜 어느 정도 밝음이 남아 있어 야외에서 일을 할 수 있는 것을 시민 박명(civil twilight), 2등성 정도의 별이 보이기 시작하는 시기를 항해 박명(nautical twilight), 하늘이 검게 보이고 6등성이 보이기 시작하는 시기를 천문 박명(astronomical twilight)이라 부르기도 한다.

1월 1일 정동진에서 해가 뜨는 것을 아무리 쳐다봐도, 높은 산에 올라가서 멀리 쳐다봐도, 영화에서와 같이 태양빛이 다가오는 것을 볼 수는 없다. 이것은 지구의 대기로 인해 태양빛의 경계선이 흐리게 나타나기 때문이다. 동해에서 해가 뜨는 것을 보면 박명이 있고 난 후 태양이 뜨고 주위가 밝아지는 것이지 햇빛의 경계선이 있는

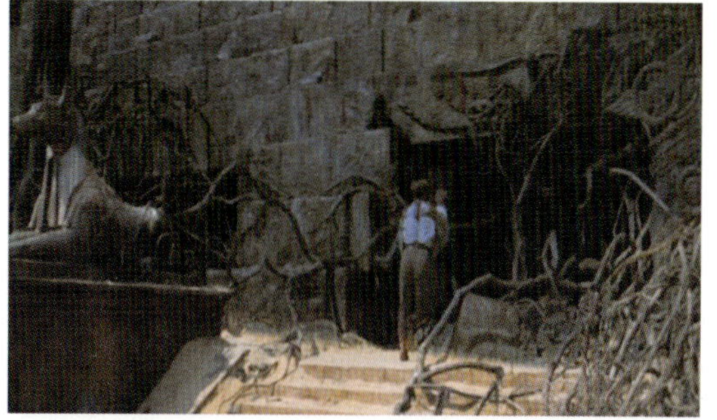

미이라 2 아들을 안고 뛰는 오코넬

것은 아니다. 물론 저녁에도 마찬가지로 해가 지자마자 어두워지는 것이 아니라 해가 지고 난 후 박명이 있게 된다. 빛의 경계가 생기지 않지만 만약 있다고 친다면 이 경계보다 빨리 뛸 수 있을까? 지구의 자전 속도는 위도에 따라 다르기는 하지만 영화의 배경을 고려하면, 적어도 시속 1000km 정도는 된다. 위도에 따른 자전속도는 위도에 따른 지구 둘레를 24시간으로 나누어 주면 구할 수 있다. 따라서 적도지방이 자전속도가 제일 빠르고 극지방으로 갈수록 느려지게 된다.(참고 : 〈미이라 2〉 p.240)

하지만, 〈딥 임팩트〉의 경우에는 태양이 떠올라 빛이 다가오는 모습이 보여도 전혀 문제가 되지 않는데, 혜성에 대기가 거의 없기 때문이다.

〈미션 임파서블 2〉에서 IMF요원인 헌트는 위성 추적 장치를 달고 적진에 침투한 나이아를 추적하기 위해 인공위성을 조작한다. 다음 그림은 인공위성의 궤도를 나타내는 것인데, 이 궤도는 항상 같은 자리를 그리는 것이 아니라 시간이 지나면 옆으로 이동하게 된다. 왜 이런 현상이 생기는 것일까?

미션임파서블 2 나디아를 추적하는 인공위성의 궤도

영화에서 인공위성의 궤도를 나타내는 장면들을 보면 모두 휘어지는 곡선의 형태로 나타난다. 이 영화에서 뿐만 아니라 인공위성의 궤도는 모두 이렇게 나타날 수밖에 없는데, 인공위성의 궤도와 같은 3차원 공간을 평면의 지도에 나타내면 사인커브와 같은 곡선으로 나타난다. 또한 지구가 자전을 하기 때문에 인공위성은 제자리에 있는 것이 아니라 서쪽으로 이동을 하고 있는 것 같이 보인다. 이것을 인공위성 궤도의 **서편현상**이라고 하며 지구가 자전하기 때문에 나타나는 현상이다.

아폴로 13 아폴로 13호의 궤도

〈아폴로 13〉에서 아폴로 13호는 달을 향해 발사가 되었다. 지상의 관제센터에서 우주선을 추적하고 있는 장면을 보면 우주선은 지구의 뒤를 돌아서 달로 가고, 달에서도 달의 뒷면을 돌아서 지구로 향해 날아오도록 되어 있다. 지구에서 달로 바로 날아가면 훨씬 가까울텐데 왜 지구 뒤를 돌아서 날아가는 것일까?

지구는 엄청나게 빠른 속도로 자전을 하고 있으며, 지상의 모든 물체는 지구가 자전할 때 지구와 함께 빠른 속도로 같이 운동을 한다. 다윗과 골리앗에서 다윗의 돌팔매가 원운동을 이용한 것처럼 우주선의 발사에도 지구의 원운동인 자전을 이용한다. 시속 100km의 자동차에서 박찬호 선수가 시속 160km로 공을 던진다면 그의 공은 시속 260km가 되어 어떤 타자도 치지 못할 강속구가 될 것이다. 지구의 자전 방향으로 우주선을 발사하게 되면 우주선은 지구의 자전 속력을 덤으로 얻게 되어 지구 탈출 속력에 이르는데 훨씬 쉽게 된다. 따라서 우주선 발사 기지들은 자전 속도가 가장 빠른 적도 부근에 많이 건설하게 된다. 천체의 자전 뿐 아니라 인력을 이용하여 우주선이 비행하는 경우도 있는데 이러한 비행법을 슬링샷이라고 한다.

〈윈드토커〉는 2차대전 당시 일본군이 암호해독을 막기 위해 투입되었던 나바호족의 활약을 그린 영화이다. 작전 수행 도중 일본군의 완강한 저항에 부딪히자 함포 사격을 요청한다. 나바호족의 무전병이 좌표를 무전으로 알려주자 잠시 후 포격이 시작된다. 총을 쏘는 것과는 달리 함포 사격을 하기 위해 고려해야 할 것에는 어떤 것이 있겠는가?

윈드토커 지원 요청을 받고 포를 쏘는 전함

지구가 자전하지 않는다면, 함포 사격에는 적의 위치만 고려해서 포를 쏘면 된다. 하지만 지구가 빠른 속도로 자전을 하고 있기 때문에 북반구에서 발사한 대포알이 오른쪽으로 치우쳐서 떨어지게 된다. 따라서 오른쪽으로 휘어지는 것만큼 고려해서 포를 쏘게 된다. 놀이터에 가면 회전하는 원판이 있는데, 여기에 서서 걸어가면 똑바로 걷는데도 회전 방향에 따라 비스듬하게 걷게 된다. 지구도 자전하기 때문에 이 놀이기구와 같이 운동하는 물체를 휘게 하는 가상적인 힘이 작용하는데 이것을 전향력(코리올리 힘)이라고 하며, 적도에 가깝고 물체의 속력이 빠를수록 효과가 더 크게 나타난

코리올리 힘과 세면대

회전원판에 구슬을 굴려보면 구슬이 직선으로 가는 것이 아니라 휘어지면서 굴러가는 것을 관찰할 수 있다. 이와 같이 회전하고 있는 물체 위에서 운동하는 물체에는, 실제로 작용하지는 않지만 마치 작용하는 것과 같은 효과를 나타내는 힘이 있는데, 이를 전향력이라고 한다. 이는 달리고 있는 버스가 갑자기 멈출 때 앞으로 몸이 쏠리는 듯한 힘이 느껴지는 것과 마찬가지로 일종의 관성력이다. 전향력은 프랑스의 과학자 코리올리가 식으로 유도하였기에 코리올리 힘이라고 부르기도 한다. 전향력은 질량이 크고 속력이 빠른 물체일수록 크게 작용하기 때문에 대포알이나 태풍과 같은 경우에는 그 효과가 확실히 나타난다. 하지만 세면대나 싱크대에서 물이 빠질 때는 그 속도가 너무 느리기 때문에 전향력의 효과를 관찰하기 어렵다. 이 경우에는 용기의 모양이나 물의 상태에 의해 회전 방향이 결정되는 경우가 더 많다. 따라서 세면대에서 물이 빠지는 방향을 보고 전향력이 가해졌다고 설명하는 것은 적절하지 못하다.

다. 푸코진자 또한 전향력 때문에 진동면이 회전을 하게 되며, 태풍이나 저기압의 회전 방향도 모두 자전 때문에 생기는 현상이다.

2 달의 운동

E.T. 창고에서 ET를 만난 엘리엇

E.T. 다음날 창고로 뛰어가는 엘리엇

〈E.T.〉에서 엘리엇은 창고를 오가면서 ET를 만나게 된다. 이때 엘리엇의 배경을 자세히 보면 왔다 가는 장면 사이에 달의 모양이 바뀌는 것을 볼 수 있다. 영화 속의 날짜는 하루가 흘러간 듯이 보이는데, 하루 사이에 달의 모양이 이렇게 바뀔 수 있을까?

하늘에 떠 있는 천체 중에서 태양 다음으로 인간의 정신적, 물리적인 측면을 강하게 지배하는 것이 아마 달일 것이다. 〈늑대인간〉이나 〈드라큘라〉와 같은 영화에서, 늑대인간이나 드라큘라가 달과 관련이 있다고 주장하고 있으며, 많은 사람들은 실제로 달이 사람의 정신에 영향을 준다고 믿고 있다. 물론 이 영화는 그러한 것과 전혀 상관이 없으며, 다만 보름달을 배경으로 하늘을 나는 자전거가 영화의 상징이 될 정도로 인상적일 뿐이다.

위의 세 그림을 보면 알 수 있지만, 달의 모양은 계속 변한다. 이렇게 달의 모양이 변하는 것을 달의 **위상 변화**라고 한다. 태양이 위상 변화가 없는데 반해서 달이 위상변화를 하는 것은 스스로 빛을 내는 것이 아니라 태양빛을 반사시켜 빛나기 때문이다. 만약 달이 태양처럼 스스로 빛을 낸다면 우리는 달의 위상 변화를 볼 수 없을 것이다. 또한 태양과 달과 지구의 상대적 위치가 달라짐에 따라 지구에서 보는 달의 위치가 달라지기 때문에 달의 모양이 다르게 보인다. 달이 지구를 한바퀴 도는데 걸리는 시간, 즉 달의 공전 주기는 약 27.3일이다. 하지만, 달의 위상이 변하는 것은 태양과 달과 지구 사이의 관계이기 때문에 달이 보름달에서 다음 보름달이 되기

E.T. ET와 함께 하늘을 나는 엘리엇

까지 걸리는 시간은 29.5일이 걸린다. 앞의 달의 공전 주기를 **항성월**이라고 하며, 달이 정확하게 지구 주위를 360° 회전하는데 걸리는 시간을 말한다. 달이 공전하는 동안 지구도 태양 주위를 공전하기 때문에 달이 지구 주위를 한바퀴 돌았다고 해서 같은 달

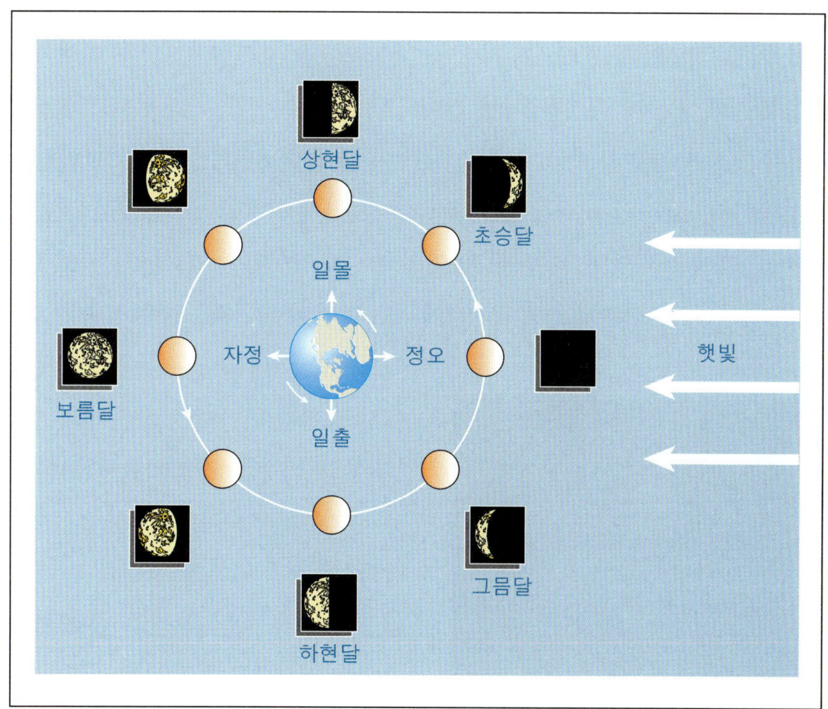

〈달의 위상변화〉

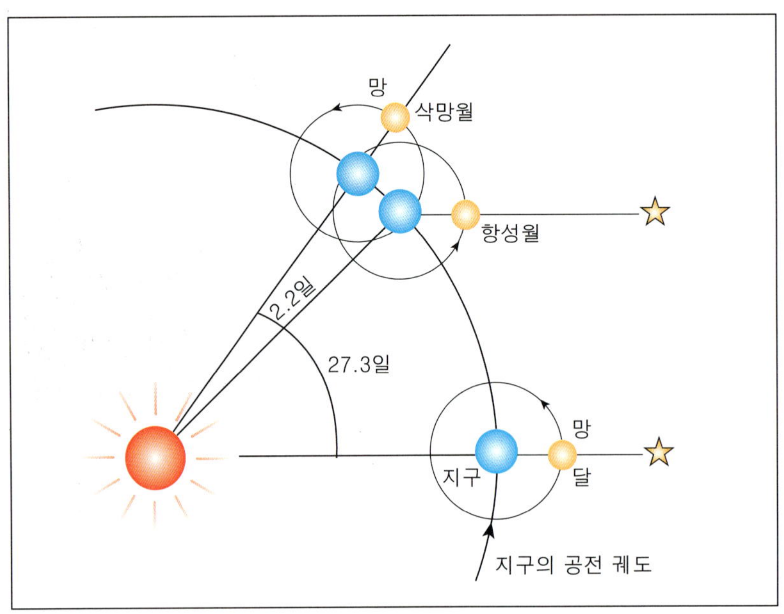

〈항성월과 삭망월〉

의 위상을 가지지는 않게 된다. 지구가 공전한 만큼을 고려한 2.2일을 더해야지만 같은 위상을 가지게 되는데 이것을 **삭망월**이라고 한다.

영화에서 첫번째 장면은 음력 26일쯤, 두번째는 음력 8일쯤, 마지막 보름달은 음력 15일에 해당한다. 따라서 영화상에서 흘러간 시간은 적어도 첫번째에서 두번째 장면으로 갈 때 11일이 소요되며, 다음에 7일이 소요된다. 하지만, 영화에서는 하루씩 흘러간 듯 보인다. 이러한 실수는 〈미이라 2〉에서도 발견이 되는데, 왼쪽 장면은 런던에서 이모텝과 아낙수나문이 환생하여 발코니에서 과거를 회상하는 장면이다. 영화에서는 항상 비슷한 장면에서 과거를 떠올리고 있기 때문에 런던의 하늘이 흐리지만, 달의 위상이 왼쪽의 장면과 같다고 추정할 수 있다. 왼쪽의 달은 음력 26일경의 달인데, 다음날 달은 보름달에 가까운 달로 그려지고 있다.

미이라 2 과거를 회상하는 이모텝과 아낙수나문

〈아마겟돈〉에서 소행성을 폭파하는 임무를 띠고 날아간 두 대의 우주선이 달의 뒷면을 향해 비행을 하고 있다. 소행성이 달 옆을 지나갈 때, 달의 인력에 의해 소행성 주변의 작은 돌조각이 제거될 때를 이용하여 착륙을 하기 위한 것이다. 이때 아주 짧은 시간이지만 평소에 볼 수 없는 달의 뒷모습을 볼 수 있다. 왜 우리는 달의 뒷모습을 볼 수 없는 것일까?

아마겟돈 달의 뒷면을 비행하는 우주선

지구가 태양 주위를 공전하면서 자전을 하듯, 달도 지구 주위를 공전하면서 자전을 한다. 지구의 공전 주기는 365.24일이며, 자전주기는 23시간 56분 4초이다. 달의 공전 주기는 약 27.3일이며, 자전주기도 이와 동일하다. 달의 공전주기와 자전주기가 같기 때문에 항상 달은 같은 쪽만 보이게 된다. 이것은 아이와 아버지가 서로 손을 맞잡고 마주본 채로 도는 것과 같다. 이때 아버지는 항상 아이의 앞쪽만 보게 되는 것처럼, 우리는 달의 반쪽인 50%만 볼 수 있어야 하지만, 칭동현상에 의해 달의 59%까지 관측이 가능하다. 달의 자전주기가 공전주기와 같아진 것은 달이 지구의 강한 인력에 의해 오랜 세월 동안 조석작용을 받아 자전 속도가 느려졌기 때문이다. 달은 자전주기가 길기 때문에 낮과 밤의 길이도 길어 각각 2주씩이나 된다. 달의 뒷모습은 1959년 '루나 3호'에 의해 사람들에게 알려졌으며, 무선송신이 곤란하기 때문에 탐사가 쉽지 않았다. 이 영화에서도 달의 뒷면을 비행하는 동안은 교신이 안 된다고 이야기하는 장면이 있는데, 달의 뒷면을 벗어나자 다시 교신이 되는 것은 옳은 설정이라고 할 수 있다.

〈토이스토리 2〉는 장난감들의 세상을 아기자기하게 그려 놓은 애니메이션이다. 사람이 있을 때는 평범한 장난감이지만 사람이 없으면 살아 움직이는 장난감들. 다음 장면은 소년이 이불 속에서 불을 켜 놓고 장난감 우디를 가지고 놀고 있

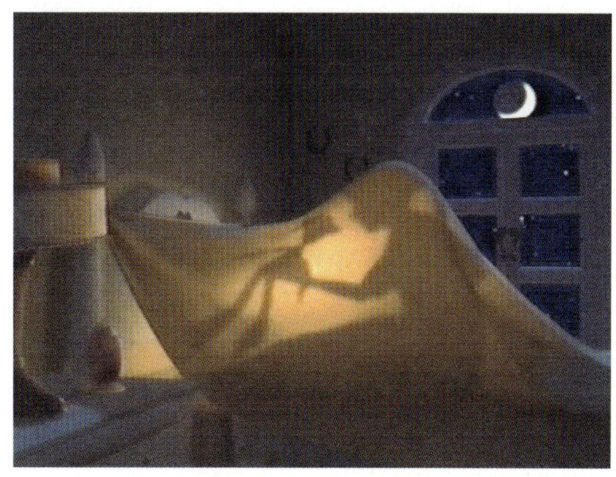

토이스토리 2 이불 속에서 장난감을 가지고 노는 소년

다. 뒤쪽에는 초승달이 보이는데, 이 달은 뭔가 이상하다. 뭐가 잘못된 걸까?

달은 스스로 빛나는 것이 아니라 태양 빛을 반사시켜 빛나기 때문에 보여질 수 있는 모양에는 한계가 있다. 즉, 달의 수직 이등분선을 넘어서는 초승달이나 그믐달은 생기지 않는다는 것이다. 달은 구의 형태이지만 우리가 볼 수 있는 빛을 받는 부분은 원의 형태로 보이며, 반달이나 초승달의 형태일 때는, 양끝 지점이 수직 이등분선을 넘어가기 때문에 일식에서 볼 수 있는 형태로는 보여 질 수 없다. 별것 아닌 실수라고 말할지 모르지만 달의 위상 변화를 정확하게 이해를 했다면 이것이 틀린 것이라는 것을 알 수 있을 것이다. 많은 만화나 캐릭터에서의 실수는 애교로 보아지지만, 과학책과 7차 교육과정에 의해 새로 나온 과학 교과서에서조차 틀리게 묘사되어 있어 아쉬움이 남는다. 중학교 3학년 과학 교과서에서 달의 위상을 사진이 아니라 그림으로 나타낸 교과서는 초승달의 모양이 거의 대부분 틀리게 그려져 있다. 이 영화에서도 뒷배경의 그림을 자세히 보면 알겠지만, 초승달이 틀리게 그려져 있다.

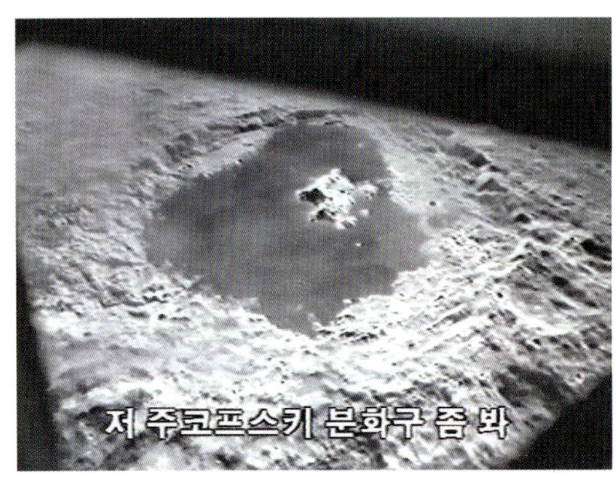

아폴로 13 우주선에서 바라본 분화구

〈아폴로 13〉에서 아폴로 13호는 사고로 인해서 달에 착륙하지 못하고 그냥 귀환한다. 이때 달을 밟아 보고 싶어 하는 우주인들이 달의 모습을 우주선 안에서 쳐다보면서 그 지형에 대해 감탄을 하고 있다. 달에는 어떤 지형들이 있을까?

달에서 어둡게 보이는 부분을 **바다**라고 하며, 토끼 모양에 해당하는 부분이다. 이 부분이 어둡게 보이는 것은 현무암질의 용암대지로 되어있기 때문이며, 지구처럼 물이 있어서 바다라 불리는 것은 아니다. 바다라는 용어는 망원경을 통해 달을 본 17세기의 천문학자들이, 달 표면의 어둡고 매끄러운 부분을 바다와 같다고 하여 마리아(mare ; 라틴어로 바다라는 뜻)라고 부른데서 기원한다. 달의 바다는 우리가 보는 정면에서 거의 절반이나 차지하지만 뒷면에는 거의 없다. 그리고 평평해 보이지만 주변부와 비교해서 그렇게 보일 뿐 사실상 작은 크레이터나 주름 등이 많이 있다. 또한 바다 주변이 밝게 보이는 것도 바다가 어둡기 때문에 밝게 보이는 것이지, 바다 주변의 대륙도 현무암이기 때문에 지구의 암석 기준으로 따진다면 어두운 암석에 속한다. 다만 칼슘이나 알루미늄이 바다의 현무암보다 많이 있어서 조금 더 밝게 보이는 것 뿐이다. 조금 전에 이야기 했듯이 바다를 제외한 주변의 지역을 대륙 또는 고지대라고 한다. 달의 바다가 다른 부분에 비해 평평하기 때문에 아폴로 11호의 착륙 지점을 '고요의 바다'로 정한 것이다. 고요의 바다는 월면의 적도보다는 약간 북쪽인 동경 18~43°에 펼쳐진 평탄한 지역이다. '비의 바다'는 달의 북동부에 있으며, 알프스, 카프카스, 아펜니노, 애팔래치아 등의 산맥으로 둘러싸여 있다.

아폴로 13 비의 바다

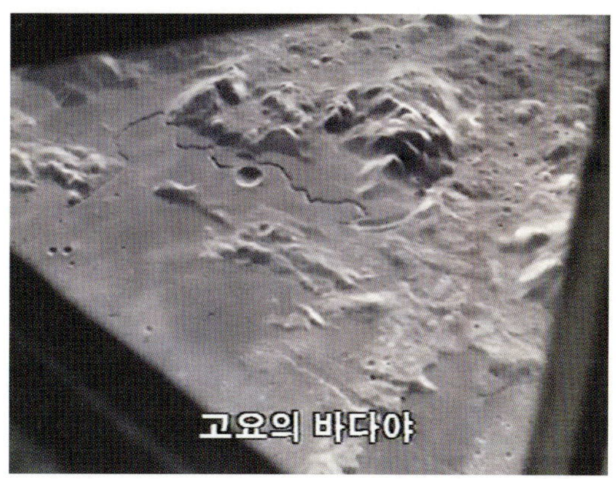

아폴로 13 고요의 바다

〈동감〉에서 영문과 여대생 소은(김하늘)은 선미와는 단짝 친구이며, 동희라는 선배를 짝사랑하고 있다. 개기월식이 진행되는 날 밤 그녀는 우연히 얻게 된 고물 무선기에서 교신음을 듣는다. 광고창작과에 다니는 인(유지태)이 시험 삼아 보낸 무선신호가 소은에게 전해진 것이다. 개기월식이 일어나던 날 밤 성수대교 개통식이 있었다는 뉴스가 있고, 밤하늘에는 아래 그림과 같이 개기월식이 진행되었다. 이 영화에 나타난 개기월식에서는 어떤 이상한 점들이 있을까?

동감 개기월식

영화의 시대적 배경이 되는 1979년에는 분명히 개기월식이 일어났다. 하지만 성수

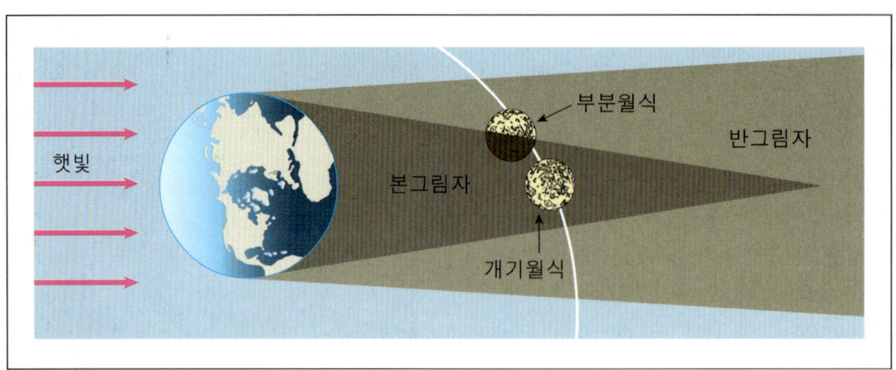

〈월식이 일어나는 이유〉

대교의 개통은 10월 16일이고, 개기일식이 일어난 날짜는 9월 6일로 서로 일치하지 않는다. 이것은 영화 속에서 성수대교의 붕괴 사건을 통해 두 사람이 서로 다른 시대에 살고 있다는 것을 표현하기 위한 설정이다. 하지만, 개기일식의 속도가 너무나 빠르다. 당시 월식은 18시 18분에 시작해서 21시 30분에 종료되었다. 즉, 두 시간 이상 지속되었음에도 불구하고 영화에서는 단지 몇 초 만에 개기월식이 진행되어 버린다. 또한 개기월식이라고 해서 달의 모습이 완전히 보이지 않는 것이 아니라 어렴풋이 붉은 모습의 달이 보인다. 따라서 이 장면도 정확한 것이 아니다. 당시 개기월식 자료를 찾기 위해서는 역서를 보면 된다. 인터넷으로 이 자료를 찾기 위해서는 국내 사이트를 검색하는 것보다 외국 사이트를 검색하는 것이 수월하다. 월식은 일식과 달리, 밤이 되는 지역에서는 어디서나 볼 수 있기 때문에 외국 사이트에서도 국내에서 일어난 개기일식 자료를 찾을 수 있는 것이다.

미이라 이모텝의 부활을 알리는 일식

〈미이라〉에서 저주 받은 채로 미이라가 된 이모텝이 부활하자 하늘에서는 갑자기 일식이 일어난다. 마지막 장면에서 전능해 보이던 이모텝은 오코넬과의 싸움에서 어이없는 실수로 다시 저 세상으로 돌아가고 〈미이라 2〉가 나올 때까지 잠들어 있게 된다. 〈동감〉에서는 월식이 어떠한 초자연적인 힘이 있어 미래와 교신이 가능한 듯이 묘사를 하고, 〈미이라〉에서는 초자연적인 존재의 부활을 알리는 신호로 일식이 일어나고 있다. 이렇게 일식과 월식에 대한 초자연적인 믿음은 과거 일식과 월식의 정체를 몰랐을 때 비일상적인 천문현상에 대한 두려움에서 출발한다. 이제 우리는 일식과 월식이 왜 일어나는지 알고 있다. 이것이 단지 천문 현상일 뿐이라는 것을 알기 때문에 막연한 두려움에서 벗어났고, 심지어 일식은 관광 상품이 되어 일식을 보기 위해 쫓아다니는 사람도 있다.

〈슈퍼맨 4〉에서는 태양으로부터 힘을 얻는 핵인간과 싸우던 슈퍼맨이 그를 쓰러트리기 위해 달을 움직여 인위적으로 일식을 만드는 놀라운 장면이 등장한다(〈드래곤볼〉에는 무천도사가 달을 아예 없애 버리는 더욱 황당한 장면도 나온다). 만약 달을 원래 궤도에서 이탈시켜 인위적으로 일식을 만든다면 지구에는 지진이나 화산과 같은 대규모 지각 변동이 일어날 수 있

슈퍼맨 4 슈퍼맨에 의한 일식

다. 이것은 달이 지구에 비해서 크기는 작지만 지구에 가장 가까운 천체이기 때문이다. 또한 달이 궤도를 이탈해서 공전을 한다면 자칫 지구와 충돌할 위험도 있다. 여하튼 달을 움직여 핵인간을 제거한다는 발상은 그리 좋은 생각은 아니지만, 일단은 움직여서 일식을 만들었다고 해 보자. 슈퍼맨이 일식을 만들기 위해서는 달을 정확한 위치에 가져가야 개기일식을 만들 수 있으며, 조금이라도 벗어나면 금환일식이나 부분일식이 만들어진다. 개기일식이 일어나는 것은 우연하게도 지구에서 보면 달과 태양의 크기가 거의 같기 때문에 일어난다. 금환일식이 일어나는 것은 달의 공전궤도가 타원이기 때문으로 달과 태양의 크기가 같게 보일 때는 개기일식이, 달의 크기가 작게 보이면 금환일식이 일어난다. 또한 월식이나 일식이 항상 일어나지 않는 것은 달의 공전 궤도면인 백도와 지구의 공전 궤도면인 황도가 약 5.2° 기울어져 있어 매 삭과 망일 때마다 같은 평면에 위치하지는 않기 때문이다.

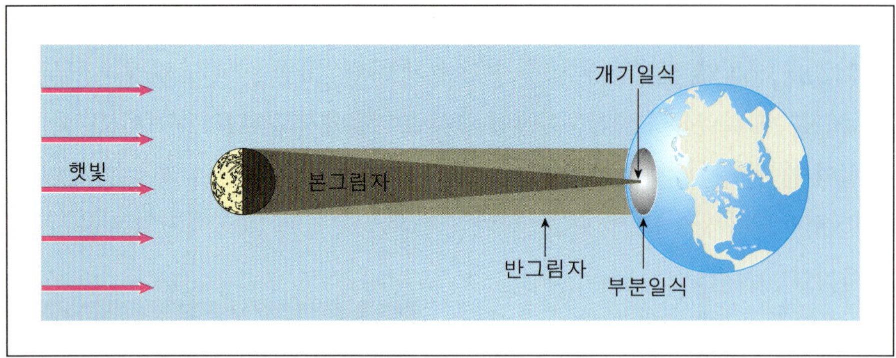

〈일식이 일어나는 이유〉

아마겟돈 달로 접근하고 있는 우주선

〈아마겟돈〉에서 연료를 공급받고 부서지는 우주선에서 겨우 탈출한 이들은 달을 향해 비행을 하고 있다. 조종사는 황도에 접근하고 달궤도에 진입했다는 이야기를 한다. 황도는 뭘까?

밤하늘을 쳐다보면 하늘의 별들은 입체로 보이는 것이 아니라 거대한 반구에 박혀있는 듯이 보인다. 이렇게 지구의 관측자 입장에서 지구의 구면을 확장시켜 놓은 가상적인 구를 **천구**라고 한다. 천구는 천체의 운동을 기술하기 위해 생각해 놓은 것으로, 우리(지구인)의 입장에서 천체의 운동을 설명하기 때문에 천구의 중심에는 당연히 지구가 있다. 천구에도 지구의 자전축을 연장시켜 만나는 점인 북극과 남극이 있고, 지구의 적도를 연장시켜 놓은 천구의 적도가 있다. 천구의 북극과 남극, 적도가 관측자에 상관없이 일정한 점인데 반해서, 관측자의 위치에 따라 달라지는 점도 있다. 관측자의 머리 위쪽으로 수직으로 연결하여 천구와 만나는 점을 **천장**, 발 아래쪽으로 만나는 점을 **천저**라고 하며, 관측자의 지평면을 확장하여 천구와 만나는 대원을 **천구의 지평선**이라고 하며, 지역에 따라 달라진다. 천구상의 모든 천체들은 운동을 하며, 태양도 천구상을 움직여 가게 된다. 이는 지구가 공전하기 때문에 나타나는 현상으로 태양은 천구상을 1년에 한 바퀴씩 시

운동하게 되는데, 이 궤도를 황도(ecliptic)라고 한다. 황도는 천구의 적도와 23.5° 기울어져 있는데, 이 또한 지구의 자전축이 기울어져 있기 때문에 나타나는 현상이다. 천구상에 달이 그리는 공전 궤도를 백도(moon's path)라고 한다. 백도는 황도와 약 5.9°의 경사를 이루고 있다.

〈미션 투 마스〉는 화성 탐사의 임무를 띤 탐사대의 모험을 그린 영화이다. 화성에 선발대로 가서 임무를 수행중인 팀으로부터 교신이 오는데 '현지와 20분의 시간 차이'가 난다고 한다. 왜 이러한 시간 차이가 발생하는 것일까? 또한 이러한 시간 차이가 발생하기 위해서는 지구와 화성의 위치는 어디에 있어야 할까?

미션 투 마스 화성과 교신하는 관제센터

　밖에 나가서 하늘을 쳐다보면 태양을 볼 수 있다. 물론 이 태양은 8분 19초 전의 태양으로 만약 어떠한 이유로 태양이 사라졌다 하더라도 우리는 당장 알 길이 없다. 즉, 8분 19초가 지나야 태양이 없어졌다는 것을 알 수 있으며, 이러한 일이 생기는 것은 빛의 속력이 유한하기 때문에 생기는 현상이다. 즉, 빛은 진공에서 초속 30만km로 달리리며 지구와 태양사이의 거리(1AU, 1억 5천만km)로 인해 시간이 걸리기 때문이다. 이것은 전파도 마찬가지여서 지구와 같이 좁은(?) 장소에서는 문제가 되지 않지만, 지구와 화성 사이의 경우에는 통신에 문제가 된다. 즉, 지구에서와 같이 생생한 위성중계를 할 수 없다는 것이다. 그렇다면 화성까지는 얼마나 걸릴까? 화성은 태양에서 약 1.52AU 떨어져 있다. 만약 화성이 지구와 가장 가까운 충(태양-지구-화성의 위치)의 위치라면 0.5AU 떨어지게 되고, 따라서 4분여 정도의 시간이 소요되게 된다. 하지만, 화성이 지구와 가장 먼 위치인 합(화성-태양-지구)의 위치일

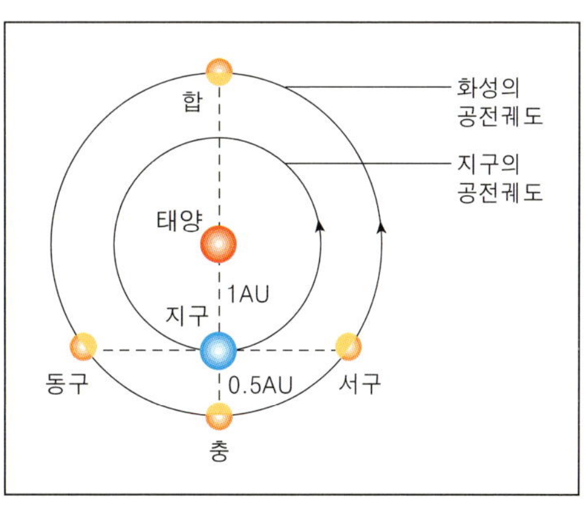

〈지구와 화성의 위치〉

때는 화성과 지구 사이의 거리는 2.5AU가 되며, 이때는 20여분의 시간이 걸리게 된다. 따라서 영화의 설정이 맞다면 지금은 합의 위치일 것이다.

〈레드 플래닛〉에서는 화성을 향해 날아가는 93일째 되는 날, 우주선에서 지구를 바라보자 지구의 모습이 보이지 않는다고 한다. 영화에서는 화성까지 약 6개월의 시간이 소요되는 것으로 제시가 되고 있기 때문에 지구와 화성의 중간 쯤 우주선이 있을 것이라고 가정할 수 있다. 지구가 화성보다 크기 때문에 지구에서 화성이 보인다면 화성에서는 지구가 훨씬 잘 보여야 한다. 또한 우주선이 그 중간 위치라면 더욱더 잘 보일 것이다.

전류의 작용

<쥬라기 공원>에서 해먼드 회장은 공룡을 부활시켜
공원을 만들 계획을 세우고,
공원을 개장하기 전 안전진단 겸 의견을 듣기 위해
몇 사람을 초대해서 공원을 관람시킨다.
공원의 모든 시스템은 컴퓨터로 제어되고,
육식 공룡의 경우 전기 울타리에 갇혀 있다.
또한 공원을 관람하는 자동차는 전기 자동차로
운전사가 필요 없고, 관리실 또한 전기로 작동한다.
모든 것이 전기로 움직이는 이 공원에 전기가 끊기자
그때부터 모든 재앙이 시작된다.

1 전기에너지

엽기적인 그녀 술에 취한 그녀를 향해 달려오는 지하철

〈엽기적인 그녀〉는 인터넷에 게재된 소설을 영화로 만든 것으로 많은 관객들의 사랑을 받았던 영화이다. 술에 취한 그녀(전지현)는 지하철 플랫폼에 위태롭게 서 있고, 이때 지하철이 그녀가 있는 쪽으로 달려온다. 이것을 지켜보던 견우는 그녀를 구해주고, 이때부터 두 사람의 인연이 시작된다. 이 장면에서 등장한 지하철은 무엇으로 움직일까?

1863년 1월 10일 영국 런던에 세계 최초의 지하철도가 건설되었을 때만 해도 사람들은 단순히 신기하게 생각할 뿐이었다. 하지만 이젠 세계 대도시의 중요한 교통수단으로 없어서는 안 될 시설이 되었다. 최초의 지하철은 증기기관차로 운영되었으나 지금은 전기로 운행되는 전기철도로 바뀌었다. 지하철은 전기 레일로부터 전기를 공급받아 운행한다. 이렇게 공급받은 전기는 위의 장면에서와 같이 전등에서는 빛에너지로 바뀌게 되며, 역내 방송을 할 때는 소리에너지로 전환이 된다. 물론 지하철이 움직이는 것은 전기 에너지가 운동에너지로 전환되기 때문이다. 전기 레일에 전기를 공급하는 것은 벽 쪽에 붙어 있는 동력선이다.

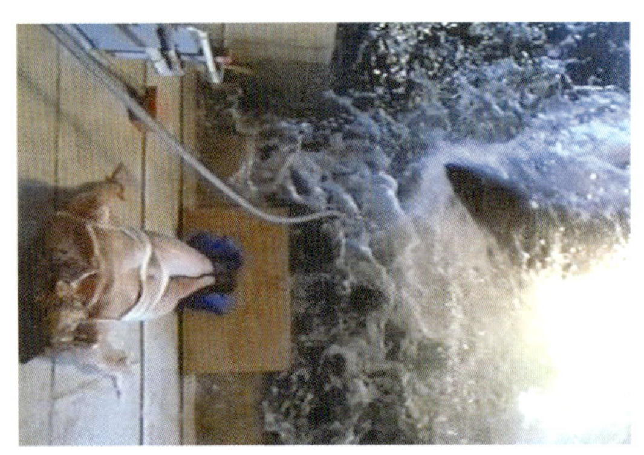

딥 블루 시 전기를 이용해 상어를 죽이는 수잔 박사

〈딥 블루 시〉에서 수잔 박사는 자신의 연구 결과를 가지러 연구실로 간다. 하지만, 뒤따라 온 상어에게 공격을 받게 되고 결국 코너에 몰리고 만다. 그녀는 자신의 옷을 벗어 발밑에 깔고 그 위에 올라서서 전선을 뽑는다. 그리고 그녀를 향해 달려드는 상어 입에 전선을 넣어 상어 전기구이를 만들어 버린다. 이 장면에서 왜 상어만 죽고 그녀는 안전할 수 있었을까?

감전이란 인체의 일부 또는 전체에 전류가 흘러 나타나는 생리적 변화를 말한다. 몸에 전류가 흐르게 되면, 간단한 충격부터, 근육의 수축, 호흡의 곤란이 발생하며, 때로는 심실세동(심장이 무질서하게 뛰는 현상)에 의한 심장마비로 죽기도 한다. 영화에서 수잔 박사는 멀쩡하고, 상어만 죽은 것으로 보아 상어에게만 전류에 의한 충격이 가해졌다고 볼 수 있다. 박사는 자신의 몸에 전류가 흐르는 것을 막기 위해 잠수복을 벗어 발밑에 깔았다. 그렇다면 왜 상어만 충격을 받고 박사는 괜찮은 걸까? 사실 사람이 전기에 의해 입는 피해는 전압의 크기보다는 전류의 세기와 통로에 의해 결정된다. 따라서 전압 뿐만 아니라 피부의 건조도에 따라 그 영향이 크게 변할 수 있다. 전류는 전압에 비례하고 저항에 반비례하여 흐른다. 따라서 피부가 건조하면 **저항**이 크기 때문에 덜 위험하게 되지만, 영화에서와 같이 주위가 물에 잠겨 있어 습도가 증가하고 몸이 젖어 있는 상태에서는 저항이 감소하여 몸이 전선에 닿지 않아도 피해를 입을 수 있다. 건조한 경우 사람의 저항은 2만 Ω 정도이지만, 물 특히 바닷물에 몸이 젖어 있다면 수 백 Ω 까지 낮아질 수 있다. 따라서 영화의 상어 감전 작전은 대단히 위험한 일이다. 정말 상어에 의해 궁지에 몰렸을 때 죽음을 감수하고 시행해야 할 것이다. 물론 감전되어 죽거나 상어에 물려 죽거나 비슷하게 위험하지만 말이다.

〈플러버〉에서 필립 교수는 그가 발명한 새로운 물질인 플러버액을 농구 선수 신발에 바름으로써 선수들의 실력을 엄청나게 향상시킨다.

농구 경기는 실내에서 벌어지며, 많은 조명을 필요로 한다. 농구장의 전등은 많은 전기를 소모하는데, 이때 전기를 사용한다는 것은 전기의 무엇을 사용한다는 뜻인가?

플러버 플러버액을 바른 선수들의 농구 경기 모습

우리는 전기를 사용하고 요금을 지불한다. 그렇다면 전기 요금은 무엇을 사용한 것에 대한 요금일까? 이것은 전기에너지를 사용한 것에 대한 요금이다. 간혹 수돗물을 사용하듯 전류를 소비한 것에 대한 요금이라고 생각하는 경우가 있는데, 이것은 잘못된 생각이다. 도선 내의 전자는 사라지거나 새로 생기지 않으며 회로 전체를 통틀어

항상 일정하게 보존되는데, 이것을 **전하량 보존의 법칙**이라고 부른다. 건전지를 전구에 연결하여 계속 사용하게 되면, 전구의 불은 점점 약해지다가 결국에는 불이 들어오지 않게 된다. 이것은 건전지의 전기에너지를 모두 소모하였기 때문에 더 이상 전위차(전압)를 발생시켜서 전류를 흐르게 할 수 없어 전구에 불이 들어 오지 않는 것이다. 전류가 전구를 지나 불을 켜는 일을 하고 나더라도 전자의 수에는 변함이 없지만, 전기에너지가 열에너지와 빛에너지로 전환되었기 때문에 전기에너지의 양은 줄어들게 된다. 이렇게 전류가 흐르면 열이나 빛이 발생하기도 하고, 역학적인 일을 할 수도 있다. 이때 사용된 전기 에너지(E)는 전류(I)와 전압(V), 시간(t)의 곱으로 나타낼 수 있다.

$$전기에너지 = 전압 \times 전류 \times 시간$$
$$(E = VIt)$$

전기에너지도 에너지의 일종이기 때문에 에너지의 단위인 J(줄)을 사용하는데, 1J은 1V의 전압으로 1A의 전류를 1초 동안 흐르게 할 때 공급된 전기에너지를 말한다. 또한 1초 동안 사용한 전기에너지의 양을 **전력**이라고 하며, 전력이 큰 전기 기구가 전기에너지를 많이 소모한다. 전력은 단위 시간 동안 사용한 전기에너지의 양이기 때문에 일률의 단위인 W(와트)를 사용한다. 각각의 전기기구에는 소비 전력이 표시되어 있으며, 같은 일을 하는 전기 기구일 경우 소비 전력이 작은 전기 기구가 효율이 더 좋은 우수한 기계이다.

❷ 전류에 의한 자기장

〈엑스맨〉은 만화를 원작으로 하는 영화답게 등장하는 인물들의 초능력이 상상을 초월한다. 인간에 대한 증오심으로 똘똘 뭉친 매그니토(이안 맥켈렌)는 금속과 자기장을 마음대로 조절할 수 있는 능력을 가지고 있다. 매그니토와 그의 부하들이 로그(안나 파킨)라는 초능력자를 납치하고 나오는 길에 경찰과 마주치게 된다. 경찰이 그들에게 총을 겨누자 경찰차를 공중에 들었다가 떨어트리고, 모든 경찰들이 들고 있던 총을 빼앗아 경찰들에게 다시 겨눈다. 이러한 일이 가능할까?

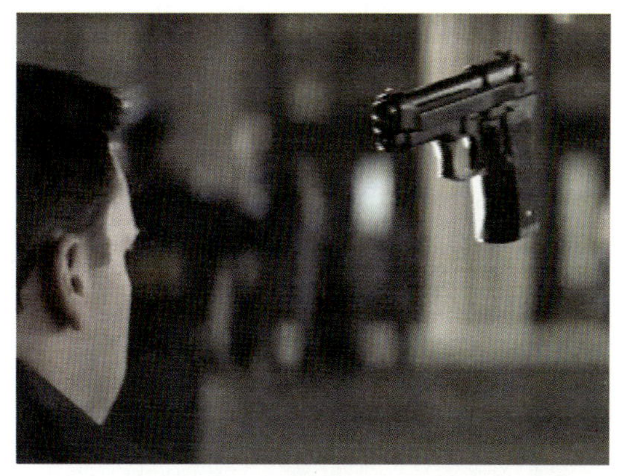

엑스맨 경찰의 총을 빼앗아 조종을 하는 매그니토

　자석 사이에 작용하는 힘을 **자기력**이라고 하며, 자기력이 미치는 공간을 자기장이라고 한다. 자기장은 자석 주위에 철가루를 뿌려 보면 그 존재를 확인할 수 있다. 자기력선은 자기장을 이해하기 쉽게 하기 위해 만든 가상적인 선으로 실제로 존재하는 것은 아니다. 자기력선은 다음과 같은 성질을 가진다.

① 자기력선은 N극에서 나와 S극을 향한다.
② 자기력선은 교차하거나 끊어지지 않는다.
③ 자기력선의 접선 방향이 자기장의 방향이다.
④ 자기력선의 밀도가 클수록 자기장의 세기는 강해진다.

　영화의 장면과 같이 총을 조종하려면 어떻게 자기력을 작용해야 할까? 우선 중력과 같은 크기의 힘이 위로 작용해야 한다. 또한 총알을 장전하기 위해 총을 당길 때는 총을 고정시키고 일부분만 앞으로 전진시켜야 하는데, 이와 같이 하기 위해서는 여러 부분에 별도의 자기력이 작용을 해야 한다. 이러한 일은 매그니토와 같은 영화 속 인물에게나 가능할 뿐 현실에서 자기장을 마음대로 조절한다는 것은 거의 불가능하다. 물론 단순히 자기장의 세기나 방향을 바꾸는 것은 가능하다.

A.I. 헬기로 끌려 올라가는 로봇 지골로

〈A.I.〉에서 소원을 들어줄 푸른 요정을 찾아서 떠나는 데이빗(할리 조엘 오스먼드)과 지골로(주드 로)는 경찰에 쫓기게 된다. 지골로는 경찰 헬기에 끌려서 위로 올라가게 되는데, 영화에서 어떤 힘인지 표시되어 있지는 않지만 쇠로 된 목걸이가 헬기 쪽으로 끌리는 것으로 봐 자기력일 가능성이 크다. 이렇게 일정하게 자기력의 세기를 조절해서 물체를 끌어당기는 것은 과학적으로 가능한 일이다.

할로우맨 전선을 감아서 만든 전자석

〈할로우맨〉은 투명인간을 통해 보이지 않는 인간의 악마성을 잘 표현한 영화이다. 케인과 그의 팀은 투명인간을 만드는 연구를 하는데, 동물 실험이 성공하자 케인 자신이 투명인간 실험에 자원하게 된다. 투명인간이 되는 데는 성공을 했지만, 다시 원래대로 돌아오는데 실패하고 만다. 케인은 서서히 나쁜 마음을 가지게 되고, 그의 동료들을 하나씩 제거하고, 마지막 두 사람은 냉동실에 가두어 버린다. 이에 린다(엘리자베스 슈)가 냉동실 탈출을 위해 전자석을 만들어 문을 여는데, 이 장면에서 전자석을 만들기 위해 철 손잡이에 전선을 감는다. 전선만 감을 경우와 이렇게 철심이 있을 경우에 어떤 차이가 있을까?

자석이 있으면 주변에 자기장이 형성되어 나침반 바늘이 움직이는 것과 같은 효과를 확인할 수 있다. 반대로 이야기를 하면 나침반의 바늘이 움직인다면 주변에 자석이 있다고 봐도 좋을 것이다. 전류가 흐르는 도선 주변에 나침반을 가져가 보면 바늘이 움직인다. 이것은 전류가 흐르는 도선은 자석과 마찬가지로 주변에 자기장을 형성한다는 뜻이다. 직선 도선의 경우 오른쪽 엄지 손가락을 전류의 방향으로 향하게 하고, 나머지 손가락을 감아쥐면 그 방향이 자기장의 방향이 된다. 이와 같이 전류가 흐르는 직선 도선 주변에는 동심원 모양으로 자기장이 만들어지며, 도선을 감아서 원형으로 만들면(솔레노이드) 이러한 직선 도선이 여러 개 중첩된 효과를 나타내기 때문에 더욱더 강한 자기장이 생긴다. 이 때는 오른손을 코일이 감긴 방향으로 감아 쥐면 엄지손가락이 가리키는 방향이 N극이다. 이와 같이 전자석은 전류의 자기 효과, 즉 전류가 흐르는 도선 주위에 자석과 같이 자기장이 생기는 현상을 이용한 것이다. 전자석을 만들 때는 꼭 쇠못을 중간에 넣고 주위를 구리선으로 감아서 만든다. 물론 앞에서 설명한 바와 같이 철심이 없어도 도선 전류가 흐르면 항상 자기장이 생긴다. 그렇다면 철심은 왜 넣는 것일까? 그것은 그렇게 함으로 해서 더 센 전자석이 되기 때문이다. 철과 같은 물질을 강자성체라고 하며, 강자성체를 자기장 속에 넣으면 더욱더 강한 자기장을 내게 된다. 많은 물질은 자기장 속에서 자성을 띠게 되며, 자화되는 정도가 큰 녀석을 **강자성체**라 하는 것이다. 따라서 철심을 넣은 전자석이 더 센 힘을 내게 되는 것이다. 전자석의 경우 전류의 방향에 따라 자기장의 방향(자석의 극)을 마음대로 바꿀 수 있고, 금속심과 전선, 그리고 전류의 세기에 따라 필요한 만큼의 자기장을 쉽게 얻을 수 있어서 그 활용도가 높다.

유전과 진화

<바이센터니얼맨>에서 안드로이드인 앤드류는
주인 아가씨가 어렸을 때부터 그녀를 잘 따랐다.
자신과 같은 안드로이드를 찾아 여행을 떠났다가
다시 돌아왔을 때 세월이 흘러
주인 아가씨의 손녀를 보고 깜짝 놀란다.
그리고, 주인 아가씨에게 왜 아가씨를 복제했는지 묻는다.
앤드류의 질문에 이제 늙어 버린 주인 아가씨는
'유전' 때문이라고 설명을 한다.
어떻게 유전 때문에 이러한 일이 일어날까?

1 멘델의 유전 법칙

라이온킹 무파사의 새끼 사자 심바

〈라이온킹〉에서 동물의 왕 무파사의 아들인 심바가 태어난다. 심바가 왕의 후계자임을 알리는 행사에 숲 속의 모든 동물이 모인다. 그런데 무파사는 동생인 스카의 술책으로 죽게 되고, 심바는 그의 왕국에서 쫓겨난다. 심바는 후일 성장하여 아버지의 모습과 닮은 건장하고 용맹한 사자가 되어 다시 왕국으로 돌아온다. 심바는 왜 무파사를 닮았을까? 얼룩말에게서는 얼룩말이, 코끼리에게서는 코끼리가 태어나는 이유는?

사자에게서 사자가 태어나고 코끼리에게서 코끼리가 태어난다는 것은 너무나 당연한 일이다. 하지만, 그 이유를 알기 위해 멘델(Gregor Mendel)이라는 위대한 인물이 나타나기까지 오랜 세월을 기다려야만 했다. 물론 고대의 사람들이 유전 현상을 설명하기 위해 노력하지 않았던 것은 아니다. 하지만 멘델처럼 체계적이고 과학적인 연구를 한 사람은 없었다. 멘델의 보고서는 연구 논문의 귀감이 될 정도로 잘 작성이 되어 있으며, 그의 실험 설계와 방법은 탁월했다. 그의 뛰어난 안목은 실험의 재료로 완두를 선택한 것에서부터 시작된다. 완두는 쉽게 구할 수 있을 뿐 아니라 자가수분이 쉽고, 재배하기 쉽다. 또한 한 세대가 짧고, 많은 자손을 얻을 수 있으며, 대립형질이 뚜렷하다는 장점이 있다. 만약 멘델이 농업에 도움을 주고자 소를 가지고 실험을 했다면 통계 처리를 할 만큼의 많은 소를 기르기 어려웠을 것이며, 몇 세대를 거치는데 몇 년이 걸려 충분하게 많은 자료를 얻을 수 없었을 것이다. 동시대 인물이었던 진화론으로 유명한 다윈(Charles Darwin)도 금어초로 멘델과 같은 실험을 하였지만, 그는 멘델이 발견한 유전에 관한 법칙을 발견하지 못했다. 만약 다윈이 멘델과 같이 유전자의 개념을 가지고 있었다면 그의 자연선택설이 가지고 있었던 약점을 좀 더 빨리 보완할 수 있었을 것이다. 그 당시 가장 널리 받아들여지고 있었던 유전학설은 융합유전이었는데, 검은 말과 흰 말을 교배하면 회색 말이 태어난다는 것과 같이 두 형질이 합해져 중간적인 형질이 나타난다는 것이다. 하지만, 흰 말과 검은 말을 교배하면 흰말이나 검은 말이 태어나지 회색 말은 태어나지 않는다. 이처럼 융합유전은 많은 문제점이 있었지만, 다윈조차도 이 융합유전을 믿고 있었다.

멘델의 위대함은 바로 여기에 있다. 그 당시 많은 사람들이 믿고 있었던 융합유전을 믿지 않고, 세대를 거쳐도 변하지 않는 유전인자가 있음을 밝혀냈던 것이다. 그는 생물들의 형질이 융합유전인 듯 보이는 것은 하나 이상의 특징들이 복합적으로 나타났기 때문이라는 것을 깨달았던 것이다. 멘델은 8년 동안 3만 그루의 다양한 나무를 심어서 그 결과를 수학적으로 처리하여, 현재 우리가 **멘델의 법칙**이라고 부르는 것들을 알아냈다.

만약 생물이 융합유전을 한다면 〈바이센터니얼맨〉에서 작은 아가씨의 자손들은 세대를 거치면 다른 모습의 자손들이 태어나야 한다. 왜냐하면 항상 부모로부터 반반씩의 유전자를 받기 때문에 세대를 거치면서 점점 조상의 유전자는 줄어든다. 하지만, 멘델의 생각과 같이 세대를 거쳐도 변하지 않고 전달될 수 있는 유전인자가 있다면 한 세대를 건너 할머니와 손녀가 닮을 수 있는 것이다. 〈라이온킹〉에서 사자에게서 사자가, 코끼리에게서 코끼리가 태어나는 것은 각각의 유전자를 물려받기 때문이다.

〈블레이드〉는 뱀파이어를 사냥하는 뱀파이어의 이야기를 다룬 영화이다. 물론 뱀파이어라는 소재 자체가 비과학적인 것이지만 존재한다고 가정을 하고 영화 속의 내용을 한번 생각해 보자. 블레이드의 어머니는 그를 가졌을 때 뱀파이어에게 물리는 바람에 인간과 뱀파이어의 중간인 블레이드를 낳게 된다. 블레이드는 뱀파이어들과 달리 자외선, 마늘, 은에는 약하지 않다. 그러나 뱀파이어와 같이 강한 힘과 치유 능력을 소유하고 있다. 쉽게 이야기하면 인간의 특징과 뱀파이어의 특징을 모두 가지고 있다고 할 수 있다. 이러한 블레이드를 유전적으로 생각해 보면 어떨까?

블레이드 뱀파이어 사냥꾼인 블레이드

<V>는 80년대에 SF TV 시리즈물로 대단히 인기를 끌었다. 파충류 외계인의 침략에 맞서 싸우는 지구인들의 활약을 그린 이 시리즈에는 외계인과 지구인의 혼혈아가 등장하여 매우 충격을 주었다. 파충류인 외계인과 포유류인 인간의 성적인 결합에 의해 아이가 태어난 것이다. 아이는 외계인과 지구인의 중간 형질을 가지고 태어나는데, 부모에게는 없는 초능력도 가지고 있다. 그러나 파충류와 포유류는 수정 자체가 되지 않는다. 외계인이 인간을 닮은 형태라고 해서 수정이 된다는 것은 설정 자체가 과학적이지 못하다.

자연상태에서 교배를 하여 생식능력이 있는 자손을 낳는 생물의 무리를 **종**이라고 한다. 생물의 분류에서 종은 가장 하위분류이며, 종이 달라지면 생식이 가능한 자손을 낳을 수가 없다. 말과 당나귀 사이에서 태어난 노새가 그러한 경우이다. 노새의 중간 잡종으로 수컷은 생식이 불가능하고 암컷의 경우 드물게 생식이 되기도 하지만, 노새는 자연 상태에서 번식이 불가능하다. 이렇게 같은 포유류라고 할지라도 종이 달라지면 수정이 힘든데, 파충류와 포유류가 수정될 가능성은 전혀 없다.

노새가 말과 당나귀의 특징을 모두 지니고 있는 것과 같이 외계인과 지구인 사이의 중간 형태인 아이가 태어나는 것을 보고 중간유전이라고 단정지어 버리면 곤란하다. 멘델이 유전 법칙을 알아내기 전까지 사람들이 말에게서 말이 태어난다는 것과 항상 부모를 닮은 자식이 태어나는 것은 알았지만 유전 법칙을 알아내지 못했던 것은 이렇게 한꺼번에 많은 쌍의 유전자에 의해 유전이 일어나는 다인자 유전만 생각했기 때문이다. 즉, 키와 체중이 같은 것은 한 가지 유전자 쌍에 의해 결정되는 것이 아니라 다인자 유전을 하기 때문에 유전자 조합에 따라 다양한 유전 형태를 보인다. **중간유전**과 **융합유전**은 전혀 다른 것이다. 흰 꽃과 붉은 꽃을 수정시키면 흰 꽃, 붉은 꽃, 분홍 꽃이 나온다(중간유전)는 것과 회색 말의 이야기(융합유전)는 전혀 다르다는 뜻이다. 융합유전은 세대를 거치면서 부모에게 받은 형질이 점점 섞여서 원래 부모로 받은 형질이 거의 사라지게 되지만, 중간 유전은 세대를 거치면서도 변하지 않는 유전자가 남아 있다. 검은 눈을 가진 아버지와 푸른 눈의 어머니가 결혼을 하면 검고 푸른색의 눈을 가진 아이나, 양쪽 눈의 색이 다른 아이가 태어나는 것은 아니다. 블레이드의 경우 뱀파이어와 인간의 유전자 조합에 의해 새로운 형질이 나타난 것일 뿐 유전자가 섞여서 다른 것이 된 것은 아니다. 물론 이 세상에 뱀파이어가 없기 때문에 블레이드와 같은 사람은 태어나지 않는다.

〈엑스맨〉에서 진 박사(팡케 젠슨)는 국회에서 돌연변이 등록 법안에 대해 반대를 하기 위해 돌연변이에 대한 설명을 하고 있다. 그녀는 인류 진화의 새 역사가 열릴 것이라고 말한다. 돌연변이의 징후는 사춘기에 나타나며, 극심한 스트레스를 받으면 폭발한다고 한다. 이에 대해 켈리 의원은 '돌연변이가 위험하지 않은가'라는 질문을 하며 돌연변이를 위험한 존재로 취급하고 있다. 그러면 진 박사는 돌연변이에 대해 올바른 생각을 가지고 있는가?

엑스맨 돌연변이에 대해 연설을 하는 진 박사

돌연변이(mutation)는 새로운 생물의 형질이 돌연히 나타나서 자손에게 유전되는 것을 말한다. 돌연변이는 겸형 적혈구 빈혈증과 같이 유전자에 이상이 생겨 나타나거나, 다운 증후군이나 터너 증후군과 같이 염색체 수에 이상이 생기면 나타난다. 돌연변이를 일으키는 물질을 돌연변이원이라고 하며, 방사선(감마선이나 X선과 같이 강력한 전자파나 자외선, 알파선, 베타선과 같은 약한 전자파를 포함한다)이나 화학물질(염기유사물, DNA 변형물질 등이 있다) 등의 영향으로 일어난다. 생식세포에서 돌연변이가 일어나면 그 형질이 자손에게 유전되는데 이것을 **생식세포 돌연변이**라고 한다. 체세포에 돌연변이가 일어나는 경우는 **체세포 돌연변이**라고 하며 유전되지는 않는다. 영화에서 진 박사는 돌연변이를 청소년기에 나타나는 2차 성징과 같이 말하며, 성격에 의해 그 형질이 발현된다고 이야기하고 있다. 어떤 유전자를 가지고 있다고 해서 그 형질이 모두 발현되는 것은 아니지만, 스트레스를 받는다고 해서 돌연변이 형질이 나타날 가능성은 거의 없다. 돌연변이는 유전에 의한 형질상의 문제이지, 능력상의 문제는 아니다. 이 영화를 보면 돌연변이들이 모두 독특한 능력을 지니고 있는데, 이것은 실제의 돌연변이와는 특별한 연관성이 없는 이야기이다. 돌연변이는 일반적으로 그 개체에게 해로운 방향으로 발생하며, 심할 경우 그 개체를 죽이게 된다. 간혹 개체에게 이로운 돌연변이가 생기게 되는데 이것이 바로 진화의 원인이 되는 것이다.

고질라 체르노빌 근처의 지렁이

고질라 거대한 고질라의 발

〈고질라〉는 핵무기 실험의 결과로 바다 이구아나가 고질라라는 거대한 생물체로 바뀌면서 인간을 공격하는 영화이다. 영화는 환경 오염에 대한 경고의 메세지를 담고 있다.

방사능 오염으로 인한 생물의 변종을 연구하는 파도폴루스 박사는 체르노빌에서 지렁이를 연구하고 있다. 어느날 연구하던 그를 군에서 타이티의 섬으로 데려간다. 박사는 그곳에서 17%나 크기가 증가한 지렁이를 보고 놀라워하지만 그를 데려간 군인은 그 정도는 아무것도 아니라고 하면서 무려 100배나 커진 고질라 발자국을 보여준다. 이렇게 정상적인 생물체와 달라진 생물체를 무엇이라고 할까?

체르노빌의 방사능 누출로 인해서 많은 피해를 입었다는 보고가 있었다. 영화에서와 같이 지렁이의 크기가 17% 증가했다는 이야기는 없지만, 사람이나 가축에 돌연변이를 일으켰다는 이야기는 쉽지 않게 접할 수 있다. 이와 같이 같은 종의 생물 사이에 나타나는 차이를 변이라고 하며, 유전적인 변이와 환경적인 변이로 나눌 수 있다.

유전적인 변이는 유전이 되기 때문에 후손에게 나타날 수 있지만, 환경변이는 유전되지 않는다. 돌연변이는 생물에게 없던 형질이 돌발적으로 나타나 유전이 되는 것으로 불연속 변이라고도 한다. 돌연변이는 영화에서 등장한 것과 같은 방사선이나 자외선, 여러 가지 화학물질에 의해서 생길 수 있다. 하지만, 영화에서와 같이 17%나 크기가 증가한 지렁이가 나타나기도 쉽지 않은 일이며, 100배나 커진 고질라가 등장할 가능성은 물론 없다. 물리적으로 보면 거대한 생물의 경우 자신의 무게를 견뎌내는데 한계가 있기 때문에 지구에서 가장 거대한 생물인 고래는 바다에 사는 것이다. 생물의 유전자는 매우 안정적이기 때문에 여간하여 돌연변이가 일어나지 않으며, 너무 심한 돌연변이 개체는 태어나기도 전에 죽는 경우가 많다. 또한 태어난다 하더라도 그 개체에게 매우 불리하게 작용하는 경우가 많기 때문에 살아남기 어렵다. 앞에서도 이야기

환경오염과 괴물

고질라는 핵실험 과정에서 방사선에 노출이 되어 발생하게 되고, <프릭스>에서 괴물 거미는 연못에 버려진 유독물 때문에 거대해 진다. 방사선이나 화학물질이 돌연변이를 일으키는 돌연변이원이 되기는 하지만 이렇게 거대한 괴물이 태어날 가능성은 거의 없다. 단지, 영화상 이렇게 제시가 되는 것은 환경오염에 대한 경각심을 주고자 설정된 것일 뿐이다. 실제로 강에 폐수가 버려져 오염이 되는 경우, 기형 물고기가 태어나고 동식물들이 죽어버려 죽음의 강이 되어 버린다.

를 했지만 키와 몸무게 같은 것에는 여러 유전인자들이 작용을 하기 때문에 덩치가 커지기 위해서는 관련된 모든 유전자들이 동시에 그 방향으로 돌연변이가 일어나야 한다. 그러나 이렇게 될 가능성은 로또 복권 1등에 연속으로 몇 번 당첨될 확률보다 훨씬 더 적다.

2 진 화

〈에볼루션〉은 제목에서도 알 수 있겠지만, '진화(evolution)'에 관한 영화이다. 어느 날 지구에 운석이 하나 떨어지는데, 이 운석에서 나온 생물체는 단지 몇 시간 만에 2억년에 걸쳐서 일어났던 진화를 따라잡는다. 며칠 만에 공룡과 비슷한 생물체로 진화하는 게 가능할까?

진화는 생물의 종이나 종류가 여러 세대를 거치면서 점차 변화해 가는 것을 말한다. 진화는 변화의 의미를 내포하고 있

에볼루션 지구에 떨어진 운석에서 생겨난 괴물

기 때문에 불변의 의미를 지닌 멘델의 유전 법칙에 의하면 진화는 결코 일어나지 않아야 한다. 진화가 일어나는 방식에 대해서는 두 가지 견해가 있는데, 다윈이 주장한 **점**

진설과 엘드리지와 굴드가 주장한 **단속 평형설**이 있다. 점진설은 진화란 오랜 시간에 걸쳐 작은 변화가 축적되면서 서서히 일어나는 것이라고 주장한 설이다. 굴드는 대부분의 생물 화석이 오랜 세월 동안 변함없이 발굴되다가 짧은 시기에 갑자기 새로운 종들이 많이 발굴되는 것은 짧은 시기에 새로운 종으로 변한다는 증거라고 주장하였다. 물론 단속 평형설의 경우에도 진화가 일어나기 위해서는 적어도 수 만년 이상의 기간을 필요로 한다고 말한다. 생물체들이 너무 급격하게 변이가 나타나면 종을 유지할 수 없고, 변이가 너무 느리게 나타나면 환경 변화에 적응할 수 없다. 이 경계 사이에서 생물들은 진화하고 번성하게 된다. 따라서 영화에서와 같이 짧은 시간에는 진화가 일어나기 어렵다. 이 영화에서 이야기하는 것은 '진화'지만, 사실 박테리아가 들어 있는 운석이 지구에 떨어지면서 지구에 생명체의 발달이 시작되었을 것이라는 **배종발달설**(Panspermia, 포자범재설)과 더 가깝다.

미믹 새로 출현한 괴물 곤충

〈미믹〉은 바퀴벌레에 의한 전염병을 막기 위해 사마귀와 흰개미의 유전자를 조합해서 만든 '쥬다스'라는 신종 곤충이 괴물로 바뀌어 가면서 인간을 공격한다는 영화이다. 영화에 등장하는 '쥬다스'는 바퀴벌레와 비슷한 곤충에서 출발해서 영화 후반부에는 거의 인간과 비슷할 정도로 변해 버린다. 이것을 영화 속의 과학자는 곤충의 진화로 설명을 하면서, "곤충은 때로 진화하면서 천적을 모방한다."라는 이야기를 하는데, 과연 맞는 얘기일까?

진화는 오랜 시간 동안 무작위적인 돌연변이에 의해 일어난다. 즉, 어떤 목적이나 방향성을 가지는 변화가 아닌 확률적이고 기계적인 변화이다. 따라서 "어떤 환경에 잘 적응한 생물은 살아남고 그렇지 못한 생물은 멸종한다.", "인간은 머리를 계속 사용했기 때문에 점점 두뇌가 커졌다."라는 식의 표현은 진화를 제대로 설명한 말이 아니다. 영화에서는 빠르게 변화하는 괴물에 대해 진화는 시간보다는 세대 수에 의해 일어난다고 설명한다. '쥬다스'가 신진 대사를 활발히 하면서 순식간에 많은 세대를 거쳤기 때문에 진화했다는 것이다. 물론 이분법으로 번식을 하는 미생물의 경우에는 세대가 짧기 때문에 빠른 시간에 돌연변이가 생길 확률이 높아진다. 그렇다고 하더라도 영화에서와 같이 며칠이나 몇 달 사이에 달라질 수는 없다. 과학자는 "쥬다스가 인간을 닮아가며 인간 사이에 그들의 군대를 만들려고 한다."라고 설명하는 데 과연 그녀가 과학자인지 의심스럽게 하는 대목이다. 이러한 설명은 쥬다스라는 종이 처음부터 이러한 목적을 가지고 진화하고 있다는 것인데, 일반적인 진화와는 전혀 다르다. 영화 제목인 '미믹(mimic)'에서 알 수 있듯이 이러한 생물의 행동은 진화가 아니라 '의태(mimicry)'이다. 의태란 동물이 주위의 물체나 다른 동물과 비슷한 형태를 취하는 것으로 은폐하거나 다른 동물과 비슷하게 보여 포식자를 피하기 위한 방법이다.

〈미션 투 마스〉는 지구의 탐험대가 화성을 개척하기 위해 화성으로 가면서 겪는 모험을 그린 영화로 영화 중반부까지는 이야기의 전개가 매우 과학적이고 매끄럽다. 하지만, 화성인의 유적이 등장하는 후반부로 가면서 황당하게 끝을 맺어 버려 아쉬움이 남는다. 영화에서는 뛰어난 과학문명을 꽃피웠던 화성인의 우주선 한대가 지구에 보내져 생명체가 탄생하고, 진화하면서 오늘날의 인간이 출현하였다고 한다. 화성인에 의해서 지구에 생물이 탄생하였다는 설과 지구 생물의 진화과정에 대해 어떻게 생각하는가?

미션 투 마스 화성인이 지구생물의 발달사를 보여주는 장면

　생명 탄생의 신비에 대해 많은 것이 알려졌다고는 하지만 아직도 아는 것보다는 모르는 것이 더 많다. 또한 지구 이외의 생명체에 대한 것도 많은 사람들이 궁금해 하는 부분이지만 애석하게도 화성은 물론 지구 이외에 다른 어떤 곳에서도 생명체의 흔적이 발견된 적은 없다. 따라서 화성에서 지구에 생명 탄생의 씨앗을 뿌렸다는 것은 납득하기 어렵다. 여러 가지 증거로 추정을 해 보면 지구는 대략 46억 년 전에 탄생했다고 알려져 있다. 이 때의 지구는 매우 뜨거워서 반 액체 상태의 형태를 하고 있으며, 그로부터 3~8억년 후 최초의 지각이 생겨났다. 약 35억 년 전 쯤 최초의 생명체가 탄생했으며, 32억 년 전 처트층에서 최초의 화석이 발견되었다. 30억 년 전에 원핵생물

이, 20억 년 전에 진핵생물이 등장했으며, 인류의 등장은 극히 최근의 일이다. 지구가 탄생했을 때부터 지금까지를 12시간짜리 시계로 비유하면 인간은 11시 59분 59초, 즉 1초 전에 태어난 셈이다.

이 영화에서 탐사대원들은 지구에 생명이 탄생한 이유가 화성인에 의한 것임을 알게 된다. 이렇게 지구에 생명이 탄생한 이유를 지구 밖에서 찾는 것을 '우주기원설'이라고 하며, 재미있게도 DNA의 이중 나선 구조를 발견해 유명해진 크릭이 이런 주장을 하였다. 현재 널리 받아들여지고 있는 것은 원시 지구의 대양에서 화학합성이 자발적으로 일어나 생명체가 탄생했다는 홀데인–오파린 가설(코아세르베이트로 유명한 사람이다)이지만, 최근에 '우주기원설'을 지지하는 실험이나 증거가 제시되고 있어 어떤 가설이 맞는지는 계속 연구를 해봐야 할 과학계의 큰 과제이다.

그리고 영화에서 잘못된 것이 또 있는데 생물이 변해서 진화가 일어난 것이 아니라는 사실이다. 단세포에서 다세포, 어류, 양서류, 파충류, 포유류의 순으로 생물이 진화해 온 것은 사실이지만 어류가 실러캔스, 악어, 공룡, 매머드, 인간으로 진화해 온 것은 아니다.

혹성탈출 인간을 사냥하는 원숭이

〈혹성탈출〉은 1968년 작 〈혹성탈출〉을 팀버튼이 새롭게 리메이크한 작품으로 원숭이와 인간의 지위가 바뀐 미래의 지구 모습을 그렸다. 팀버튼의 〈혹성탈출〉은 원작보다 특수효과 면에서는 뛰어나지만 원작의 감동을 뛰어넘지는 못했다.

주인공 레오는 원숭이에게 우주선 조종을 가르치고 있다. 정체불명의 소용돌이가 다가오자 원숭이 패리클레스를 우주선에 태워서 보내지만 행방불명이 되자, 자신도 우주선을 타고 뒤따라 가는데 그가 도착한 곳은 원숭이들이 인간을 사냥하는 곳이었다. 나중에 그는 그 곳이 미래의 지구라는 것을 알게 되는데, 100년도 지나지 않은 미래에 원숭이와 인간의 위치가 이렇게 바뀔 수 있을까?

영화에서 레오 대위(마크 월버그)가 "말하는 몽키(monkey)는 존재하지 않아"라고 하자, 탈출을 도와준 고릴라가 화를 내며 "우린 원숭이야, 몽키보다 진화한 존재이다"

라며 자신들이 인간보다도 우등한 존재라고 한다. 영어에서 긴 꼬리를 가진 원숭이는 'monkey', 꼬리가 없는 것은 'ape'라고 부르며 우리는 모두 '원숭이'라고 부른다. 영화에 등장하는 침팬지와 오랑우탄, 고릴라는 유인원(anthropoid)이며 인간과 함께 영장류에 속하는 동물이다. 영화에서는 인간과 나머지 영장류가 편을 나눠 싸우고 있지만, 유전적으로는 잘못된 편가르기라 할 수 있다. 인간과 침팬지의 유전자는 99%가 동일하고 인간과 고릴라는 97%, 침팬지와 고릴라도 97%가 동일하다. 또한 인간과 침팬지는 천만 년 전에 고릴라와 갈라졌고, 인간과 침팬지는 오백만 년 전에 서로 갈라져 진화했다. 따라서 유전자와 진화적인 관점만을 따진다면 인간과 침팬지는 침팬지와 훨씬 가까운 사이이다. 편을 갈라야 한다면 인간과 침팬지가 한편이 되어야 할 것이다. 물론 인간과 침팬지의 1% 차이는 엄청나게 큰 결과를 가져와, 한쪽은 동물원 창살 안의 구경거리가 되었고, 다른 한쪽은 구경하는 입장이 되었다.

영화에서와 같이 인간과 원숭이의 입장이 바뀌는 가능성에 대해 이야기해 보자. 전작에서는 약 이천 년의 시간이 흘러가서 원숭이가 진화한 것으로 묘사되었고, 이 영화에서는 유전자 조작 원숭이가 등장한다. 앞에서도 이야기를 했지만, 인간과 침팬지의 차이는 오백만 년 동안 각각 다르게 진화한 결과물이다. 따라서 몇 천 년 만에 인간과 침팬지의 지위가 바뀔 가능성은 없다. 우주선까지 조종이 가능한 유전자 조작 원숭이 패리클스도 현재의 침팬지와 거의 달라 보이지 않는다. 이러한 침팬지 중에서 똑똑한 세모스라는 원숭이가 그 무리를 장악했다고 해서, 몇 십 년 만에 말을 하게 되고, 기술과 문화를 발달시킬 만큼의 변화를 가질 수는 없다.

인류학자 리차드 리키는 인간과 침팬지를 구분 짓는 가장 큰 차이점을 언어나 문화, 기술이 아니라 직립 보행이라고 주장했다. 영화에서 세모스의 후손 원숭이들은 아직도 완전하게 직립 보행을 하지 못하였다. 이런 장면들을 통해 직립 보행이 얼마나 힘든 기술(?)인지 다시 한번 느낄 수 있다.

많은 사람들이 원숭이가 인간의 조상이라고 생각한다. 이것은 다윈의 진화론의 논쟁에서 진화론을 잘못 이해한 사람들에게서 나온 생각이다. 앞에서 설명했다시피 인간과 침팬지는 공통의 조상을 가졌지만 각각 진화를 했다. 결코 지금의 원숭이들은 인간의 조상이 아니다.

짧은 설명이 있는 영화

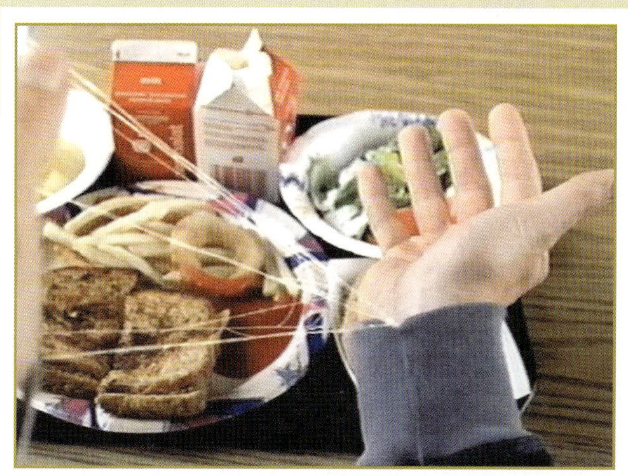

개미, 맨 오브 오너
몬스터 주식회사, 소림축구
미이라 2, 반지의 제왕
블랙호크 다운, 스파이더맨
아틀란티스 : 잃어버린 제국
엽기적인 그녀, 타이타닉
해리포터와 마법사의 돌

개미

애니메이션 〈개미〉는 월트디즈니에서 실력을 인정받은 제프리 카젠버그가 드림웍스로 옮긴 후 내놓은 야심 찬 작품이다. 이 영화는 색채와 인물 표정 묘사에 있어 〈토이스토리〉보다 한 수 위라는 평가를 받았으며, 캐릭터 설정 때부터 목소리 연기자를 미리 고려하여 제작을 함으로써 캐릭터의 외양이나 성격을 목소리 배우와 비교해 보는 재미를 선사하고 있다. 비슷한 시기에 개봉된 디즈니의 〈벅스라이프〉가 아이들을 위한 작품이라면, 〈개미〉는 좀 더 무거운 주제와 분위기를 나타냄으로 인해서 아이들뿐 아니라 어른들까지 즐길 수 있는 애니메이션이라 할 수 있다.

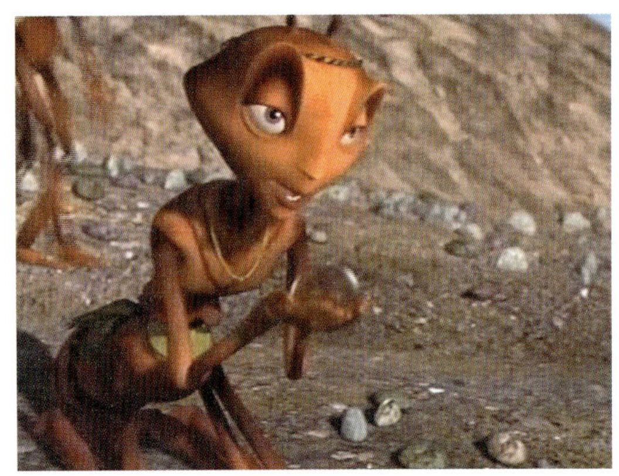

개미 왕국의 발라 공주

개미는 다른 곤충들과 같이 머리·가슴·배의 세 부분으로 구성되어 있으며, 머리는 크고 여러 형으로 되어 있다. 영화에서는 의인화시키면서 다리를 가슴에 한 쌍 배에 두 쌍이 있는 것으로 그려져 있지만, 진짜 개미는 가슴에 세 쌍이 모두 붙어 있다. 또한 눈동자가 있는 눈이 두 개가 있는 것이 아니라, 겹눈과 세 개의 홑눈을 가지고 있다. 영화에서와 같이 입으로 소리를 내어 대화를 하지 않으며, 기부마디에 있는 미세한 가로줄로 된 발음기를 앞마디의 뾰족한 가장자리와 마찰시켜 소리를 낸다. Z의 친구인 전투 개미가 땅을 파면서 일개미에서 자신의 근육을 자랑하는 장면이 있는데, 개미와 같은 곤충은 외골격으로 되어 있다. 따라서 근육이 골격 속에 있기 때문에 근육이 있다는 것을 자랑하면서 보여줄 수는 없다. 가장 설정이 잘못된 것은 일개미인 Z가 수캐미라는 사실이다. 개미의 알이 수정되면 암컷(여왕, 일개미, 병정개미)이 되고, 알이 수정되지 않으면 수컷(수캐미)이 되며, 수컷들은 수주 또는 수개월만 산다. 수컷들은 특별한 경우를 제외

하고는 일하지 않기 때문에 일개미와 병정
개미는 모두 암컷이다. 바에서 Z와 그의 친
구가 진딧물 맥주를 마시는데, 이것은 진딧
물이 분비물을 개미에게 줌으로써 개미에게
서 외적으로부터의 보호를 받고 있는 공생
관계를 나타낸 것이다. 진딧물은 식물의 즙
액으로 남는 당분을 배설물로 배출하는데,
이것을 먹으려고 개미나, 기생벌, 파리 등
이 많이 모이게 된다.

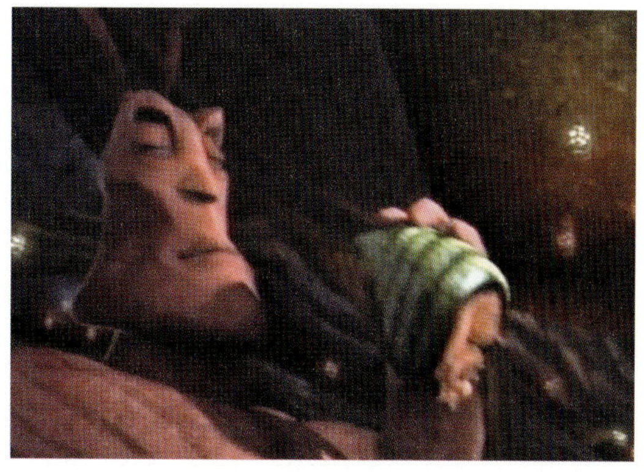

진딧물 맥주

흰개미와의 전투 장면은 영화 〈스타쉽 트
루퍼스〉의 전투 장면을 보는 듯 한데, 흰개
미를 마치 괴물처럼 묘사하고 있다. 사실 말
이 '흰개미'지 흰개미는 개미라기보다 바퀴
벌레에 가까운 곤충이다. 생물학적으로도
흰개미는 등시목, 개미는 막시목으로 서로
다른 종류로 분류된다.

Z와 발라 공주가 물방울에 갇혔다가 아
래로 떨어져 물방울에서 탈출하는 장면이

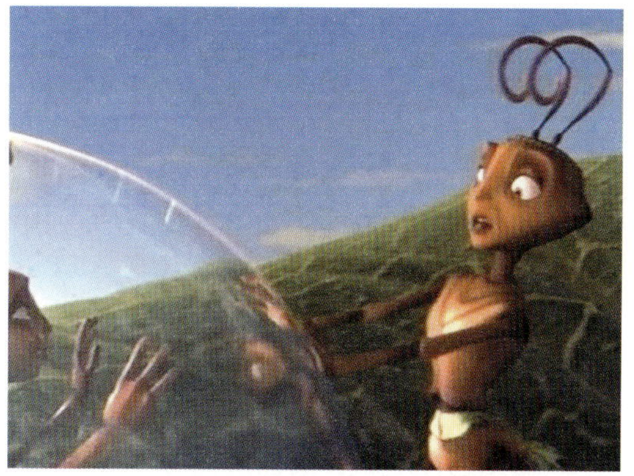

물방울 속에 갇힌 Z

있다. 물이 방울지는 것은 표면적을 작게 하려고 하는 표면장력이 작용하기 때문이다.
그런데 잎 위에서는 방울지지만, 흙 위에서 방울지지 않는 이유는 무엇일까? 흙에 떨
어질 때의 충격 때문이라고 생각하면 그것은 잘못이다. 기둥에서 떨어진 물방울이 잎
에서는 터지지 않았기 때문이다. 흙에서 물방울이 터진 것은 흙이 물분자를 잘 끌어들
이기 때문이다. 그리고 잎은 표피에 왁스층이 있어 물분자를 밀어낸다. 유리도 물분자
를 잘 끌어당기기 때문에 시험관에 물을 넣게 되면 벽면을 타고 물이 올라가게 되며,
유리판 위에 물을 떨어트리면 퍼지게 된다. 이와 같이 물질이 섞이거나 방울지는 현상
은 분자간의 인력으로 설명할 수 있다.

맨 오브 오너

"보일의 법칙을 아나?", "뭐라구요?", "대답이 안 들린다. 동일한 온도 아래서 이상 기체의 부피는 압력에 반비례한다. 그게 왜 잠수할 때 중요한지 아나?"

선데이 상사(로버트 드 니로)는 잠을 자고 있는 칼 브라셔(쿠바 구딩 주니어)를 막사 밖으로 끌어내서 물을 뿌리고 물통에 머리를 쳐 박으며 보일의 법칙이 잠수에 왜 중요한지 묻는다.

브라셔는 과외 교습을 받기 위한 자신의 의지를 보여주기 위해 보일의 법칙을 혼자 공부해서 깨우치게 된다. 브라셔는 "보일의 법칙은 변하는 대기압에서 공기의 행동을 알려준다. 100피트 해저의 잠수부가 10피트 위로 올라가면 폐 속의 공기는 네 배로 증가한다. 이때 숨을 내쉬는 것을 잊으면 폐는 폭발한다."라고 멋지게 설명을 하는 것이다. 아마 이 영화만큼 보일의 법칙이 중요하게 다뤄지는 영화도 없을 것이다. 여기서 한 가지씩 짚어나가 보자. 선데이 상사가 이야기 한 이상기체(ideal gas)는 분자간의 상호작용이 전혀 없고, 보일의 법칙이 완전하게 적용되는, 말 그대로 이상적인 기체를 말한다. 따라서 현실적으로 존재하는 기체들은 아주 작지만 분자 사이에 상호작용을 하기 때문에 보일의 법칙이 이상기체 이외에는 정확하게 적용되지 않는다. 하지만, 브라셔의 설명과 같이 일상의 많은 현상을 설명하기에 보일의 법칙은 부족함이 없다. 100피트(약 30미터)의 수면 아래는 4기압(대기압 + 수압)의 압력이 작용하며, 이때 수면은 1기압이다. 따라서 4기압일 때 1부피는 수면에서 4부피를 가지게 된다(4기압 1부피＝1기압 4부피). 숨을 내뱉으며 올라오지 않으면 폐의 공기가 팽창하여 폐가 터지거나 손상을 입게 되는 것이다.

잠수를 하고 올라오는 선데이 상사

영화 초반부에 선데이 상사가 잠수를 했다가 나온 뒤 감압실로 보내지는 장면이 있다. 왜 잠수부는 감압실로 가야하는 것일까? 이것은 잠수병(diver's disease ; 케이슨병 또는 감압병이라고도 한다)을 막기 위한 것이다. 콜라를 마시기 위해 병을 따면 갑자기 낮아진 압력 때문에 콜라 속에 녹아 있던 기체가 기포가 되어 빠져 나오는 현상을 관찰할 수 있다. 이와 같이 높은 압력에 있던 잠수부가 갑자기 압력이 낮은 곳으로 나오게 되면 혈관 속에 녹아 있던 질소가 기포가 되어 혈관을 막게 되고, 이렇게 하여 산소와 영양분의 공급이 중단된 조직은 죽게 된다. 10미터를 잠수할 때마다 약 1리터의 질소 기체가 더 몸속으로 용해(기체의 용해도는 압력에 정비례하며, 이것을 헨리의 법칙이라 부른다)되며 이것은 천천히 수면으로 올라오거나 감압실에서 서서히 압력을 줄이는 과정을 통하여 폐를 통해 배출해야 한다. 기포가 척수나 뇌와 같이 중요한 신체기관에 발생하게 되면, 신경 마비나 언어 장애와 같은 무서운 증세가 나타날 수도 있다.

마지막에 브라셔가 다시 잠수를 할 수 있는지 결정을 하는 위원회에서 새로 나온 산소와 헬륨을 혼합하여 쓰는 잠수복이 등장한다. 잠수에 불활성 기체인 헬륨을 사용하는 이유는 압축 공기가 30미터 이상 깊이 잠수할 경우에 여러 가지 문제를 발생시키기 때문이다. 헬륨은 TV 오락 프로그램에서 간혹 볼 수 있는데 목소리를 이상하게 만드는 바로 그 기체이다.

몬스터 주식회사

〈몬스터 주식회사〉는 〈토이스토리〉와 〈벅스라이프〉로 컴퓨터 애니메이션의 새로운 지평을 열었다는 평가를 받는 월트디즈니 프로덕션과 픽사 애니메이션 스튜디오의 작품이다. 2002년 74회 아카데미 시상식에서 새로 신설된 장편 애니메이션 부문에서 '슈렉'과 경합을 벌였지만, 아깝게 'If I Didn't Have You'로 주제가상을 받는데 그쳤다. '몬스터 주식회사'는 '슈렉'의 엽기적인 장면과 패러디에 의한 재미는 없지만, 디즈니의 다른 작품들과 마찬가지로 가족적인 정이 느껴지는 작품으로, 전 세계적으로 5억 달러 이상을 벌어들인 흥행작이다.

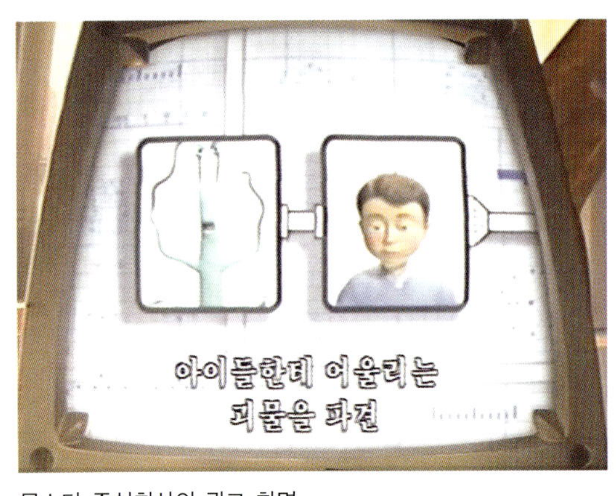

몬스터 주식회사의 광고 화면

몬스터 주식회사(M.I.)는 아이들의 비명에서 나오는 에너지를 모아서 몬스터 나라에 동력을 공급하는 회사로, 주인공 설리와 와조스키는 아이들을 겁주어서 비명을 모아 오는 일을 하고 있다. 영화의 마지막에서는 비명보다는 웃음이 더 큰 에너지를 낸다고 하는 교훈(?)으로 끝을 맺는다. 그렇다면 비명, 즉 소리에너지로 몬스터 세계에서 필요한 모든 동력을 공급할 수 있을까? 사람은 폐의 공기를 배출하면서 성대를 떨어 비명을 지르는데, 이때 소리의 운동에너지나 위치에너지의 크기는 기껏 수백 μJ(마이크로 줄)을 넘지 않는다. 이 정도의 에너지라면 밤새 전 세계 아이들의 비명을 모두 모아 온다고 해도 커피 한잔 끓이기도 힘들고, 엘리베이터를 단 1층도 운행할 수 없는 에너지이다. 물론 웃음의 경우에도 마찬가지로, 소리에너지는 그 크기가 매우 작기 때문에 이것을 이용해서 어떤 일을 하기는 힘들다. 소리의 에너지가 이렇게 작지만 우리가 작은 소리까지 잘 들을 수 있는 것은 귀가 작은 공기의 진동도 크

게 증폭시킬 수 있는 민감한 시스템을 가
지고 있기 때문이다.

　귀여운 캐릭터인 마이크 와조스키는 외
눈박이 괴물이다. 사람의 경우에도 40,000
명에 한 명 꼴로 선천성 기형으로 외눈을
가진 사람(이를 단안증(cyclopia)이라고 한
다)이 태어나는데 매우 심한 기형이기 때
문에 조기에 사망하는 경우가 많다. 이렇
게 선천성 기형을 가진 경우가 아니라면

외눈박이 괴물 와조스키

하등 동물에서조차 외눈을 가진 경우는 없다. 하지만, 두 눈을 가졌다고 해서 모두 양
안시(두 눈을 사용해서 물체를 본다는 뜻)는 아니며, 초식 동물의 경우 양쪽 눈은 서로
다른 것을 본다. 즉, 토끼의 경우 양안시로 정확하게 사물을 인지하는 것보다는 외눈
으로 동시에 넓은 범위를 살펴보는 것이 포식자를 발견할 가능성이 높은 것이다. 사자
와 같은 포식자의 경우에는 두 눈이 거의 정면을 향하고 있어, 먹이를 정확하게 관찰
하는 것이 유리하다는 것을 보여 준다. 사람의 경우 두 눈을 통해 들어온 시각정보를
뇌에서 3차원 영상으로 융합하고, 정확한 거리 정보를 제공할 뿐 아니라, 맹점을 보완
할 수 있기 때문에 양안시가 시력을 높여주는 역할을 한다. 한쪽 눈을 가리고 다니면
걷고 운전하기가 불편한 이유가 바로 여기 있다. 두 눈으로 보이는 차이를 인공적으로
재현하여 입체 영상을 볼 수 있도록 한 것이 입체경(stereoscope)이며, 두 대의 카메라
로 찍은 것을 합성하여 3D 영화를 만들기도 한다. 3D 영화를 보기 위해서는 편광 안경
을 껴야 하는데 이때 두 눈에 서로 다른 화면이 보이기 때문에 영화가 입체로 보이는
것이다. 이렇게 입체 영화를 감상하는 것이 가능한 이유는 양쪽 눈을 통해 서로 다른
영상이 들어와도 뇌가 합성을 할 수 있는 능력이 있기 때문이다. 하지만, 와조스키의
가장 큰 문제는 단안시라기 보다는 눈이 너무 커서 뇌가 있을 공간을 확보하기 어렵다
는 점일 것이다.

소림축구

　유치하다고 느껴질 때도 있지만, 다른 영화가 주지 못하는 독특한 재미를 선사하는 것이 바로 주성치의 영화이다. 그는 '주성치의 007', '서유기 월광보합' 등의 많은 영화에서 홍콩 코믹 배우로서 확고한 자리를 구축하고 있으며, 이 영화에서도 소림 무술과 축구를 컴퓨터 그래픽으로 결합시켜 한 편의 만화를 보는 듯한 느낌을 주고 있다. 축구(soccer)라는 말의 기원은 영국에서 축구를 가리키는 말인 '어소시에이션 풋볼(association football)'의 'association'에서 'soc'를 빼 와 '-er'을 붙인 것이다. 초창기의 축구는 손과 발을 모두 사용하는 럭비와 비슷한 경기였으며, 19세기 중반 성문화된 규칙이 정해지면서 럭비에서 분리되어 현대적인 의미의 축구가 탄생하게 되었다.

　명봉(오맹달)은 씽씽(주성치)을 설득하여 축구팀을 만들고, 연습에 들어간다. 이 때 씽씽이 축구공을 너무 세게 차는 바람에 하늘로 날아간 공이 1시간 후에 떨어지게 된다. 아무리 씽씽이 무공을 익혀 공을

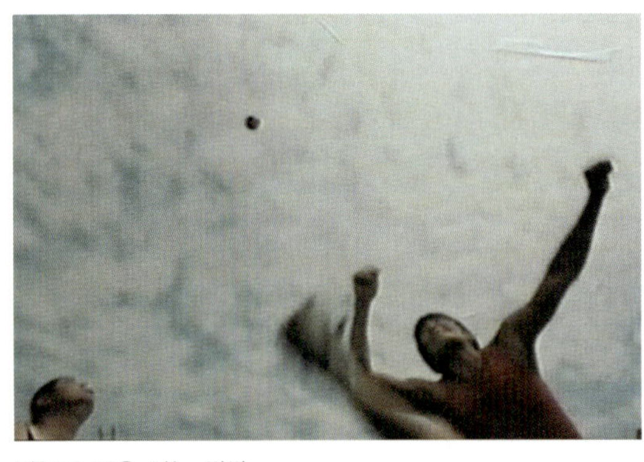

하늘로 공을 차는 씽씽

멀리 찬다고 하더라도 이러한 장면은 사실 불가능하다. 우선 공기의 저항이 없다고 가정하고 생각해 보면, 공은 30분 동안 올라갔다가 30분 동안 내려오게 된다. 따라서 30분 동안 공중에 있기 위해서는 대략 초속 18km($v = gt$)의 속력으로 공을 차야 한다는 계산이 나오는데, 이 정도의 빠르기라면 공은 다시 지구로 돌아오지 못한다. 물체가 지구 밖으로 탈출하게 되는 속도를 탈출속도 또는 우주속도라고 하며 제1우주속도는 7.9km/s, 제2우주속도는 11.2km/s이다. 제1우주속도는 물체가 땅에 떨어지지 않고 지구주위를 돌 수 있는 속도로 인공위성이 되기 위한 속도이고, 제2탈출속도는 지구를 떠나는 물체의 속도이다. 물론 우주에서 우주선이 돌아올 때 대기와의 마찰에 의해 열

이 나듯이, 공은 얼마가지 않아 타버릴 것이기 때문에 지구를 벗어날 걱정(?)은 하지 않아도 된다. 공을 이렇게 멀리 차기 위해서는 다리의 회전 속력이 공의 속력의 약 3/4, 즉 초속 13.5km의 속력으로 빨리 움직여야 하는데, 갑자기 이렇게 발을 움직일 만큼의 에너지가 근육에 저장되어 있지도 않을 뿐 아니라, 이렇게 빨리 회전을 시키게 되면 다리가 빠져 버릴 것이다.

씽씽의 공을 막아내는 악마팀의 골키퍼

1시간 후에 떨어진 공은 사람 키보다 조금 더 높게 튀어 오를 뿐인데, 진짜라면 어떨까? 물체는 바닥에 충돌하고 나면 원래의 위치까지 올라오는 경우가 없는데, 이것은 물체가 바닥과 충돌할 때 역학적 에너지의 일부가 마찰에 의해 열에너지로 변환이 되기 때문이다. 이렇게 충돌 후에 튀어 오르는 정도는 반발계수(e)로 나타내며, 반발계수가 1일 경우 물체는 원래의 위치까지 올라오게 되고, 0일 때는 바닥에 붙어서 전혀 올라오지 않는 것을 말한다. 축구공의 경우 잔디밭에서 반발계수는 0.6이기 때문에 영화에서의 공은 초속 10km가 넘는 속력으로 다시 튀어 올라가 버려야 한다.

씽씽이 엄청난 속력으로 공을 차지만, 악마팀의 골키퍼는 공을 쉽게 막아낸다. 그러나 사람은 공이 날아오는 것을 인식하고, 반응하는데 한계가 있기 때문에 아무리 약물의 도움으로 근육을 키워도 불가능한 이야기다. 즉, 골키퍼가 공이 오고 있다는 것을 인식하는 동안 벌써 씽씽이 찬 공은 골라인을 지나가 버린다. 현실의 축구경기에서 페널티킥을 차는 지점이 12야드(10.97m)인 것도 이와 관련이 있다. 이보다 거리가 멀어지면 실력이 뛰어난 골키퍼의 경우 공을 막을 수 있는 충분한 반응 시간이 주어지기 때문에 페널티킥으로서의 아무런 의미가 없어져 버리기 때문이다.

미이라 2

〈미이라 2〉는 전편과 비슷한 구성을 가지고 있지만, 보다 화려해진 특수효과를 바탕으로 여러 가지 볼거리를 제공한다. 전편에서는 비행기를 타고 이모텝이 만든 사막의 모래 폭풍을 피했지만, 2편에서는 기구(뒤쪽에 프로펠러를 장착했기 때문에 정확하게는 비행선)를 타고 물기둥을 피해 달아난다. 하지만 그 정도 크기의 기구가 어른 여럿을 태운 채 자유자재로 날아다니는 것은 과학적으로 모순이다. 기구는 기낭(공기주머니)에 공기보다 밀도가 낮은 수소나 헬륨을 채우고 여기서 발생하는 부력을 이용해 하늘을 나는 장치이다. 기체나 액체 속에 있는 물체는, 차지하는 부피만큼의 부력을 받는다. 즉 물 속에 있는 물체는 차지하는 물의 무게만큼, 공기 중에서는 차지하는 공기의 무게만큼 부력을 받는 것이다. 지상에 있는 우리 몸도 부력을 받지만 50g 정도밖에 되지 않으므로 느끼지 못한다.

영화에 등장하는 기구는 기낭의 크기가 작아 배 모양의 몸체를 띄울 부력도 받기 힘들어 보인다. 기구를 처음 만든 몽골피에가 혼자서 비행을 하기 위해 기낭의 지름이 무려 10.5m나 되는 기구를 제작했던 사실과 비교해 보면 어느 정도 크기가 돼야 할 지 쉽게 상상할 수 있을 것이다. 별로 크지도 않은 기낭으로 어른 다섯 명과 무거운 몸체를 띄워 올려 날아다니는 기구는 영화에서나 가능한 일이다. 또한 이모텝이 만든 거대한 물기둥의 추격을 받자 터보 추진기에 의해 신나게 앞으로 달려가는데, 비행선과 같이 덩치가 큰 비행체의 경우, 공기의 저항 때문에 빨리 달리지 못하며, 달린다 하더라도 기낭이 저항을 많이 받기 때문에 뒤로 처져야 한다. 이모텝의 공격으로 기구가 부서졌지만, 폭발하지 않은 것으로 봐서 기구 속은 헬륨으로 차 있었을 것이

이모텝을 추격하기 위해 타고 가는 비행선

다. 만약 수소를 넣은 기구라면, 추락할 때 작은 불꽃만 튀어도 그대로 폭발해 버리고 만다.

마지막에 주인공 오코넬이 아들을 안고 스콜피온 킹의 무덤까지 달리는 장면이 나온다. 떠오르는 햇빛을 등지고 달리는 주인공의 등 뒤로 어둠과 밝음의 경계선이 뒤따르는 순간 관객들은 손에 땀을 쥐겠지만, 이는 불가능한 설정이다.

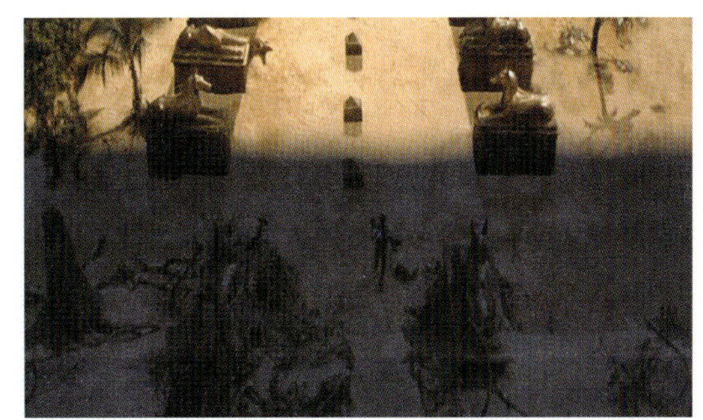

아들을 안고 뛰는 오코넬

우선 지구에는 대기가 존재하기 때문에 선명하게 어둠과 밝음의 경계선을 볼 수가 없다. 또한 사람이 아무리 빨리 달린다고 해도 떠오르는 해를 잡을 수는 없는 것이다. 해가 뜨고 지는 것은 지구의 자전에 의한 현상으로, 지구는 둥글기 때문에 자전속도가 위도에 따라 다르다. 즉, 극에서는 속도가 0이며 적도에서는 시속 1천6백km가 넘는다. 영화의 배경이 이집트이므로 해가 뜨는 속도는 적어도 시속 1천km는 넘는다. '총알 탄 사나이'도 이보다 빠를 순 없다.

반지의 제왕

1954년 영국의 작가 톨킨(John Ronald Reuel Tolkin)은 판타지 소설의 성경이라 불릴 정도의 기념비적인 작품 『반지의 제왕 The Lord of the Rings』을 출간하였다. 『반지 원정대 The Fellowship of The Rings』, 『두 개의 탑 The Two Towers』, 『왕의 귀환 The Return of The Kings』 등의 총 3부작 중 제1부를 영화로 만든 것이 동명의 이 영화이며, 장엄한 판타지의 세계로 많은 관객들을 사로잡았다. 작년 12월에 제2부가 개봉되었으며, 뉴질랜드의 아름다운 배경을 바탕으로 악의 군주 사우론과 호빗족의 프로도(엘리자 우드) 사이에 절대반지를 놓고 벌이는 대결을 서사적으로 그리고 있다.

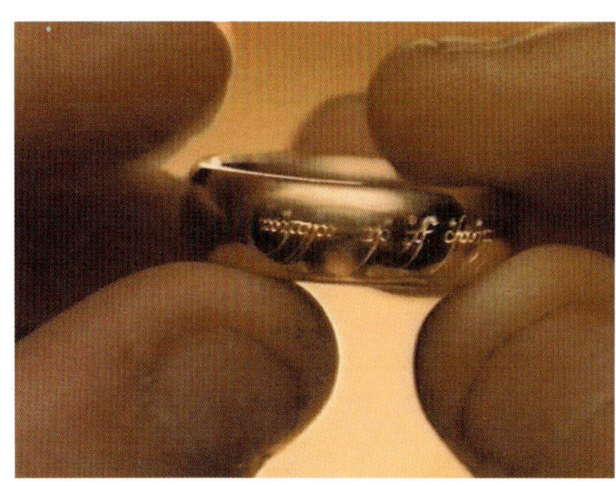

절대반지를 보고있는 프로도

이 영화의 중요한 소재가 되는 절대반지의 비밀을 알아내기 위해 건달프(이안 맥켈렌)는 반지가 담긴 봉투를 불 속에 넣었다가 꺼내어 프로도에게 아주 차갑다면서 준다. 왜 차갑다고 하면서 줄까? 당연히 일반적인 금속으로 만들어진 반지의 경우 불 속에서 꺼내면 뜨거울 텐데 말이다. 일반적인 금속들은 자유전자를 많이 가지고 있어 전기가 잘 흐르며, 열전도율 또한 다른 물질에 비해 높은 편이다. 따라서 금속으로 주전자, 냄비 등의 조리기구를 만드는 것이다.

절대반지는 어떤 것으로도 파괴할 수 없다고 한다. 그러나 세상에 파괴할 수 없는 물질은 없다. 물질이 어떠한 형태를 가지는 것은 분자간의 인력에 의한 것인데, 이 인력을 끊을 수 있을 만큼의 충분한 열에너지나 충격을 주게 되면 파괴할 수 있다.

괴물에 의해 입구가 막히자 건달프는 마법으로 지팡이 끝에 불을 켜고 동굴 속에서 길을 찾아 나서게 된다. 건달프의 지팡이에서 나온 빛은 서서히 어두워지면서 동굴의

상당히 넓은 부분까지 환하게 비추게 된
다. 마법으로 켠 불, 횃불, 전등의 불빛 등
어떠한 광원이라도 거리가 멀어지면 빛이
서서히 약해지는 것이 아니라 거리의 제
곱에 비례해서 밝기가 어두워지는 것이
다. 이것은 구의 표면적($4\pi r^2$)이 거리의 제
곱에 비례해서 커지기 때문인데, 같은 양
의 빛으로 넓어진 면적만큼 더 비추어야
하기 때문에 어두울 수밖에 없어진다. 횃

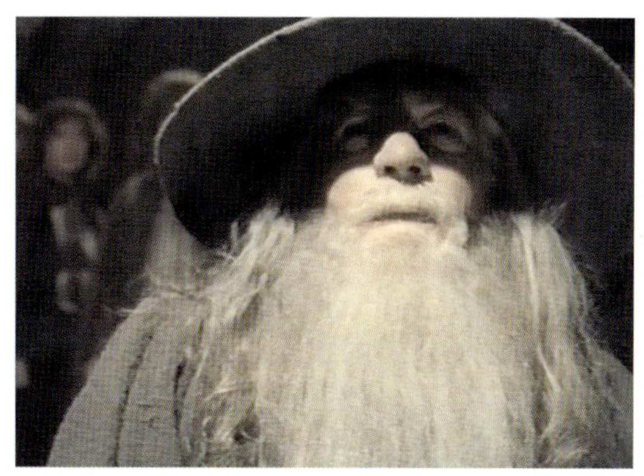

동굴 속에서 불을 켜는 건달프

불을 가지고 동굴에 들어가는 다른 많은 영화에서 횃불 주위만 밝은 것은 바로 이 때
문이다.

동굴에서 프로도는 거대한 괴물 트롤의 창을 맞지만 미스릴 갑옷 덕분에 살아난다.
미스릴 갑옷이 매우 질겨 창으로 뚫을 수 없다고 해도 영화에서와 같이 프로도가 멀쩡
하다는 것은 이상하다. 영화 〈블랙호크 다운〉과 〈백 투 더 퓨처 3〉에서는 총알을 막기
위해 가슴에 철판을 대는 장면이 있는데, 철판과 같이 미스릴 갑옷이 딱딱하다면 아무
런 문제가 되지 않겠지만, 미스릴 갑옷은 내의처럼 부드럽다. 이럴 경우 창이 갑옷을
뚫고 들어오지는 못한다 하더라도 창에 의한 충격력이 효과적으로 분산되지 않기 때
문에 가슴에 충격을 주어 갈비뼈가 부러지는 것과 같은 부상을 입을 수 있다.

중세시대에는 허황된 마법과 주술이 난무하였다. 많은 사건이나 현상의 원인을 마
녀와 정령, 요정들에 의한 것으로 설명을 하려고 하였다. 이러한 이성의 암흑기에 빛
을 가져다 준 것은 요정이나 마법사가 아니라 바로 과학이었다. 판타지에서 과학을 이
야기하는 것이 억측같이 보이겠지만, 미국에 천문학자보다 점성술사가 더 많다는 칼
세이건의 지적은 되새겨 볼 만하다.

블랙호크 다운

〈블랙호크 다운〉은 소말리아의 내란과 기근 문제 해결을 위해 파견된 미군 부대의 전투를 소재로 한 영화이다. 〈글래디에이터〉(2000)의 리들리 스콧이 감독을 맡고, 〈진주만〉(2001)의 제리 브룩하이머가 제작을 맡아 한 편의 다큐멘터리를 찍듯이 만들었다.

추락하는 블랙호크

원작은 저널리스트 마크 바우덴의 '블랙호크 다운'(1999)이며, 2002년 제74회 아카데미 시상식에서 4개 부문 후보에 올라 편집상과 음향상을 수상하였다. 어설픈 헐리우드식 영웅주의나 국수적인 애국심에 호소하지 않고 처절한 전투 상황을 사실적으로 묘사하여 전쟁이 얼마나 비극인가를 느끼게 한다.

1993년 10월 3일 미국의 델타포스와 레인저부대, 160 특전항공단은 소말리아 민병대장 아이디드의 부관을 납치하기 위해 출동한다. 초반은 미군이 압도적인 기세로 출발한 이 작전은 한 시간 가량 소요될 예정이었으나, 레인저 부대원의 추락을 시작으로 '블랙 호크'마저 20분 간격으로 격추되면서 상황은 급격히 반전된다. 이 영화의 제목이자 영화의 주요한 소재가 되는 '블랙호크'는 다목적 전술 공수작전용 헬리콥터로 UH-60라고도 한다. 헬리콥터에 대한 구상은 1490년경 레오나르도 다 빈치의 스케치에서 볼 수 있으며, 최초의 실용적인 헬리콥터를 만든 사람은 이고르 시코르스키이다. 간혹 비행기의 프로펠러와 헬리콥터의 회전날개(로터)가 같은 작용을 하지 않을까 생각하는 사람들이 있는데, 이는 잘못된 생각이다. 비행기는 프로펠러로 추진력을 얻고 날개를 통해 양력을 얻지만, 헬리콥터는 회전날개를 통해서 양력과 추진력 모두를 얻는다. 헬리콥터는 회전날개의 각도를 조절하여 움직일 수 있는 추진력을 얻는다. 회전날개를 회전시킬 때의 회전력(토크)에 대한 반작용으로, 기체는 반대 방향으로 회전을 하려고 한다. 만약 우주에서 문을 열기 위해 손잡이를 돌린다면 그 반대 방향으로 회전하는 자신을 발견하게 될 것이다. 다만 방에서 문을 열 때 우리가 회전하지 않는 것은 발바닥과 지면 사이의 마찰력이 반작용력보다 훨씬 크기 때문이다. 헬리콥터는 이러한 반작용에 의한 문

헬리콥터를 향해 포를 조준하는 반군

제를 해결하기 위해 회전날개를 하나 더 달아서 이 힘을 상쇄시킨다. 앞뒤로 두 개의 회전날개를 달아서 서로 반대 방향으로 회전을 시키거나, 꼬리 회전날개를 달아서 주 회전날개와 수직으로 회전을 시키는 방법을 가장 많이 사용한다. 꼬리 회전날개는 헬리콥터를 제어할 뿐 아니라 정교하게 조정할 수 있게 해 주지만, 소음이 심하고 쉽게 파손될 우려가 있기 때문에 이를 없앤 노타르 헬리콥터도 있다.

착륙하려는 미군 블랙호크 헬기를 조준하는 반군의 포는, 반군의 구 소련제 대전차 로켓 발사기로서 뒤쪽이 뚫려있다. 이 포의 기원은 미국의 바주카포로 포탄이 발사 될 때 포신에 반동이 가해지지 않게 하기 위해 뒤쪽이 열려 있는 구조로 되어있다. 따라서 발사가 될 때 후 폭풍이 있기 때문에 참호와 같이 막힌 곳에서는 발사할 수 없으며, 뒤쪽에 있는 자기편이 피해를 입을 수 있어 조심해야 한다. 하지만, 포신의 경량화가 가능하기 때문에 휴대용 대전차 무기나 영화에서와 같이 헬리콥터를 공격할 때 사용하기 좋다.

일반 총은 뒤가 막혀 있으므로 총알이 발사될 때 충격이 그대로 전해진다. 그러나 이 포는 발사 될 때 반작용을 포신이 받는 것이 아니라 뒤쪽으로 가스를 분출시킴으로써 발사하는 병사가 충격을 받지 않는다. 일반 총은 총알이 발사될 때 총이

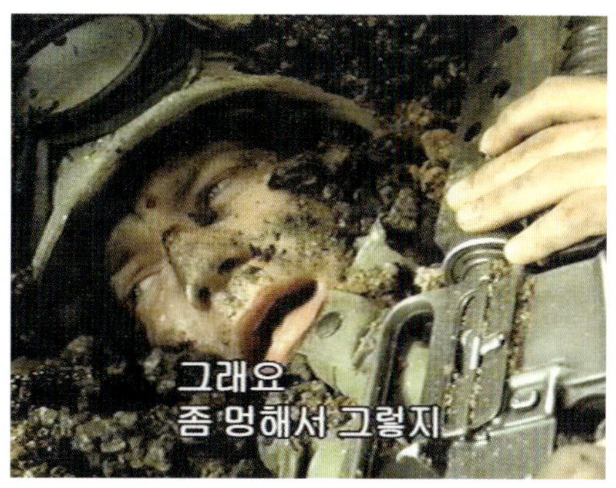

근처에 폭탄이 터져 흙 속에 묻힌 병사

뒤로 밀려 어깨에 손상을 주는 것을 방지하기 위해 총의 개머리판을 어깨에 밀착시키는 것이다.

　이 영화에는 각종 무기가 등장하는데, 총알은 어떻게 발사가 되는 것일까? 총알은 고체 상태인 화약이 연소를 하여 기체로 바뀌면서 엄청나게 부피가 증가하는 팽창 압력을 이용하여 튀어나간다. 총알은 총신에서만 가속되기 때문에 일반적으로 총신이 긴 총일수록 더 멀리 날아가게 된다. 화약의 연소에 의한 부피 팽창은 주위의 공기에도 압력을 가하기 때문에 소리가 크게 난다. 귀의 고막은 공기의 압력을 느끼는 얇은 막으로 160dB 이상의 소리에는 파열될 수 있기 때문에 영화에서와 같이 귀 근처에서 총을 쏘게 되면 고막에 손상을 입게 된다.

스파이더맨

〈스파이더맨〉은 1962년 미국의 마블코믹스의 스탠 리에 의해 제작돼 미국은 물론 국내에서도 선풍적인 인기를 끌었던 만화이다. 스파이더맨이 이전의 영웅들(슈퍼맨이나 배트맨)과 다른 점은 평범한 배경을 가지고 있다는 것이다. 〈스파이더맨〉은 1억 5천만달러(약 1천 9백억원)라는 엄청난 예산을 들인 가족용 오락 영화인데, 9.11 테러 때문에 개봉 전부터 많은 우여곡절을 겪고 상영되었다. 영화는 선과 악의 대결에서 결국 선한 쪽이 승리한다는 단순한 구조를 가지고 있지만, 많은 특수효과와 함께 화려한 화면이 있어 지루하지는 않다.

머리는 좋지만 항상 힘센 친구들의 놀림감인 피터(토비 맥과이어)는 연구소 견학을 갔다가 유전자 조작 거미에 물려 초능력을 가지게 된다. 스파이더맨이 된 피터는 거미와 같이 벽을 타고 올라갈 수 있고, 거미줄을 쏠 뿐 아니라 뛰어난 시력과 초감각까지 소유하게 된다.

일반 곤충은 '알-유충-번데기-성충'의 변태과정을 거쳐 성장하지만 거미는 태어날 때부터 거미의 형태로 태어난다. 따라서 변태의 과정을 거치지 않고 단지 성장을 위해 탈피를 할 뿐이다.

스파이더맨에서 인상적인 것은 그의 손에서 나오는 거미줄이다. 거미줄은 알려진 바와 같이 가장 튼튼한 생물 재료 중의

슈퍼 거미에게 물려 유전자가 바뀌어 버린 피터

피터의 손에서 나오는 거미줄

건물을 건너 뛰는 피터

피터의 손에 돋아나는 가시

하나로 나일론과 비슷한 강도를 가지고 있으며, 강철보다는 다섯 배나 강하다. 또한 신축성, 통풍성, 방수성과 같은 우수한 성질을 지니고 있어 사람들은 거미줄 섬유 생산을 위해 많은 연구를 하고 있다. 그린 고블린(윌리엄 데포)이 엠제이(커스틴 던스트)를 건물에서 떨어뜨리자, 스파이더맨이 거미줄을 사용해 엠제이를 구해낸다. 여기서 거미줄이 신축성이 있기 때문에 두 사람은 다치지 않고 목숨을 건지는데, 만약 거미줄에 신축성이 없다면 그들은 바닥에 충돌하는 것 못지 않은 충격을 받았을 것이다.

영화에서 피터는 거미에게 물린 후 손에서 조그만 가시들이 돋아난다. 그것 때문에 벽을 기어오를 수 있다고 묘사가 되어 있다. 물론 곤충이나 거미와 같이 작은 생물들은 이와 같은 가시나 털로 벽을 기어오를 수 있다. 하지만, 사람과 같이 큰 동물이 가시나 털로 벽을 오를 수는 없다. 곤충들이 벽을 타고 오를 수 있는 것은 마찰력이 곤충들의 무게를 지탱하기에 충분하기 때문이다. 이에 비해 사람은 훨씬 무겁지만, 마찰력은 크게 증가하지 않으므로 오르지 못하고 미끄러지는 것이다. 또한 피터는 건물과 건물 사이를 건너 뛸 만큼 다리 힘이 증가했는데, 거미의 능력을 받았다고 이게 가능한 이야기일까? 다리의 힘은 근육에서 나온다. 근육은 근육의 단면적에 비례해 힘을 내는데 피터는 스파이더맨이 되기 전과 근육량이 크게 다르지 않다. 그러므로 예전보다 몇 배나 더 높이 뛴다는 것은 거의 불가능하다. 곤충들이 자신의 몸에 비해 높이 뛰거나 빨리 움직이는 것은 몸의 구조가 적합하게 발달한 탓도 있겠지만 그들이 작기 때문에 가능한 것이다. 몸이 커지면 체중은 세제곱에 비례해 증가하지만, 근육이 낼 수 있는 힘은 제곱에 비례해 증가한다. 즉,

사람이 열 배 커진다면 체중은 천 배, 근육에 의한 힘은 백 배 증가한다. 따라서 덩치가 커질수록 기동성과 민첩성은 떨어질 수밖에 없으니, 이는 덩치가 작은 곤충과 같은 생물들에게는 오히려 자연이 선사한 물리적인 축복인 셈이다.

아틀란티스 : 잃어버린 제국

이 영화는 전설상의 대륙 아틀란티스의 전설을 소재로 하고 있다. 미국의 유명한 만화가 마이크 미그놀라의 그래픽 스타일과 디즈니의 전통적 애니메이션 기법을 접목시켜 탄생한 작품이다. 기존의 디즈니는 동물이나 곤충의 노래와 율동, 말 많고 귀여운 캐릭터가 등장했었는데, 이 영화에서는 잠수함과 로봇 가재와 같은 파격을 시도하면서, '라이온 킹'의 영광을 되찾기 위해 많은 노력을 했다.

아틀란티스(Atlantis)는 BC 355년경 플라톤이 쓴 〈대화〉편 중 '크리티아스'와 '티마이오스'에 처음으로 언급이 되어 있다. 아틀란티스 대륙의 전설은 역사적 근거가 빈약함에도 불구하고 많은 사람들의 호기심을 자극하였다. 이 대륙을 찾기 위한 많은 탐험이 있었으며, 더구나 슐레이만의 트로이 유적과 에반스의 미노아 문명을 발견한 후 아틀란티스를 찾기 위한 사람들의 노력은 아직도 끊임없이 이어지고 있다.

워싱턴 DC에 있는 박물관의 보일러공이자 아마추어 고고학자인 마일로는 아틀란티스를 찾아내기 위한 지원을 받기 위해 억만장자의 저택을 찾아간다. 이때 번개가 내려치는데, 많은 애니메이션에서 그렇듯 여기서도 잘못 묘사가 되어 있다. 번개 치는 동시에 천둥소리가 들리는 것이다. 번개가 바로 내 주위에 떨어지지 않는 한 이러한 일은 생기지 않는다. 번개의 빛은 초속 30만km의 속력으로 전달되지만, 천둥소리는 겨우 초속 340m 정도이므로 번개가 친 후 약간의 시간이 흐른 후 천둥 소리가 들려야 한다. 또한 지하 저택의 거대한 어항에는 신비한 분위기를 더하기 위해 실러캔스가 헤엄을 치고 있다. 실러캔스(coelacanth ; '비어있는 가시'라는 뜻)는 공극어라고도 부르며, 지금부터 3억 6천

번개와 천둥

만 년 전에 나타났다가 6천 오백만 년 전 공룡과 함께 멸종한 것으로 알려져 왔다. 하지만 1938년 남아프리카공화국에서 공극어가 잡히는 사건이 일어나고, 그 후 공극어는 '살아 있는 화석'으로 널리 알려지게 되었다. 그러므로 1914년 미국을 배경으로 하는 영화에서는 공극어가 등장할 수 없다.

외투를 입고 있는 마일로

마일로는 아틀란티스가 해수면으로부터 45m 아래의 지하 동굴에 있다고 설명을 한다. 현실적으로 불가능한 이야기다. 물속에 있는 동굴에 물이 들어가지 않으려면 물에 의한 압력과 동굴 내부의 기압이 같아야 한다. 아틀란티스가 있는 동굴의 기압은 45m에 해당하는 수압(4.5기압)과 대기압(1기압)을 더한 5.5기압이 되며, 이러한 고압 하에서는 사람이 살 수 없다. 또한 지하 동굴 세계를 탐험할 때 두꺼운 코트를 입고 추위에 떨고 있는 장면이 나오는데, 현실적으로 납득하기 어렵다. 지하는 열이 단절된 상태이기 때문에, 기온 변화가 심하지 않으며, 땅속으로 들어가면 온도는 100m 당 3℃ 증가한다. 영화 후반부에 화산이 폭발하는 것으로 봐서 화산 근처의 지하라면 더욱더 눈이 쌓여 있거나, 얼음이 얼어있는 장소가 있을 수는 없다.

엽기적인 그녀

2001년 여름, 영화 〈엽기적인 그녀〉가 개봉 33일만에 400만 명 동원이라는 기록적인 흥행몰이를 했다. 이후부터 우리 사회에 온통 '엽기' 문화의 붐이 조성된 계기가 되었다. 영화는 1999년 8월 PC통신에 '실시간 사랑 레포트'라는 김호식(필명은 견우74)의 글이 네티즌의 폭발적인 인기를 얻으면서 영화화 되었다.

지하철에서 구토를 하려는 그녀

견우와 그녀가 처음으로 만나게 되는 지하철의 구토 장면은 가히 엽기적이라 〈재밌는 영화〉에도 패러디 된 바 있다. 그녀는 이기지도 못하는 술을 먹고 취해서 구토를 할 뿐 아니라, 견우의 등에 업혀 다니는 등 술에 절어있는 모습을 자주 보인다. 그녀가 술을 먹는 이유는 죽은 애인을 잊기 위해서인데, 왜 사람들은 괴로우면 술을 마시는 것일까? 이는 알코올이 사람의 기분을 좋게 만들어주며, 다른 사람들과의 관계에서 마음을 편하게 해주기 때문이다. 알코올을 섭취하면 중추 신경계의 작용을 느리게 하기 때문에 위와 같은 현상을 만들어 낸다. 하지만 지나치게 알코올을 마실 경우, 간에서 지방 분해가 잘 안되어, 중성지방이 쌓이게 된다. 그러므로 간의 모든 기능이 떨어져 알코올 분해

눈에 멍이 든 채로 국밥을 먹는 견우

가 제대로 이루어지지 않아, 두통, 구토 등의 숙취증상이 온다. 그녀는 여관에서 자다가 일어나 견우에게 물을 달라고 하는데, 숙취로 인한 갈증은 알코올의 이뇨 효과 때

문에 생긴다. 알코올은 신장의 수분을 재흡수하는 바소프레신(항이뇨 호르몬)의 활동을 억제하여 수분 흡수를 방해한다. 그래서 방광에 더 많은 수분이 흘러 들어가게 되고 화장실을 더 자주 가게 만든다.

그녀에게 맞아서 멍이 든 채로 국밥을 먹는 견우를 보면 참 단순한 성격의 소유자라는 생각이 든다. 게다가 맛있다며 웃기까지 하니 말이다.

멍은 혈종이라고도 하며, 외부 충격에 의해 혈관이 파열되면 피가 피부 아래로 새어 나와 암적색을 띤다.

견우와 그녀는 잠시 떨어져 지내기로 하고, 기차역 플랫폼에서 헤어진다. 견우 혼자 기차에 올라탔는데, 견우는 자기 몰래 기차에 그녀가 올랐다는 사실을 모른 채, 다시 뛰어내린다. 이 장면에서 견우는

기차에서 뛰어내려 구르는 견우

벼락 맞은 소나무

달리는 기차에서 뛰어내리기 위해 점프하여 바닥에 구른다. 기차와 같이 달리는 물체에서 뛰어 내릴 때 구르는 이유는 충격을 받는 시간을 늘임으로써 충격력을 줄이기 위해서이다. 흔히 뒤쪽을 향해 뛸 경우 속력을 줄일 수 있기 때문에 뒤로 뛰어 내리는 것이 좋다고 생각할 수 있는데, 이럴 경우 뒤로 넘어져 머리를 다칠 수 있으므로 좋은 방법이 아니다. 따라서 뛰어 내릴 때는 머리를 감싸고 뛰어 내리면서 굴러야 가장 적게 다친다. 하지만, 이러한 방법은 속력이 너무 빨라 서서 뛰어내리기 곤란한 경우에 사용하는 방법이다. 영화에서처럼 그녀가 올라탈 정도의 속력인 기차에서는 기차 진행 방향으로 뛰어내려 계속 뛰면서 속력을 줄이는 방법이 제일 좋다. 또한 견우가 뛰어내린 철로 주변은 시멘트 바닥이기 때문에 구른다면 충격이 적지 않을 것이다.

그녀는 뒤늦게 견우와 만나기로 한 나무를 찾아간다. 그 곳에서 한 노인을 만나 나무가 벼락을 맞아 죽었다는 이야기를 듣는다. 벼락은 지상으로 최단 경로를 통해 방전

된다. 특히 저항이 적은 금속이나 습기가 있는 물체에 내리치는 경향이 많다. 따라서 영화에서와 같이 언덕에 홀로 서 있는 나무나 들판의 돌출 구조물(?)인 골퍼는 벼락 맞기 좋은 목표물이 된다.

번개는 한 번 떨어진 곳에는 다시 떨어지지 않는다고 생각하는 사람들이 있는데, 내리기 좋은 조건이 갖추어지면 다른 곳보다 훨씬 자주 번개를 맞을 수 있다. 엠파이어 스테이트 빌딩은 세워진 이래로 수 백 번의 번개를 맞았다고 하니 한 번 번개 맞았던 곳은 결코 안전하지 못하다.

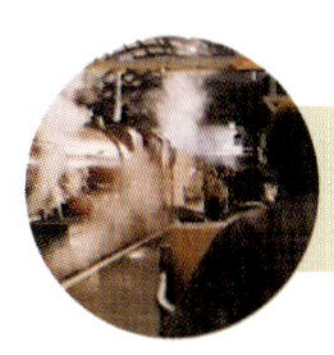

타이타닉

1912년 초호화 여객선 타이타닉호는 영국 사우샘프턴항에서 뉴욕항으로 항해 중 1,513명의 사망자를 내고 차가운 북대서양으로 가라앉는 사고를 당한다. 영화 〈타이타닉〉은 이러한 역사적 사건을 배경으로 신분의 차이를 극복하고 맺어진 두 남녀의 비극적인 사랑을 다룬 영화이다. 〈타이타닉〉은 1998년 제70회 아카데미상 14개 부문 후보에 올라 11개 부문을 수상했고, 전 세계적으로 10억 달러 이상의 흥행수입을 올린 블록버스터이다.

영화에서 타이타닉호는 빙산 출현 경고도 무시하고 전속 항해를 하다가 침몰하는데, 이것은 타이타닉호가 너무 거대했기 때문이다. 즉, 운동하고 있는 물체는 계속 운동을 하려는 관성을 가지는데, 물체의 질량이 클수록 운동방향을 바꾸기가 어려운 것이다. 타이타닉호가 빙산을 보고도 쉽게 방향을 바꾸지 못하고 충돌한 것 역시 그런 이유 때문이다.

이렇게 거대한 배를 만들 수 있게 된 것은 철제 건조가 가능했기 때문이다. B.C. 2500년에 아르키메데스가 목욕을 하다가 부력의 원리를 발견했음에도 불구하고, 강철로 배를 만든다는 생각을 한 사람들은 웃음거리가 되었다. 물론 1787년 윌킨슨이 철판으로 배를 만들어 띄우고, 1821년 최초의 철제 증기선이 영국해협을 건너기 전까지 말이다. 그러나 강철로 만든 배는 부력을 잃고 침몰할 가능성이 크다. 물보다 강철이 밀도가 크기 때문이다. 이에, 배에는 적정 흘수한도가 정해져 있다. 흘수란 배 밑이 물에 잠기는 깊이나 정도를 말하는데, 안전하게 항해할 수 있는 적정 선적 중량을 알 수 있게, 배의 선수와 선미에 표시가 되어있다. 영화에서도 잭(레오나르도 디카프리오)이 타이타닉호를 타고 배 아래를 내

빙산과 충돌하기 직전의 타이타닉

배 앞에 그어져 있는 흘수표

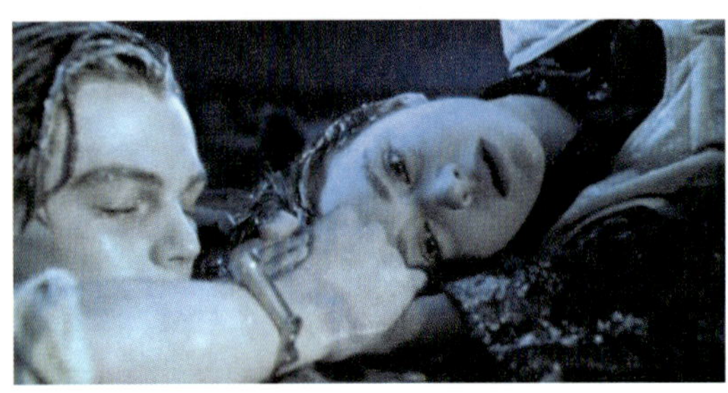

바다에 빠진 잭과 로즈

려다 볼 때 배에 숫자가 기록된 것을 볼 수 있는데 이것이 바로 흘수표이다. 또한 배는 방수구역으로 나뉘어져 있어, 일부분이 충격에 의해 파손이 되어도 침몰되지 않고 뜰 수 있게 설계되어 있다. 하지만 타이타닉호는 다섯 개의 방수구획이 침수되는 바람에 나머지 부분의 부력으로는 도저히 뜰 수가 없어 침몰하고 말았다. 영화에서 배를 침몰시킨 빙산도 물보다 밀도가 낮기 때문에 물에 뜨는 것이며, 침몰하는 배에서 구명조끼를 입는 것 또한 밀도가 낮은 구명조끼에 의해 부력을 얻기 위함이다.

영화에서 타이타닉호가 침몰하자 일부는 구명정을 타고 탈출을 하지만 나머지는 바다에 빠지게 된다. 잭과 로즈(케이트 윈슬렛)도 바다에 빠져, 겨우 나무 조각 하나를 의지해 물에 떠있게 된다. 얼마의 시간이 지난 후 물 속에 있었던 잭은 죽지만, 로즈는 구조가 된다. 둘 다 비슷한 기온이었을 텐데 왜 잭만 죽은 것일까? 이것은 80℃의 물에는 화상을 입지만, 120℃의 사우나실에서는 화상을 입지 않는 것과 같은 것으로, 물이 공기보다 25배나 열을 잘 전달하기 때문에 나타나는 현상이다. 간혹 차가운 물 속에 빠지면 계속 수영을 해 몸에 열을 발생시켜야 죽지 않는다고 잘못 생각하고 있는 사람들이 많은데, 오히려 차가운 물 속에서는 가만히 있어야 더 오래 견딜 수 있다. 이는 몸 주위를 둘러싸고 있는 체온에 의해 데워진 물이 흩어지지 않도록 하기 위한 것이다. 사우나실에서 몸을 움직이는 것이 가만히 있는 것보다 더 뜨거운 이유이기도 하다.

해리 포터와 마법사의 돌

　조앤 K. 롤링의 소설 〈해리포터〉 시리즈는 전 세계 46개 언어로 번역되어 판매 부수 1억 1천만 부, 국내에서도 400만 부 이상의 판매고를 올렸다. 그 중 1편을 영화로 만든 것이 이 작품이다. 1억 6천만 불이라는 거액의 제작비, 4만대 1의 경쟁률을 보인 주연배우 캐스팅, 열성 팬들의 소동 등 제작 당시부터 많은 화제와 소문을 퍼트렸다. 어린 시절 한번씩은 꿈꿨을 마법의 세계와 모험, 우정 뿐 아니라 영화 속에 담겨 있는 과학적인 내용에 대해 탐험을 떠나 본다.

　해리 포터(다니엘 래드클리프)는 심술궂은 이모 부부와 욕심 많고 버릇없는 사촌 밑에서 갖은 구박을 견디며 생활하는 고아 소년이다. 해리가 11살 생일을 며칠 남겨 둔 어느 날 녹색 잉크로 쓰여진 편지가 배달되지만 이모부는 그의 편지를 찢고 그에게 전달해 주지 않는다. 하지만, 편지를 찢을수록 더 많은 편지가 배달되어 온다. 이것은 부엉이가 공중에서 편지를 정확하게 편지함이나 집안으로 던져 넣었기 때문인데, 마법의 세계에서나 가능한 일로 보인다. 어릴 때 '딱지 붙여 먹기'라는 놀이를 해 본 적이 있다. 이것은 딱지를 일정 높이 이상의 벽에서 떨어뜨려 상대방의 딱지 위에 떨어지면 이기는 놀이이다. 재미있는 것은 분명히 친구와 같은 위치에서 떨어뜨렸는데도 딱지는 이상하게 같은 위치에 떨어지지 않는다는 것이다. 교과서에서 같은 크기의 힘으로 던진 물체는 같은 위치에 떨어진다고 배웠는데, 어떻게 된 일인가? 이것은 공기의 저항을 고려하지 않았을 때만 적용되는 이야기이기 때문이다. 딱지나 편지와 같이 물체의 질량에 비해 표면적이 큰 물체는 공기의 저항에 의한 효과 때문에 일정한 움직임을 보이지 않는

집으로 날아드는 편지

마법학교로 가는 기차

다. 뉴턴의 운동방정식과 같이 물체의 초기 조건(위치와 속도)을 알고 있으면 궤도를 구할 수 있는 경우를 선형계라고 하고, 영화에서 편지의 움직임과 같이 초기 조건을 알아도 궤도를 구할 수 없는 경우를 비선형계라고 한다. 대표적인 비선형계로는 날씨가 있으며, 그래서 일기예보가 잘 맞지 않기도 하는 것이다.

해리 포터는 해그리드의 지시대로 호그와트 마법학교에 입학하기 위해, 런던의 킹스크로스 역에 있는 비밀의 9와 3/4 승강장에서 기차를 탄다. 이 영화에 등장하는 기차는 증기기관차이다. 물이 수증기로 바뀔 때 부피가 팽창하는 것을 이용한 증기기관으로부터 동력을 얻어 달린다. 흔히 증기기관을 제임스 와트가 발명한 것으로 아는 사람들이 많은데, 사실은 1712년 잉글랜드의 토마스 뉴커먼이 발명했다. 뉴커먼은 파팽(압력솥을 발명한 프랑스의 물리학자)의 대기압을 동력으로 이용하는 연구를 기초로 하여 석탄으로 물을 끓여 동력을 얻는 최초의 증기기관을 만들었다. 뉴커먼의 증기기관은 한 주기를 움직이는데 몇 분씩 걸리기도 하는 비능률적인 기관이었지만, 말을 대신하여 광산 갱도에서 물을 뽑아내는데 성공적으로 활용이 되었다. 와트는 뉴커먼의 비능률적인 증기기관에 증기를 압축시킬 별도의 방을 만들어 효율을 높였고, 후일 와트의 조수 머덕이 기어시스템을 도입하여 상하운동을 회전운동으로 바꾸어 주었다. 이렇게 하여 증기기관이 공장에서 이용되었고, 산업혁명이 일어날 수 있었다. 또한 최초의 증기선을 풀턴이 발명했다는 것 또한 사실과 다르다. 앞서 언급한 파팽은 증기선에 대한 자신의 구상을 구체화시켜 배를 만들었으며, 프랑스의 다방 후작이나 미국의 존 피치와 같은 여러 명의 기술자들이 풀턴보다 먼저 증기선을 만들었다. 하지만, 모두 상업화에 실패했고, 풀턴이 이들의 실패를 거울삼아 증기선을 개선하여 기선에 의한 정기항로를 개설했다. 이 때문에 후일 증기선에 대한 모든 영광은 풀턴에게로 돌려졌다. 하지만, 우리는 한 사람의 과학기술적 성공이 있기 위해 이전에 많은 사람의 노력과 실패가 있었다는 사실을 잊어서는 안 된다.

참고문헌

강만식 외 11인. 중학교 과학1 교사용 지도서. 교학사. 2001.

과학동아 편집부. 뜯어봅시다. 아카데미서적. 1999.

과학동아 편집부. 생명코드 AGCT. 아카데미서적. 1999.

김동영. 땅, 가이아의 갑옷. 동아사이언스. 2002.

김세권. 해양의학과 과학. 양서각. 2000.

김정률 외 9인. 중학교 과학2 교사용 지도서. 블랙박스. 2001.

김진우. 하이테크 시대의 SF 영화. 한나래. 1995.

김찬종 외 11인. 중학교 과학2 교사용 지도서. 디딤돌. 2001.

김찬종 외 11인. 중학교 과학3 교사용 지도서. 디딤돌. 2002.

두산동아 백과사전 연구소. 두산세계대백과. 두산동아. 2000.

소현수 외 11인. 중학교 과학1 교사용 지도서. 두산. 2001.

유영찬. 법과학과 수사. 현암사. 2002.

윤혜경. 드디어 빛이 보인다. 성우. 2001.

이광만 외 16인. 중학교 과학2 교사용 지도서. 지학사. 2001.

이성묵 외 11인. 중학교 과학2 교사용 지도서. 금성출판사. 2001.

이융남. 공룡대탐험. 창작과비평사. 2002.

이종호. 피라미드의 과학. 새로운 사람들. 1999.

장순근. 망치를 든 지질학자. 가람기획. 2001.

장영근 & 최규홍. 인공위성과 우주. 일공일공일. 2000.

정재승. 물리학자는 영화에서 과학을 본다. 동아시아. 1999.

정재승. 시네마 사이언스. 아카데미서적. 1998.

조희형. 잘못 알기 쉬운 과학개념. 전파과학사. 1994.

최돈형 외 11인. 중학교 과학3 교사용 지도서. 대일도서. 2002.

Brian J. Skinner & Stephen C. Porter. Dynamic Earth. 박수인 외(역). 생동하는 지구. 시그마프레스. 1998.

Bruce Mazlish. *The Fourth Discontinuity*. 김희봉(역). 네번째 불연속. 사이언스북스. 2001.

콜린 A. 로넌. *Science: It's History and Development Amont the World's Culture*. 김동광 외 1명

(역). 세계 과학 문명사. 한길사. 1997.

Caryl Sagan. *The Demon-Haunted World*. 이상현(역). 악령이 출몰하는 세상. 김영사. 2001.

Christopher Jargodzki & Franklin Potter. *Mad about Physics*. 김영태(역). 물리가 날 미치게 해!. 한승. 2002.

Claude Riffaud. *La Grande Aventure DES HOMMES SOUS LA MER*. 이인철(역). 인류의 해저 대모험. 수수꽃다리. 2000.

Clive Gifford. *How to Live on Mars*. 변용익(역). 어떻게 화성을 개척할까?. 사인언스북스. 2000.

Conrad G. Mueller & Mae Rudolph. *Light and Vision*. 빛과 시각. 한국타임-라이프 S. 1985.

David Halliday & Robert Resnick. *Fundamentals of Physics*. 김종오(역). 물리학총론. 교학사. 1992.

David Lindley. *The Science of Jurassic Park and the Lost World*. 김재호 외 1명.(역). DNA와 쥬라기 공원. 한승. 2000.

David Macaulay. The Way Things Work. 박영재(역). 도구와 기계의 원리 I. 진선출판사. 1995.

Dubeck, L. W., Moshier, S. E., & Boss, J. E., *Fantastic Voyages: Learning Science Through Science fiction Films*, 홍주봉, 차동우(역). 멋진항해-공상과학 영화로 배우는 과학-. 한승. 1996.

Dyson, F. Imagined Worlds, 신중섭(역). 상상의 세계. 사인언스북스. 2000.

Edward V. Lewis & Robert O'brien. Ships. 선박의 과학. 한국타임-라이프. 1985.

Frances Aschcroft. *Life At The Extremes*. 한국동물학회(역). 생존의 한계. 전파과학사. 2001.

H. Guyford Stever & James J. Haggerty. *Flight*. 비행의 원리. 한국타임-라이프. 1985.

James Burke. *The Day The Universe Changed*. 장석봉(역). 우주가 바뀌던 날 그들은 무엇을 했나. 지호. 2000.

James Trefil. *A Scientist at the Seashore*. 이한음(역). 해변의 과학자들. 지호. 2001.

James Trefil. *A Scientist in the City*. 정영목(역). 도시의 과학자들. 지호. 1999.

Jason Richie. *Weapons: Designing the Tools of War*. 전대호(역). 파괴를 위한 과학, 무기. 지호. 2002.

Jean-Guy Michard. *Le monde perdu des dinosaures*. 양승영(역). 공룡 그 풀리지 않는 수수께끼. 시공사. 2001.

John Emsley. *The Consumer's Good Chemical Guide*. 허훈(역). 화학의 변명. 사인언스북스. 2000.

John R. Cameron, James G. Skofronick & Roderick M. Grant. *Physics of the Body*. 정동근 외 1명(역). 생명과학을 위한 인체물리. 한승. 2001.

John Wesson. *The Science of Soccer*. 강주상(역). 축구의 과학. 한승. 2002.

Jonathan Norton Leonard. *Planets*. 행성의 천문학. 한국타임-라이프 S. 1985.

Keith Lockett. *Physics in the Real World*. 남철주 외 1명(역). 물리적 사고 길들이기. 에드텍. 1997.

Kinji Tanikoshi. *ZUKAI JISHAKU TO JIKI NO SHIKUMI*. 강성조(역). 자석과 자기의 구조. 세화. 2001.

Lawrence, M. K. Beyond startrek. 박병철(역). 스타트렉을 넘어서. 영림카디널. 1998.

Lawrence, M. K. *The physics of startrek*. 박병철(역). 스타트렉의 물리학. 영림카디널. 1996.

Lewis C. Epstein & Paul G. Hewitt. *Thinking Physics*. 백윤선(역). 재미있는 물리여행1. 김영사. 1988.

Lewis C. Epstein & Paul G. Hewitt. *Thinking Physics*. 백윤선(역). 재미있는 물리여행2. 김영사. 1992.

Lewis Wolpert. *The Triumph of the Embryo*. 최돈찬(역) 하나의 세포가 어떻게 인간이 되는가. 궁리. 2001.

Louis A. Bloomfield. *How Things Work The Physics of Everyday Life*. 물리교재편찬위원회(역). 알기쉬운 생활속의 물리. 한승. 2000.

Masanobu Yoneyama. *SENSEI WO KOMARASERU RIKA NO SHITSUMON 96*. 홍성민(역). 선생님을 난처하게 하는 과학질문 94. 자음과모음. 2000.

Maurice Krafft. *Les feux de la Terre, Histoires de volcans*. 진미선(역). 화산 지구의 불꽃. 시공사. 1995.

Melvin D. Joesten & James L. Wood.. *World of Chemistry*. 화학 교재연구회(역). 화학의 세계. 자유아카데미. 1998.

Mullane, R. M. *Do your ears pop in space?*. 김범수(역). 우주에서는 귀가 멍해지나요. 한승. 1999.

Partha Ghose & Dipankar Home. *Riddles in Your Teacup*. 류재혁 외 1명(역). 찻잔속의 물리. 한승. 1998.

Paul G. Hewitt. *Conceptual Physics*. 공창식 외 3명(역). 알기 쉬운 물리학 강의. 청범출판사. 1998.

Peter Barham. *The Science of Cooking*. 이충호(역). 요리의 과학. 한승. 2002.

Philip D. Thompson & Robert O'brien. *Weather*. 기상과 일기. 한국타임-라이프. 1985.

Robert A. wallace, Gerald P. Sanders & Robert J. Ferl. *Biology: The Science of Life*. 이광웅 외 7명. 생물학. 을유문화사. 1998.

Robert L. Wolke. *What Einstein Didn't know*. 이창희(역). 아인슈타인도 몰랐던 과학이야기. 해냄출판사. 1998.

Robert L. Wolke. *What Einstein Told His Barber*. 이창희(역). 아인슈타인이 이발사에게 들려준 이야기. 해냄출판사. 2001.

S. S. Stevens & Fred Warshofsky. *Sound and Hearing*. 소리와 청각. 한국타임-라이프. 1985.

Scientific American. *Working Knowledge*. 김미화 외 1명(역). 첨단 기기들은 어떻게 작동되는가?. 서울문화사. 2001.

Scientific American. *Your Bionic Future*. 황현숙 외(역). 맞춤인간이 오고 있다. 궁리출판. 2000.
Susan Davis & Sally Stephens. *The Sporting Life*. 장석봉(역). 마이클 조던이 공중에 오래 떠 있는 까닭은. 사이언스북스. 1998.

吉福康郎 やさしい力學教室, 오진곤(역). 쉬운 역학 교실. 전파과학사. 1985.
大宮信光. Interesting Chemistry Common Sense. 오근영(역). 살아있는 112가지 원소에 얽힌 재미있는 화학상식. 맑은창. 2001.
요시자토 가쓰토시. 전영석(역). 톡톡 튀는 소리의 세계. 아카데미서적. 1998.

영화 목록

개미 DreamWorks   1998

고공침투 Paramount Pictures   1994

고인돌 가족 플린스톤 Universal Pictures   1994

고질라 Columbia Pictures Corporation   1998

007 골든아이 MGM   1995

007 언리미티드 MGM   1999

꼬마돼지 베이브 Universal Pictures   1995

꼬마돼지 베이브 2 Kennedy Miller Productions   2000

나홀로집에 20th Century Fox   1991

내겐 너무 가벼운 그녀 20th Century Fox   2001

다이하드 3 20th Century Fox   1995

단테스피크 A Pacific Western Production   1997

더 록 Hollywood Pictures Presents   1996

도망자 Warner Bros.   1993

동감 한맥 영화   2000

드래곤 하트 Universal Pictures   1996

드리븐 Franchise Pictures   2001

딥 블루 시 Warner Bros.   1999

딥 임팩트 DreamWorks   1998

라스트 캐슬 DreamWorks SKG   2002

라이온 킹 Walt Disney Pictures   1994

라이터를 켜라 에이스타스   2002

러시아워 2 New Line Cinema   2001

레드 플래닛 Village Roadshow Productions   2000

로빈슨 크루소 20th Century Fox   1998

로스트 인 스페이스 New Line Cinema   1998

리베라메 드림써치   2000

마이너리티 리포트 20th Century Fox   2002

스쿠비두 Warner Bros.   2002

스타워즈 : 제다이위 귀환 Lucasfilm Ltd   1983

스타워즈 : 에피소드 1 20th Century Fox   2000

스파이게임 Beacon Communications LLC   2001

스파이더맨 Columbia Pictures, Marvel Entertainment   2002

스피드 20th Century Fox   1994

스피드 2 20th Century Fox   1997

시몬 New Line Cinema, Jersey Films, Niccol Films   2002

신세기 에반게리온 가이낙스, 도쿄 TV, 타츠노코 프로덕션   1995

아마겟돈 Touchstone Pictures   1998

애들이 줄었어요 Walt Disney   1989

아틀란티스 : 잃어버린 제국 Walt Disney Pictures   2001

아폴로 13 Universal International Pictures   1995

어비스 20th Century Fox   1989

에볼루션 The Montecito Picture Company   2001

에이리언 2 20th Century Fox   1986

에이리언 4 20th Century Fox   1997

A.I. DreamWorks SKG   2001

엑스맨 20th Century Fox   2000

6번째날 Phoenix Pictures   2001

엽기적인 그녀 신씨네   2001

위대한 비상 Le Studio Canal+   2002

윈드토커 MGM, Lion Rock   2002

U-571 Universal Pictures   2000

2009로스트메모리즈 인디컴   2001

E.T. Universal Pictures   1982

재밌는 영화 좋은영화, 시선   2001

쥬라기 공원 Universal Pictures   1993

쥬라기 공원 3 Universal Pictures   2001

지미 뉴트론 Nickelodeon   2002

진주만 Touchstone Pictures   2001

카멜롯의 전설 Columbia Pictures Corporation   1995

타이타닉 20th Century Fox   1998

터미네이터 2 Carolco Pictures   1991

토이 스토리 2 Walt Disney Pictures   1999
토탈리콜 Carolco Pictures   1989
툼레이더 Paramount Pictures   2001
트위스터 Universal Pictures   1996
퍼펙트 스톰 Warner Bros.   2000
패닉룸 Columbia Pictures   2002
패트리어트 : 숲속의 여우 Columbia Pictures Corporation   2000
폭풍속으로 20th Century Fox   1991
프레데터 20th Century Fox   1987
플러버 Great Oaks Entertainment   1997
할로우맨 Columbia Pictures Corporation   2000
해리포터와 마법사의 돌 Warner Bros.   2001
화성침공 Warner Bros.   1997
허드슨호크 TriStar Pictures   1991
형사 가제트 Walt Disney Pictures   1999

찾아보기

영화 속에 과학이 쏙쏙!!

지은이 · 최 원 석
펴낸이 · 조 승 식
펴낸곳 · 도서출판 이치 SCIENCE
등록 · 제9-128호
주소 · 142-877 서울시 강북구 한천로 153길 17
www.bookshill.com
E-mail: bookswin@unitel.co.kr
전화 · 02-994-0583
팩스 · 02-994-0073

2003년 8월 25일   제1판   1쇄 발행
2016년 5월   1일   제1판 25쇄 발행

값 12,000원

ISBN 89-91215-12-2
ISBN 89-91215-08-4(세트)

* 잘못된 책은 구입하신 서점에서 바꿔드립니다.

• 이 도서는 북스힐에서 기획하여 도서출판 이치에서
출판된 책으로 도서출판 북스힐에서 공급합니다.
도서공급처 : (주)도서출판 북스힐
142-877 서울시 강북구 한천로 153길 17
전화 • 02-994-0071, 팩스 · 02-994-0073